ÉTUDES

SUR LES

BEAUX-ARTS

EN GÉNÉRAL

Ouvrages de M. Guizot, chez le même Éditeur.

HISTOIRE DES ORIGINES DU GOUVERNEMENT REPRÉSENTATIF, par M. Guizot (*Cours d'histoire moderne*, 1820 à 1822, revu et corrigé en 1850). 2 vol. in-8. (1851).   10 fr.
—*Le même ouvrage*, 2 vol. in-12 dit anglais.   7 »

RÉVOLUTION D'ANGLETERRE.—ÉTUDES HISTORIQUES et biographiques sur les principaux personnages des divers partis : Parlementaires.—Cavaliers.—Républicains.—Niveleurs, par M. Guizot. 1 v. in 8 (1851).   5 fr.
—*Le même ouvrage*, 1 vol. in-12 dit anglais,   3 50

MONK, CHUTE DE LA RÉPUBLIQUE ET RÉTABLISSEMENT DE LA MONARCHIE en Angleterre en 1660 ; étude historique par M. Guizot. 1 vol. in-8, avec portrait (1851).   5 fr.
—*Le même ouvrage*, 1 vol. in-12 dit anglais.   3 50

MÉDITATIONS ET ÉTUDES MORALES , par M. Guizot ; 1 vol. in-8 (1852).   5 fr.
—*Le même ouvrage*, 1 vol. in-12 dit anglais.   3 50

ÉTUDES SUR LES BEAUX-ARTS en général, par M. Guizot. 1 vol. in-8° (1852).   5 fr.
—*Le même ouvrage*, 1 vol. in-12 dit anglais.   3 50

WASHINGTON. FONDATION DE LA RÉPUBLIQUE DES ÉTATS-UNIS D'AMÉRIQUE, comprenant : LA VIE DE WASHINGTON et L'HISTOIRE DE LA GUERRE DE L'INDÉPENDANCE, suivies de la correspondance et des écrits de Washington, trad de l'angl. de M. J. SPARKS, par M. Ch. . ., précédées d'une INTRODUCTION sur le caractère de Washington et son influence dans la Révolution d'Amérique, par M. Guizot. 6 vol. in-8, ornés de portraits et d'une carte des Etats-Unis (1850).   26 fr.

On vend séparément les OEUVRES DE WASHINGTON, comprenant sa CORRESPONDANCE, ses ÉCRITS, etc.; 4 vol. in-8.   16 fr.

ATLAS composé de 25 planches, donnant des PLANS DE BATAILLE, divers FAC-SIMILE, des PORTRAITS, etc ; pouvant servir à l'intelligence du texte des six vol. qui comprennent la VIE DE WASHINGTON et l'HISTOIRE DE LA GUERRE DE L'INDÉPENDANCE, et la CORRESPONDANCE ET LES ÉCRITS DE WASHINGTON, publiés par M. Guizot.   20 fr.

DICTIONNAIRE UNIVERSEL DES SYNONYMES DE LA LANGUE FRANÇAISE, contenant les Synonymes de GIRARD, BEAUZÉE, ROUBAUD, D'ALEMBERT, etc., et généralement tout l'ancien Dictionnaire mis en meilleur ordre, et augmenté d'un grand nombre de nouveaux synonymes, par M. Guizot, 4e édition. 2 forts volumes in-8 (1850).   12 fr.

Paris.—Imprimerie Bonaventure et Ducessois, 55, quai des Augustins, près le Pont-Neuf.

ÉTUDES

SUR LES

BEAUX-ARTS

EN GÉNÉRAL

PAR M. GUIZOT

2e ÉDITION

De l'État des Beaux-Arts en France et du Salon de 1810.

Essai sur les limites qui séparent et les liens qui unissent les Beaux-Arts.

Description des Tableaux d'histoire gravés dans le Musée royal, publié par Henri Laurent :

ÉCOLE ITALIENNE : Raphaël, Jules Romain, Le Dominiquin, Carrache (Annibal), Carrache (Louis), Le Corrège, André del Sarto, Le Caravage, Le Guide, Le Guerchin, Allori (Christophe), Gentileschi, Le Bassan, Palma jeune, Salvator Rosa, André Sguazzella, André Solari, Paul Véronèse, Carlo Dolci, Lana, Pierre de Cortone, Gennari (Cento).

ÉCOLE FRANÇAISE. Le Poussin, Lesueur (Eustache), Sauterre (Jean-Baptiste), La Hyre, Carle Vanloo.

ÉCOLE HOLLANDAISE. Rembrandt, Van-Dyk (Antoine), Van-Dyk (Philippe), Vanderwerff, Gérard de Lairesse.

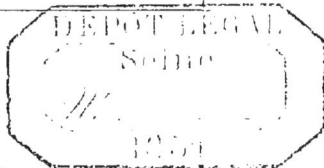

PARIS

DIDIER, LIBRAIRE-ÉDITEUR

35, quai des Augustins.

1852

PRÉFACE

L'étude des Arts a ce charme incomparable qu'elle est absolument étrangère aux affaires et aux combats de la vie. Les intérêts privés, les questions politiques, les problèmes philosophiques divisent profondément et mettent aux prises les hommes. En dehors et au-dessus de toutes ces divisions, le goût du beau dans les Arts les rapproche et les unit : c'est un plaisir à la fois personnel et désintéressé, facile et profond, qui met en jeu et satisfait en même temps nos plus nobles et nos plus douces facultés, l'imagination et le jugement, le besoin d'émotion et le besoin de méditation, les élans de l'admiration et les instincts de la critique, nos sens et notre âme. Et les dissentiments, les débats auxquels donne lieu un mouvement intellectuel si animé et si varié, ont ce singulier caractère qu'ils peuvent être très-vifs sans grande âpreté, que leur vivacité ne laisse guère de rancune, et qu'ils semblent adoucir les passions mêmes qu'ils soulèvent. Tant le beau a de puissance sur l'âme humaine, et efface ou subordonne, au moment où elle le contemple, les impressions qui troubleraient les jouissances qu'il lui procure !

Aussi les Arts ont-ils ce privilége qu'il peut leur échoir de prospérer et de charmer les hommes aux époques et dans les conditions de société les plus diverses. République ou monarchie, pouvoir absolu ou liberté, agitation ou calme des existences et des esprits, pourvu qu'il n'y ait pas cet excès de souffrance ou de servitude qui abaisse et glace la société tout entière, le goût et la fortune des Arts peuvent se développer avec éclat. Ils ont prêté leur gloire à l'Empire romain comme à la Grèce républicaine, et

fleuri au sein des orageuses républiques du
moyen-âge comme sous le sceptre majestueux
de Louis XIV.

C'est de 1808 à 1814, pendant que la guerre
bouleversait l'Europe, et que la France, à la fois
trop lasse au-dedans et trop active au-dehors,
ne songeait même plus à la liberté, que j'ai appris à admirer, à aimer et à comprendre les Arts
dont notre gloire, en se promenant à travers le
monde, avait conquis et rassemblé chez nous les
chefs-d'œuvre. Je recueille aujourd'hui quelques-unes des études que j'ai faites alors à ce
sujet : un *Examen critique du Salon de* 1810,
l'une des plus brillantes expositions de notre
École; un *Essai sur les liens qui unissent et les
limites qui séparent les Beaux-Arts;* question
fondamentale à une époque où l'esprit d'imitation, souvent irréfléchie et confuse, joue dans les
Arts un si grand rôle ; enfin la *Description des
tableaux d'histoire* qui ont été gravés dans le
recueil publié par M. Henri Laurent [1], sous le
titre de *Musée royal,* et qui a fait suite au *Musée*

---

[1] 2 vol. gr. in-folio. Paris (1816-1818).

impérial, publié par M. Robillard [1]. J'aurais pu étendre plus loin cette dernière partie, et recueillir aussi la *Description des tableaux de genre et de paysage* que j'ai également donnée dans le *Musée royal*. Mais il ne faut pas avoir, pour ses propres souvenirs, tant de complaisance que de les reproduire tous indistinctement devant un public déjà bien éloigné du temps auquel ils appartiennent. J'ai choisi, parmi mes études sur les ouvrages des grands maîtres, celles qui, soit par la célébrité des tableaux mêmes, soit pour l'histoire de l'Art, m'ont paru conserver le plus d'intérêt. C'est assez sans doute, de nos jours surtout où les faits disparaissent et où les hommes oublient si rapidement.

GUIZOT.

Val-Richer, octobre 1851.

[1] 4 vol. gr. in-folio.

DE

L'ÉTAT DES BEAUX-ARTS

EN FRANCE,

ET DU SALON DE 1810

(1810)

1

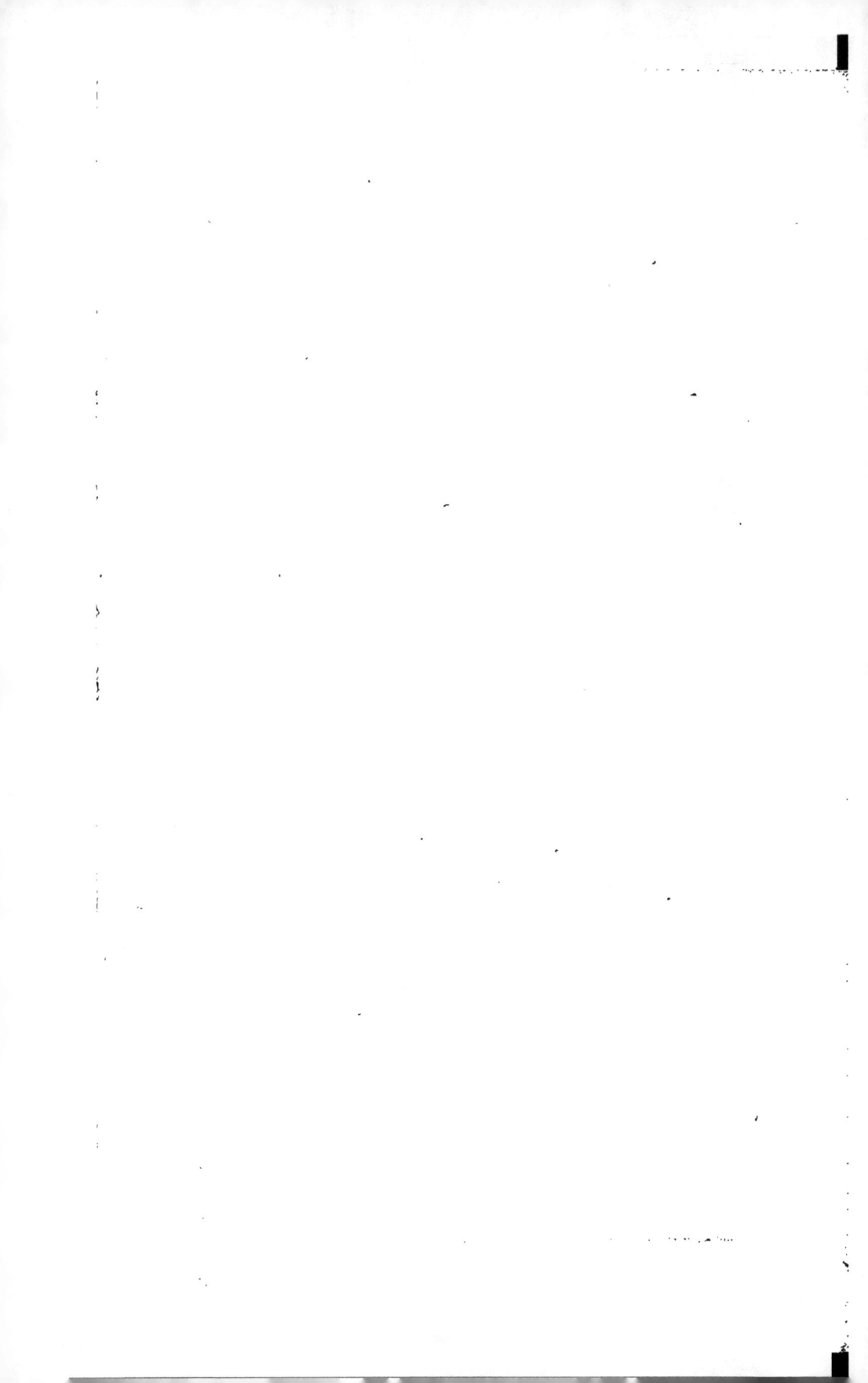

DE

L'ÉTAT DES BEAUX-ARTS

EN FRANCE,

ET DU SALON DE 1810

(1810)

C'est un spectacle consolant, pour ceux qui s'affligent aujourd'hui de la langueur de la littérature, que l'activité qui anime les artistes : si l'on plaçait à côté de l'exposition des tableaux une exposition des livres, en vers ou en prose, qui ont paru depuis deux ans, les Belles-Lettres se tireraient avec peu d'honneur de cette lutte contre les Beaux-Arts. Laissons donc là les Belles-Lettres, pour ne pas médire toujours du temps présent, et occupons-nous des Arts qui, pour prix du véritable culte que leur rend notre époque, lui promettent une véritable gloire, et qui, depuis le siècle des Médicis, n'ont jamais été étudiés avec plus d'ardeur que de nos jours. Quand une branche d'un arbre se dessèche, on voit avec plaisir la sève se porter vers celle qui fleurit encore; et, certes, la destinée des artistes est assez belle, notre patrie peut espérer assez de leurs travaux et de leurs succès pour que nous ne devions pas craindre de les examiner avec soin, et de chercher ce qui les caractérise, ou ce qui leur manque, en rattachant nos observations à ces grandes idées sur l'Art qui ont été consacrées par le génie des Grecs et par l'assentiment des siècles. Nous ne prétendons, à beaucoup près, ni parler de tous les tableaux du Salon, ni dire, sur ceux dont nous parlerons, tout ce qu'on en pourrait dire; notre dessein est d'appliquer au nouveau Salon quelques considérations générales sur l'état des Arts en France et sur la direction de l'École. Nous serons obligé de rappeler quelquefois des tableaux qui n'appartiennent pas à l'exposition de cette année, et qu'on a vus dans des expositions précédentes; mais nous ne rappellerons jamais que des noms et des tableaux très-connus. Si l'amour des Arts, le sentiment de leur excellence, quelques études et une parfaite sincérité peuvent fournir quelque chose de bon à dire, nos réflexions ne seront pas tout à fait inutiles. Quand les Grecs voulurent témoigner leur respect pour les Dieux, ils leur offrirent en don des tableaux et des statues : chaque État fit construire à Delphes un édifice qu'il appela *son trésor*, où il déposa les tableaux qui représentaient ses victoires les plus célèbres et les statues des hommes qu'il voulait particulièrement honorer [1]. C'est avec le même sentiment, et en regardant la collection des ouvrages de nos grands artistes comme un trésor national, que nous nous hasarderons à en parler.

L'histoire des Arts en France présente un singulier phénomène : sous Louis XIV, la sculpture se forma sur la peinture, ou du moins cette dernière exerça, sur la marche et le caractère de sa rivale, une influence décisive. Le Brun fut nommé *inspecteur général de tous les ouvrages de sculpture :* Le Brun était peintre, et avait pour son art une grande prédilection; les statuaires, Girardon lui-même, furent forcés de travailler le bronze et le marbre d'après les dessins du premier peintre du Roi. A la mort de Le Brun, Girardon prit sa place; mais les sculpteurs se virent encore obligés de copier ses dessins; et Puget, indigné de cette injurieuse servitude, aima mieux quitter Paris que de s'y soumettre. On était généralement persuadé, et le comte de Caylus lui-même le croyait encore, que « l'habitude du crayon « était ce qui conduisait le plus sûrement le sculpteur « à son but, et que le service de l'ébauchoir ne pouvait « pas être comparé aux avantages qu'on retirait du

[1] ÉMERIC DAVID, *Recherches sur l'Art statuaire*, p. 93.

« crayon[1]. » Les Florentins avaient peut-être contribué à propager cette idée : « Je puis vous enseigner « l'art statuaire tout entier dans un seul mot, disait « Donatello à ses élèves : *dessinez.* » C'était aller et contre la nature de l'art et contre le sage précepte de Ghiberti qui disait, au contraire, que *l'art de modeler était le dessin du statuaire.* Mais, quoi qu'il en soit des avantages et des inconvénients de l'opinion de Donatello, on ne peut nier qu'elle n'ait influé, particulièrement en France, sur la sculpture : au lieu de faire modeler les élèves en ronde-bosse, on ne leur fit plus exécuter que des bas-reliefs, et ces bas-reliefs étaient composés comme des tableaux; on y multipliait les plans, on en augmentait la saillie, etc. Les sculpteurs furent naturellement conduits par là à empiéter sur le domaine des peintres qui les dirigeaient; ce fut sans doute une des causes qui les engagèrent à s'efforcer de faire passer sur le marbre ce que la toile seule peut rendre à l'aide des effets de la lumière et des couleurs, cette vivacité, cette expression mobile et piquante des figures françaises, animées par l'esprit de société et de conversation : de là l'irrégularité des formes, et la corruption du goût, qui en est la suite; la beauté, la simplicité, la naïveté grecques disparurent des statues, et les statuaires réussirent mal à leur don-

---

[1] CAYLUS, *Éloge de Bouchardon*, p. 17 et 20

ner le nouveau caractère auquel ils aspiraient, car ce
caractère, en supposant même qu'il dût être l'objet des
travaux de l'un des Beaux-Arts, ne pouvait entrer
convenablement dans le domaine du leur [1].

Ce fut donc pour avoir méconnu et la nature de
deux arts différents et les limites qui les séparent,
qu'une fausse manière s'introduisit dans la sculpture.
D'autres causes ont pu y contribuer, mais celle que je
viens de rappeler me paraît devoir être regardée
comme la principale. Aujourd'hui la roue a tourné :
dans les Arts, *on a mis dessus ce qui était dessous ;* ce
n'est plus la sculpture qui se forme sur la peinture,
c'est la peinture au contraire qui se forme sur la sculpture. Depuis qu'un homme célèbre, en nous ramenant
au goût du vrai beau, a banni ce dessin maniéré, ce
style de convention si longtemps à la mode, l'étude de
l'antique est devenue la base de tous les travaux des
artistes : heureuse révolution, qui a remis parmi nous
les Beaux-Arts en possession de leur véritable domaine
et nous a rendu le véritable sentiment des Arts.
En forçant les artistes à s'isoler, à faire dans la retraite des études longues et difficiles, elle les a affran-
chis du joug de la mode et des caprices du public ; elle
a rompu des liens qui souvent avaient fait prendre au
talent une direction fausse, et l'a remis en présence de

[1] *Recherches sur l'Art statuaire*, pages 469 et suiv.

ces chefs-d'œuvre toujours admirés, quoique si peu imités jusqu'alors. Le goût général était mauvais en France, ou plutôt il n'y avait point de goût général : sous Louis XIV, l'opinion du monarque et de sa cour était la loi à laquelle se soumettaient les artistes. La fausse direction qu'elle avait fait prendre aux arts se maintint jusqu'à ce que, par l'influence de M. David, les Grecs fussent devenus le vrai public de l'École; c'est parmi les marbres, qui peuvent être considérés comme les représentants des Grecs, puisqu'ils sont leur ouvrage, qu'elle cherche ses modèles, ses points de comparaison, je dirai presque ses juges. C'est là qu'elle a appris à estimer ce qu'on a toujours trop dédaigné en France, la simplicité : nos peintres ont justement admiré la simplicité dans la sculpture antique, et outre le désir de l'imiter que leur a inspiré cette admiration, ils y ont été naturellement conduits par cela seul qu'ils ont surtout étudié des statues. La sculpture n'offre que des compositions très-simples, des poses naturelles, des figures isolées ou des groupes peu nombreux : nourris de ses ouvrages, nos artistes ont fait passer sur la toile le même caractère; plusieurs de leurs tableaux pourraient être copiés par le sculpteur, sans qu'il eût beaucoup à supprimer ou à changer. Quel beau groupe, par exemple, ne ferait pas un grand statuaire du *Bélisaire* de M. Gérard ? M. Constantin en a exposé au Salon une petite copie assez faible en émail; mais elle suffira pour faire sentir ce que je veux dire à ceux qui ne connaissent pas le tableau. Placez sous les mains d'Agésandre (auteur du Laocoon) un bloc de marbre; donnez-lui à en tirer ce vieillard aveugle, dont la tête imposante et le corps noble encore, quoique sillonné par la souffrance, offrent tant de beautés au génie de l'artiste : qu'il ait à mettre sur un bras de Bélisaire, appuyé de l'autre sur son bâton, un bel enfant, naguère conducteur de l'aveugle mendiant, maintenant porté par lui la tête penchée, les membres languissants, piqué par un serpent encore entortillé à sa jambe.... certes, le statuaire fera jaillir de là un ouvrage sublime, et, sauf quelques lignes trop peu développées pour la sculpture, il aura conservé toute la composition du peintre. Veut-on un exemple plus étendu et moins frappant au premier coup d'œil ? L'*Andromaque* de M. Guérin pourra le fournir ; jamais tableau ne fut plus sagement composé : l'action est une, et tout s'y rapporte ; au milieu de l'élan d'Andromaque, du geste rapide et très-développé de Pyrrhus, de la fureur d'Hermione qui s'éloigne, un grand calme règne dans toute la composition, parce que tout y est en harmonie et bien ordonné : simplicité, intérêt, tranquillité, tout s'y trouve; mais n'est-ce pas dans l'étude de l'antique que l'artiste a appris l'art de réunir et de concilier ces mérites divers? C'était le talent des anciens de savoir allier la vérité et la chaleur à une ordonnance belle et tranquille : ne reconnaît-on pas encore dans cette admirable figure d'Andromaque, dans l'art avec lequel les draperies sont ajustées et ne dérobent aucune des formes du corps, l'homme plein du souvenir des draperies de la Leuco-thoé ou de la Cérès ? Cette belle disposition des bras et des jambes de Pyrrhus ne rappelle-t-elle pas ces poses si naturelles, et cependant si choisies, dont il nous reste plusieurs modèles ? On a trouvé que la figure d'Oreste était trop semblable à celles qu'on voit dans quelques bas-reliefs grecs [1]; ces figures, ces poses si nobles, si correctement dessinées, ne sont-elles pas susceptibles, surtout celles d'Oreste et de Pyrrhus, de passer une à une dans le domaine de la sculpture ? n'en ferait-on pas de belles statues ? Ce n'est qu'un mérite de plus à M. Guérin ; peut-être aurons-nous lieu de voir que quelques inconvénients viennent à la suite ; mais, comme l'artiste n'a négligé d'ailleurs aucune des parties qui sont le propre de la peinture, comme sa couleur est bonne, ses expressions animées, ses contours vrais, rappeler l'antique est pour son tableau un avantage, puisque la nature de son sujet lui en faisait une loi : peut-être même la tête de Pyrrhus ne le rappelle-t-elle pas assez ; je ne puis m'empêcher d'y regretter un peu de noblesse ; elle est trop ronde, et je doute qu'un œil exercé y retrouve jamais une physionomie grecque.

[1] *Gazette de France* du 12 novembre 1810.

M. Guérin a voulu sans doute faire allusion à l'étymologie du nom de *Pyrrhus* (πυῤῥὸς, *roux*) en lui donnant des cheveux presque roux : c'est aussi, je suppose, par une intention du même genre qu'il a représenté Oreste et Pyrrhus si jeunes, pour conserver la différence d'âge qui existait entre eux et Andromaque, dont il a saisi admirablement le caractère de femme déjà veuve et mère, sans diminuer sa beauté. On ne saurait trop louer dans un artiste cette attention scrupuleuse à ne choquer ni la vraisemblance ni la vérité, et à pénétrer dans tous les détails de son sujet; mais tant de soins ne peuvent détruire tout à fait un inconvénient auquel sont exposés ceux de nos peintres qui prennent leurs sujets dans l'antiquité : quelque familiers qu'ils soient avec les monuments qui nous en restent, avec leur caractère particulier, avec l'histoire et les mœurs de ces temps et de ces peuples, ils ne sauraient être à l'abri de quelque inconvenance, de quelque méprise; ils n'ont pas vécu avec les Grecs, ils ne sont pas Grecs, et je ne doute pas que les Grecs ne trouvassent dans leurs plus beaux ouvrages de quoi s'étonner et reprendre. Que diraient-ils, par exemple, d'un tableau où M. Serangeli, représentant *le désespoir d'Admète après la mort d'Alceste*, et par conséquent une scène des temps héroïques de la Grèce, a mis pour ornement dans le palais d'Admète l'Apollon du Belvédère, qui n'a été fait et n'a pu être fait que longtemps après, puisque l'art était encore alors dans sa première enfance ? Cet anachronisme est étrange ; et quoique les Grecs ne fussent pas minutieux en fait d'inconvenances, ils auraient, je crois, été choqués de celle-là.

Revenons au tableau de M. Guérin : ce sera pour lui reprocher un léger défaut, défaut qui peut-être a bien aussi sa cause dans cette étude de l'antique, source de tant de beautés : Oreste lève le bras droit, et fait du pouce un geste qui semble indiquer quelque chose derrière lui. L'artiste n'a-t-il voulu que donner à ce bras et à cette main une belle pose, ou la leur a-t-il donnée pour les faire servir à un geste d'indication ? Dans le premier cas, ce serait un tort que d'avoir mis, dans la pose d'un des personnages du tableau, quelque chose de non motivé et d'étranger à l'action : le sculpteur, ne représentant ordinairement qu'une figure, choisit la pose où elle se déploie de la manière la plus complète et la plus avantageuse ; il prend dans l'action le moment qui lui fournit les plus beaux développements, et subordonne ainsi, si l'on peut le dire, l'action à la pose : le peintre au contraire représente une action, une scène, et doit subordonner toutes ses poses à cette action ; il est enchaîné par cette condition nécessaire ; et tandis que, dans une statue, c'est d'après la pose que le spectateur devine l'action, dans un tableau l'action connue dans son ensemble règle d'avance pour lui chaque pose particulière, et rend choquant à ses yeux ce qui ne s'y rapporte pas : la pose n'est ici que l'expression d'une action connue dans un moment donné; elle est, en sculpture, la forme sous laquelle l'artiste présente une action isolée, dans un moment choisi à volonté; on sent qu'il a, dans ce dernier cas, une liberté bien plus grande. Jamais le défaut de subordonner, en peinture, l'action à la pose n'a été plus visible que dans le tableau *des Sabines* de M. David, d'ailleurs si plein de beautés, mais où Romulus, Tatius et Hersilie sont évidemment posés autrement qu'ils n'ont pu et dû l'être dans l'action.

Si M. Guérin a eu, au contraire, en plaçant ainsi le doigt d'Oreste, une intention relative à l'action générale, je ne puis m'empêcher de trouver que cette intention n'est pas clairement exprimée; la raison en est facile à découvrir. Dans un tableau, les personnages ne sont liés, soit entre eux, soit au sujet, que par leurs actions, leurs mouvements, et non par leurs paroles : ainsi c'est en se jetant aux genoux de Pyrrhus qu'Andromaque se rattache à l'action; c'est en étendant ses bras et son sceptre vers elle que Pyrrhus y tient, et c'est par des regards et un geste de colère qu'Hermione ne s'en sépare pas, même en s'éloignant. Si le geste d'Oreste se rapporte à quelque chose, il se rapporte aux paroles qu'il vient de prononcer, et sans doute ces paroles sont ces vers de Racine :

Oui, les Grecs sur le fils persécutent le père ;
Il a par trop de sang acheté leur colère :
Ce n'est que dans le sien qu'elle peut expirer,
Et jusque dans l'Épire il les peut attirer.

Ce geste, en effet, semble indiquer les Grecs placés derrière leur ambassadeur, et prêts à fondre sur l'Épire : on sent que le spectateur, qui ne sait point ce qu'Oreste vient de dire, ne peut comprendre ce qu'il fait : sans doute tous les accessoires doivent être significatifs, et les Grecs avaient eu grandement raison d'établir cette règle, source féconde de beautés poétiques ; mais cette signification doit être naturelle, sortir du sujet et y rentrer sans peine. Ne serait-ce pas encore ici le tort d'un art qui veut empiéter sur le domaine d'un autre art ? M. Guérin n'aurait-il pas emprunté ce geste de la représentation dramatique d'Andromaque ? Je crois l'avoir vu faire à Talma. Je n'ai pas besoin d'insister davantage sur la différence qui existe entre une scène où l'acteur, parlant à la fois aux yeux et aux oreilles, rapporte ses gestes à ses paroles comme à ses actions, sûr qu'ils seront expliqués par les unes comme par les autres, et une scène où l'artiste, ne parlant qu'aux yeux, est nécessairement forcé de ne subordonner les gestes de ses personnages qu'à leurs actions ou à leurs sentiments, s'il veut les rattacher clairement à l'action générale.

M. Girodet a observé cette loi avec un rare talent

dans son tableau de *la Révolte du Caire;* l'action naturellement compliquée ne permet pas d'exiger ici la
simplicité que je viens de louer dans M. Guérin : je
crois cependant que l'artiste aurait pu ne pas renoncer,
aussi absolument qu'il l'a fait, à cet important mérite :
il devait sans doute, pour rendre l'effet d'un combat
acharné dans une mosquée, offrir une mêlée et beaucoup de figures; mais puisqu'il avait eu l'heureuse
idée de faire d'une action particulière le véritable sujet
de son tableau, il en devait écarter tout ce qui pouvait nuire à l'effet particulier de cette scène. Un hussard et un Arabe en sont les deux principaux acteurs;
l'Arabe soutient d'un bras un jeune Turc blessé à la
gorge, et de l'autre se prépare à frapper d'un revers
de son sabre un dragon qui vient du fond du tableau,
et lui porte un coup de pointe, quoique retenu par un
petit Mameluck qui se précipite entre eux tête baissée :
le hussard, de son côté, s'élance pour attaquer l'Arabe
occupé à se défendre de son autre ennemi; il est me-
nacé lui-même par un pistolet; il s'en garantit en sai-
sissant d'une main le bras du Turc et pesant dessus de
tout son corps, tandis qu'il lève l'autre pour la rabaisser
sur l'Arabe placé en face de lui. Ce groupe est bien
composé : chacune des six figures est bien en mouvement, bien livrée à son action particulière, et cependant bien liée à l'action générale : l'expression horrible
et farouche de l'Arabe nu est adoucie par l'acte de

bonté qu'on lui voit faire, puisqu'il soutient un jeune homme mourant : le hussard n'a point un caractère féroce; une teinte de pitié pour le jeune blessé est même répandue sur ses traits ; les formes de cette figure se dessinent bien sous des draperies bien ajustées, et qui montrent qu'on peut sauver à force d'art quelques-uns des inconvénients du costume moderne ; enfin ce devant du tableau n'offrirait qu'un heureux mélange d'objets terribles et d'objets touchants si un nègre accroupi, embrassant, pour se soutenir, la cuisse de l'Arabe, inutile à l'action, et tenant d'une main une tête sanglante, n'en rompait l'unité et n'en augmentait sans motif l'horreur. Pourquoi M. Girodet, qui a fait plusieurs changements à son tableau depuis l'ouverture du Salon, n'en a-t-il pas aussi retranché cette hideuse figure? Elle en gâte l'effet en rendant horrible ce qui, sans elle, ne serait que terrible : l'artiste n'en avait pas besoin pour montrer qu'il savait varier une même expression, selon la nature des personnages à qui il la prête. C'est en effet un mérite propre à M. Girodet de peindre dans ses figures non-seulement une expression momentanée, celle des passions qui les animent, mais encore l'expression permanente des mœurs, du caractère national, de la manière d'être habituelle. Son tableau de l'*Enterrement d'Atala* l'a déjà prouvé : ceux qui le connaissent se rappellent que la tête de Chactas est bien celle d'un sauvage, que rien dans sa physionomie ne rappelle l'homme civilisé, et que cependant tous les sentiments que pourrait éprouver dans une pareille situation le cœur le plus tendre, se trouvent peints dans ces traits où respirent la noblesse de la beauté et le naturel de l'inexpérience. Ce même mérite, si grand et si rare, brille dans *la Révolte du Caire ;* le sujet l'exigeait : l'artiste a rempli sa tâche : l'Arabe et le hussard, animés d'un courroux pareil, d'un même courage, et occupés de la même action, ont une expression entièrement différente ; elle tient moins à la différence de leurs traits qu'à celle de leurs mœurs, de leurs idées, qui doivent nécessairement modifier leurs passions accidentelles, et paraître à travers ces passions. Le Français est beau, sa tête est noble ; la pitié qu'il laisse paraître pour le jeune Turc blessé ne l'empêche pas de faire son devoir de soldat, en cherchant à frapper l'Arabe qui le soutient : celui-ci est laid ; il soutient le blessé, mais n'a point l'air d'y faire attention, d'en être ému : ainsi dans l'homme civilisé un sentiment tendre perce même au milieu d'une action cruelle; dans le sauvage, l'air de barbarie reste même au milieu d'une action d'humanité. Je ne sais si l'artiste s'est rendu compte à lui-même de cette combinaison, mais un génie heureux la lui a inspirée, et c'est ainsi que se créent les belles choses.

Ce dont M. Girodet eût dû peut-être se rendre compte plus attentivement, c'est de l'importance qu'a la beauté dans tous les ouvrages de l'art; les anciens, comme on sait, en faisaient leur but principal, souvent même unique : Pauson, qui se plaisait à imiter des objets difformes, vécut pauvre et méprisé. « Qui voudra « te peindre, dit une ancienne épigramme, puisque « personne ne veut te voir? » Lessing ajoute, dans son *Laocoon* : « Maint artiste moderne dirait : Sois dif-« forme autant qu'on peut l'être, je ne t'en peindrai « pas moins : on n'aime pas à te voir; qu'importe? on « aimera à voir mon tableau, non comme représentant « ta personne, mais comme un effort de mon art, qui « aura su rendre la difformité avec tant de ressem-« blance[1]. » Les artistes comptent trop sur leur talent lorsqu'ils se flattent qu'il suffira seul pour assurer le succès d'un tableau : je ne crois pas que nous puissions être aussi exigeants que les Grecs en fait de beauté; nous devons, ce me semble, permettre aux arts d'étendre leur domaine à l'imitation d'objets qui ne sont pas parfaitement beaux; nos mœurs, nos habitudes nous y obligent, et d'ailleurs la peinture ne saurait être astreinte aussi rigoureusement que la sculpture à la loi de la beauté; mais cette plus grande liberté, que je crois inévitable, est un mal, et par conséquent un droit dont nos grands artistes devraient n'user qu'avec modération; c'est à eux de ramener sans cesse l'École

[1] *Du Laocoon*, par LESSING p. 11.

à cette loi de la beauté qu'elle n'aura que trop d'occasions d'enfreindre. M. David leur en donne un exemple bien sage : on reconnaît dans tous ses tableaux le soin continuel qu'il prend pour ne pas enlever à ses figures ce caractère de beauté si difficile à conserver sous de certaines conditions. Il y réussit souvent, et du moins il ne tombe presque jamais dans le défaut contraire. M. Girodet perd plus souvent cette idée de vue ; le choix seul de ses sujets prouve qu'il n'y attache pas une très-grande importance; et je crois que, même dans les sujets qu'il traite, il pourrait mettre plus de beauté qu'il n'en laisse voir : il le devrait, car il le peut. Dans sa *Révolte du Caire*, le jeune Turc expirant est parfaitement beau; le hussard français l'est aussi, quoiqu'il pût l'être davantage. Pourquoi le peintre n'a-t-il pas cherché à diminuer la laideur de ses Arabes, à ennoblir le dragon qui est sur le troisième ou quatrième plan ? La vérité en aurait souffert, dira-t-on ; excuse de paresseux : « Habiles à tout embellir, les « Grecs ne craignaient pas de tout entreprendre. Les « extrêmes n'intimidaient pas leurs mains savantes. « La nature peut jusque dans ses écarts offrir de la « grandeur. Le corps d'Ésope était contrefait; son « génie était divin. Le statuaire qui a modelé l'*Ésope* « de la *Villa Albani* s'est principalement attaché à « exprimer la physionomie, l'esprit, l'âme du poëte. « L'entreprise était difficile : celui qui n'eût pas été

« nourri de la théorie du beau n'eût imité que la mai-
« greur et la difformité de son modèle. Les vices du
« squelette ne sont pas déguisés; le rachitisme se voit
« jusque sur le visage. L'orbite des yeux est plus
« ouverte et moins profonde que dans les têtes du haut
« style; on voit les prunelles; une lèvre se porte légè-
« rement à droite, et l'autre vers le côté opposé. Le
« menton vient en avant; la barbe courte et pointue
« présente peu de masses, elle annonce un homme
« faible. Mais les muscles sourciliers sont forts; le
« front est soutenu; l'enfoncement des temps le fait
« paraître plus grand. Les cheveux crépus et groupés
« au haut de la tête en augmentent l'élévation. Le
« mouvement des cheveux laissant les oreilles à décou-
« vert, agrandit les plans des joues. La barbe et les
« cheveux sont d'un beau travail; la bouche est fine
« et gracieuse; le regard animé se tourne vers le ciel;
« l'ensemble de la figure a une vérité, une douceur,
« une noblesse inexprimables[1]. »

Voilà comment les artistes grecs surmontaient les
difficultés, au lieu de se résigner à ne pas les vaincre.
Et Raphaël, quand il a peint ses madones, avait-il à
leur donner un costume favorable à la beauté? Non
sans doute; mais sous les vêtements les moins gracieux, il a su leur conserver une beauté parfaite, et

---

[1] *Recherches sur l'Art statuaire*, p. 368.

répandre sur toute la figure une grâce pleine de
charme. Je ne crois guère, je le répète , à cette prétendue impossibilité d'ennoblir une figure humaine, et je
crois encore moins à l'avantage qu'il peut y avoir à
l'enlaidir : certains artistes semblent, par la nature
même de leur talent, forcés de négliger un peu la
beauté; ils deviendraient froids s'ils y aspiraient, et la
vérité est ce qu'ils excellent à rendre. M. Gros, par
exemple, plein de verve, de feu, d'énergie, aurait tort,
je crois, de chercher à prendre un style plus sévère :

> Ne forcez point votre talent,
> Vous ne feriez rien avec grâce.

Il a mis cette année au Salon deux grands tableaux :
l'un représente la *Prise de Madrid*; l'autre, *l'Empereur
haranguant l'armée avant la bataille des Pyramides*.
Dans le premier, qui est infiniment supérieur à l'autre,
le groupe des Espagnols est peint avec un talent admirable; le commandant qui vient rendre la place offre
dans sa contenance, dans son costume, dans ses
regards, une image parfaite de la vérité; les accessoires
de cette figure sont arrangés avec beaucoup d'esprit,
et tendent bien à augmenter l'effet général : ses cheveux qui paraissent n'avoir pas été poudrés depuis longtemps, le collet sale de son habit, tout parle à l'imagination fortement saisie. Le mouvement des Espagnols
qui l'accompagnent, et qui, les yeux fixés sur l'Empe-

reur pour obtenir la grâce de leur patrie, étendent les bras en arrière vers les canonniers pour arrêter le bombardement, est d'un grand effet : les têtes ont un caractère vrai et original; la couleur en est naturelle et vigoureuse; les mains sont fort bien dessinées et fort bien peintes. Tout est là d'une vérité rare; mais on y chercherait en vain quelque beauté; il semble même que le peintre choisisse de préférence ses personnages dans les dernières classes de la société; le commandant, qui appartient à une classe plus relevée, n'a pas une expression très-noble; et les autres figures, à l'exception d'une seule, sont évidemment des hommes du peuple; leur expression, leur costume, ont quelque chose de trivial. Un moine prosterné dans le fond prouve encore mieux peut-être que cette trivialité est un défaut naturel de l'imagination du peintre; on sent, par les vêtements de ce moine et sous son capuchon, qu'il est fort gras : il y a, si j'ose le dire, quelque chose de profondément ignoble dans cet embonpoint attribué à un suppliant, et je ne crois pas que l'artiste fût tombé dans de pareilles erreurs s'il avait eu en lui de quoi les éviter. Celui qui s'est élevé jusqu'à la beauté noble ne descend plus de là qu'avec peine; son imagination se refuse à des conceptions qui choqueraient ses sentiments les plus intimes et les idées dont il s'honore le plus.

Du reste, ce qui est la source des défauts de M. Gros

est en même temps celle de ses mérites. Il possède un
talent vraiment naturel et original ; on ne trouve dans
ses compositions aucun de ces inconvénients qui tiennent à la marche d'une école de peinture formée par
l'étude des statues ; il n'a ni froideur, ni roideur, ni
appareil théâtral : peut-être même son genre est-il celui
qui convient le mieux aux sujets nationaux : ses défauts
sont ceux de son école, et son école n'aura pas son
génie ; accoutumée à ne chercher que la vérité, sans y
joindre la beauté comme condition nécessaire, elle
tombera facilement dans une exagération hideuse, car
elle n'en sera point préservée par l'habitude de vouloir
des formes nobles et régulières ; elle s'appuiera sur des
exemples tirés des ouvrages de son maître : le tableau
de l'*Empereur haranguant l'armée avant la bataille des
Pyramides* lui en fournira plusieurs ; parmi les trois
Arabes ou Nègres qui sont sur le devant, il y en a deux
d'une vérité rebutante ; les figures même qui devraient
avoir de la grandeur en manquent ; le geste de l'Empereur est animé, mais la tête et même le mouvement
des bras me paraissent dépourvus de noblesse. Si l'on
veut sentir clairement la différence de manière qui
existe entre M. Gros et les grands artistes de l'École
actuelle qui sont demeurés plus fidèles aux principes
des Grecs sur l'importance du style noble, que l'on
compare son *portrait du général de division comte
Legrand* avec celui de *M. de Châteaubriand méditant*

sur les ruines de Rome, par M. Girodet : ce sont deux
superbes portraits pleins de fermeté, de vérité, de vie ;
mais, en regardant celui de M. Girodet, on sent, malgré
l'infériorité du coloris, que l'artiste, fidèle à la loi de
Thèbes qui commandait d'embellir en imitant, a réuni
le sentiment du *grandiose* au sentiment de la nature,
et que, par cette heureuse alliance, il est parvenu à
donner à son ouvrage un caractère historique que l'on
chercherait vainement dans celui de M. Gros ; à la
vérité, la tête que ce dernier avait à peindre y prêtait
beaucoup moins. Ceci n'est point un mérite qui n'appartienne qu'à ce seul portrait de M. Girodet ; on le
retrouve dans plusieurs autres portraits de lui qui sont
vraiment peints dans un style historique.

Pourquoi donc ce grand peintre ne s'est-il pas toujours imposé la loi de chercher à conserver la beauté
dans ses tableaux d'histoire? Je crains qu'il n'ait été
souvent trompé par une idée trop répandue aujourd'hui
dans l'École, et contraire aux progrès de l'art ; c'est que
l'énergie de l'expression est le point le plus important.
Lessing a victorieusement réfuté cette erreur dans son
Laocoon ; mais cet ouvrage , quoique fort bien tra-
duit par M. Vanderbourg, est trop peu connu des
artistes pour qu'il ne soit pas nécessaire d'en rappeler
ici les principes : je citerai textuellement ; je ne citerais
pas si je croyais pouvoir mieux dire : « L'art, dans les
« temps modernes, dit Lessing, a beaucoup reculé ses

« bornes. On veut que son imitation s'étende à toute la
« nature visible dont le beau n'est qu'une petite partie.
« Expression et vérité, voilà, dit-on, ses premières lois ;
« et comme la nature même sait toujours, quand il le
« faut, sacrifier la beauté à des vues plus élevées, l'ar-
« tiste doit subordonner cette même beauté à la voca-
« tion plus générale qui l'appelle à tout imiter, et n'en
« suivre les lois qu'autant qu'elles s'allient à la vérité
« et à l'expression. C'est assez pour lui de changer, par
« ces moyens, en beauté de l'art ce qui était laideur
« dans la nature.

« Supposons que, sans contester ces principes, on
« veuille préalablement les laisser pour ce qu'ils
« valent ; n'existe-t-il pas des considérations qui en sont
« indépendantes et qui seules obligeraient l'artiste à se
« borner dans l'expression, et lui défendraient de choi-
« sir jamais le dernier instant, le point extrême de
« l'action qu'il représente ?....

« Si l'artiste ne peut jamais saisir qu'un instant du
« mobile tableau de la nature, si le peintre, en parti-
« culier, ne peut présenter cet unique instant que sous
« un seul point de vue, si pourtant les ouvrages de
« l'art ne sont pas faits pour être simplement aperçus,
« mais considérés, contemplés longtemps et à diverses
« reprises, il est certain qu'on ne doit rien négliger
« pour choisir ce seul instant et le seul point de vue de
« ce seul instant le plus fécond qu'il soit possible. Nous

2

« ne pouvons entendre ici, par le plus fécond, que ce
« qui laisse à l'imagination le champ le plus libre. Plus
« nous regardons, plus il faut que nous puissions ajou-
« ter par la pensée à ce qui est offert à nos yeux ; plus
« notre pensée y ajoute, plus il faut que son illusion
« paraisse se réaliser. Mais, de toutes les gradations
« d'une affection quelconque, la dernière, la plus
« extrême, est la plus dénuée de cet avantage ; il n'y
« a plus rien au-delà. Montrer aux yeux ce dernier
« terme, c'est lier les ailes à l'imagination. Ne pouvant
« aller au-delà de l'impression reçue par les sens, elle
« est forcée de s'occuper d'images moins vives, hors
« desquelles elle craint de retrouver ses limites dans
« cette plénitude d'expression qu'on lui a offerte mal à
« propos. Si Laocoon gémit, l'imagination peut l'en-
« tendre crier ; s'il crie, elle ne peut se représenter ce
« qu'il souffre, d'un degré plus faible ou plus fort, sans
« le voir dans un état plus passif, et par là moins inté-
« ressant. Elle ne l'entendra plus que soupirer, ou bien
« elle le verra mort.

   « De plus, comme le moment unique auquel l'art est
« borné reçoit de lui une durée constante, ce moment
« ne doit rien exprimer de ce que nous concevons
« comme essentiellement transitoire. Il est, en effet,
« des phénomènes qui, d'après nos idées, doivent par
« leur essence se manifester et disparaître subitement,
« et qui ne peuvent demeurer plus d'un instant ce qu'ils

« sont. Tous ces phénomènes, agréables ou terribles,
« prennent, dès qu'ils sont fixés par l'art, une apparence
« tellement contre nature, qu'à chaque nouveau regard
« que nous leur donnons, leur impression devient plus
« faible, et qu'ils finissent par nous inspirer l'horreur
« ou le dégoût.....

« De tous les peintres anciens, Timomaque paraît
« être celui qui s'était plu davantage aux sujets où la
« passion est portée à l'extrême. Son *Ajax furieux*, sa
« *Médée infanticide*, étaient des tableaux fameux. Mais
« il est évident, par les descriptions qui nous en res-
« tent, que cet artiste avait su connaître et avait rem-
« pli parfaitement les deux conditions que nous venons
« d'exposer; savoir, le moment de l'action où son
« extrême degré n'est pas tant offert aux yeux qu'à
« l'imagination du spectateur, et le degré de passion
« qui, dans nos idées, n'est pas assez nécessairement
« transitoire pour que sa permanence doive nous cho-
« quer dans un ouvrage de l'art. Il n'avait point pris
« sa Médée dans le moment où elle égorge ses enfants,
« mais quelques moments avant ce crime, lorsque
« l'amour maternel combattait encore la jalousie. Nous
« prévoyons l'issue de ce combat; nous tremblons
« d'avance de ne voir bientôt plus Médée que barbare,
« et notre imagination va bien au-delà de tout ce que
« le peintre aurait pu nous montrer dans ce terrible
« moment. Mais c'est pour cela même que l'irrésolu-

« tion de Médée, devenue permanente dans le tableau,
« est si loin de nous choquer qu'au contraire nous
« voudrions qu'elle eût été la même dans la nature,
« que le combat des passions ne s'y fût jamais décidé,
« qu'au moins il se fût assez prolongé pour permettre
« au temps et à la réflexion d'affaiblir la rage jalouse,
« et d'assurer la victoire aux sentiments maternels.
« Aussi Timomaque s'était-il attiré, par cette sagesse,
« de grands et de fréquents éloges, et il s'était élevé
« bien au-dessus d'un autre peintre inconnu qui avait
« eu assez peu de sens pour montrer Médée dans l'ex-
« cès de son délire, et pour donner à ce degré de
« fureur, toujours passager, une permanence qui
« révoltait la nature. »

Qu'il y a de distance entre Timomaque et ce peintre
inconnu ! mais qu'il y en a peu entre ce dernier et un
grand nombre de nos peintres modernes ! M. Pajou a
fait un tableau sur la dernière scène de *Rodogune*;
c'est le moment où Cléopâtre vient de faire elle-même
l'essai de la coupe : l'effet du poison se manifeste malgré ses efforts pour le dissimuler; Rodogune s'en
aperçoit, et s'écrie en retenant le bras d'Antiochus :

> . . . . Seigneur, voyez ses yeux
> Déjà tout égarés, troubles et furieux,
> Cette affreuse sueur qui court sur son visage,
> Cette gorge qui s'enfle, etc.

Le peintre s'est cru obligé de faire passer sur la toile

toute cette description du poëte, et sans doute il a pensé qu'il suffisait de la citer pour prouver le mérite de son tableau, puisqu'il a fait mettre ces vers au bas de l'annonce dans le catalogue du Salon ; comme s'il n'y avait aucune différence entre un art qui montre et un art qui raconte. Il n'a pas senti que le poëte, entièrement occupé de l'effet pathétique, auquel il arrive par l'oreille, ne s'inquiétait nullement de l'effet pittoresque, qui ne s'adresse qu'aux yeux, et n'avait pas besoin de s'en inquiéter, puisque personne, en lisant ou en voyant jouer *Rodogune*, ne se demande, pour être ému, si Cléopâtre, en ce moment, est belle ou laide ; tandis que le peintre ne parvenant à toucher qu'à l'aide de la vue, ne doit lui rien offrir qui la rebute ou la choque, s'il veut atteindre son but. Cléopâtre, Rodogune, Antiochus et tous les assistants, ont l'air de véritables possédés : aussi pourrait-on se permettre d'appliquer au tableau de M. Pajou, sauf la diversité des situations, l'épigramme que le poëte Philippus fit contre la *Médée* du mauvais peintre ancien dont nous venons de parler :

« Es-tu perpétuellement altérée du sang de tes enfants?
« as-tu éternellement à tes côtés un nouveau Jason,
« une nouvelle Créüse pour enflammer ta fureur ? [1] »

Pourquoi faut-il qu'il y ait des erreurs du même genre dans des tableaux remplis d'ailleurs de mérite,

[1] *Antholog.*, l. IV, c. IX, ep. 10.

tels que le *Philoctète dans l'île de Lemnos*, de M. Monsiau, et surtout le *Bombardement de Madrid*, de
M. Vernet ? Cette dernière composition offre de très-
belles parties ; il y a surtout un ensemble bien entendu, de la finesse et de la légèreté dans la touche ;
mais la tête de l'Espagnol qui regarde avec effroi une
montre que tient M. le duc de Frioul, et sur laquelle
l'Empereur indique l'heure à laquelle la ville doit être
rendue, est de l'expression la plus exagérée ; les traits
semblent décomposés par l'étonnement et la peur. En
général, on sent, à mon avis, devant ce tableau, que
M. Vernet manque de la fermeté, du *grandiose* nécessaires dans les sujets historiques. Quand on n'est pas
sûr de l'énergie et de la richesse de ses moyens, on en
cherche au-delà des limites de l'art ; et tandis que
M. Gros, par trop de verve, exagère quelquefois des
expressions vraies, M. Vernet s'est efforcé ici de suppléer par de l'éxagération à la verve qui lui manque.
Ce qui tend à le prouver, c'est que parmi les autres
têtes, où il n'a pas eu besoin de rendre une expression
si forte, plusieurs sont fort belles et pleines de vérité.

Quant au *Philoctète*, ce qui m'en frappe aussi, c'est
que l'artiste n'étant pas à la hauteur de son sujet, a
cherché à suppléer par de l'exagération au défaut de
véritables ressources, et cependant son ouvrage est
resté faible et incomplet. Pythagore le Léontin avait
fait une statue de Philoctète, qui semblait, dit Pline,

communiquer sa douleur aux regardants [1]. M. Monsiau
a choisi un très-beau moment : Philoctète, à qui l'on a
rendu son arc et ses flèches, veut en percer Ulysse ;
mais Néoptolème le retient. Que de choses à mettre dans
cette figure de Philoctète ! la douleur physique, la
douleur morale, la soif de la vengeance ; et tout cela
sur le front d'un héros, de l'ami d'Hercule ! M. Monsiau
ne m'en a presque rien offert ; et cependant il y a de
l'exagération dans son Philoctète, et encore plus dans
son Néoptolème, à qui il a donné des yeux hagards,
pour exprimer sans doute la rapidité avec laquelle il
s'élance sur Philoctète pour lui arrêter le bras. Je ne
puis m'empêcher de remarquer aussi que les figures
sont très-faibles de dessin ; dans celle de Néoptolème,
le torse est beaucoup trop long proportionnément à la
tête et aux jambes : M. Monsiau a besoin, je crois, de se
tenir en garde contre ce défaut : on le retrouve dans
un autre tableau de lui, qui représente *un trait de valeur d'Alexandre :* ce prince, monté le premier à l'assaut de la ville des Oxidraques, a vu se rompre derrière
lui son échelle ; il s'est élancé dans la ville, et combat
seul contre tous les ennemis. Cette composition est
pleine de mouvement ; elle est d'ailleurs d'un style
noble et qui rappelle de beaux bas-reliefs ; mais Alexandre et beaucoup d'autres guerriers ont le torse d'une

---

[1] PLIN., l. XXXIV, sect. 19 ; et LESSING, *du Laocoon,* p. 20 et 334.

longueur démesurée. Du reste, ce défaut paraît à la
mode aujourd'hui, car M. Garnier y est tombé aussi
dans son tableau d'*Éponine et Sabinus*. Je ne suis pas
bien sûr que la figure d'Éponine soit assise sur un lit :
le peintre a eu, je crois, l'intention de l'asseoir ; mais
elle est si mal sur ses hanches, elle a le torse si long, et
elle est en tout d'une grandeur tellement dispropor-
tionnée qu'il m'a été impossible de comprendre bien
clairement sa pose. On peut voir encore une *Éponine*
de M. Pêcheux, d'une taille prodigieuse.

La manie de l'exagération est d'autant plus déplo-
rable qu'elle gâte souvent les plus beaux sujets : quelles
horribles compositions, par exemple, ont défiguré *la
Mort d'Abel et le Désespoir d'Adam et d'Ève!* Le Salon
en offre deux ; l'une est de M. Libours : le peintre a
appelé toute l'attention sur la figure de Caïn, qu'il a
déployée *con amore* sur le devant de son tableau ; il a
choisi le moment le plus affreux, celui où, dans sa fureur, Caïn dit à ses parents : « C'est moi qui l'ai tué ;
« maudits soyez-vous, vous qui m'avez donné le jour ! »
Non content d'accumuler une expression d'égarement,
un geste de malédiction et des contractions hideuses,
il a imaginé, pour ajouter à l'effet, de peindre Caïn
s'enfonçant les ongles dans la poitrine ; c'est du moins
ce que j'ai cru distinguer, malgré la hauteur où est
placé le tableau. L'autre composition est de M. Delorme :
ici Caïn n'est vu que dans le lointain ; mais en s'éloi-

gnant, il gesticule avec une telle violence qu'on le dirait occupé à *boxer :* d'ailleurs le spectateur n'a rien gagné à ne pas 'voir en face les fureurs de Caïn ; les figures d'Adam et d'Ève n'offrent aucune beauté.

Comment se fait-il qu'un sujet si beau, si pittoresque, n'inspire pas quelque grand peintre ? En tout, l'histoire du premier âge du monde, le paradis, l'existence de l'homme avant sa chute et peu après, me paraissent éminemment propres à fournir des tableaux sublimes : la poésie a montré le chemin à la peinture. Que ne tirerait pas un artiste plein de génie de cet admirable quatrième livre de Milton où sont retracées la beauté du paradis et celle de l'homme, les charmes d'une nature vierge encore et des amours des deux premiers époux ! Que M. Guérin, M. Girodet, M. Gérard, nourrissent leur imagination de ce délicieux spectacle ; qu'ils pénètrent avec Milton dans ces lieux enchantés où

> La Fable aurait cru voir les Grâces, les Saisons,
> S'entrelaçant en chœur, bondir sur les gazons ;
> Les fouler en cadence, et Pan même, à leur tête,
> D'un printemps éternel y célébrer la fête [1] ;
>   (*Paradis perdu,* trad. de M. Delille.)

qu'ils se disent qu'aucun paysage, aucune description

---

[1]   . . . . . *While universal Pan,*
Knit whit the Graces and the Hours in dance,
Led on th' eternal spring.
                    Parad. lost, B. IV, v. 266.

des poëtes, aucun rêve de l'imagination la plus riante,
n'a égalé la beauté du paradis.

> Au bosquet de Daphné que vient baigner l'Oronte,
> Aux eaux de Castalie Éden aurait fait honte ;
> Ces bocages heureux qu'arrose le Triton,
> Ces coteaux fortunés où Jupiter, dit-on,
> Cacha Bacchus enfant et la chèvre Amalthée,
> N'avaient rien de si beau dans leur île enchantée[1].

Lorsqu'ils auront deviné, compris, contemplé cette
nature ravissante, quand ils se seront élevés au-dessus de l'Arcadie de Poussin et des paysages de Claude
Lorrain, qu'ils se représentent l'homme et sa compagne; qu'ils soient frappés à leur aspect de cette
admiration mêlée d'étonnement qui s'empara de Satan
lui-même :

> Parmi ceux qui peuplaient ces bords voluptueux,
> Un couple au front superbe, au port majestueux,
> A frappé ses regards; leur noble contenance,
> Leur corps paré de grâce et vêtu d'innocence,
> Tout en eux est céleste, et l'ange des enfers
> A d'abord reconnu les rois de l'univers.

[1]   . . . . . *Nor that sweet grove*
Of Daphne by Orontes, and th' inspir'd
Castalian spring, might with this Paradise
Of Eden strive: nor that Nyseian isle
Girt with the river Triton, where old Cham,
Whom Gentiles Ammon call, and Lybian Jove,
Hid Amalthea, and her florid son,
Young Bacchus, from his step-dame Rhea's eye.
                    Parad. lost., B. IV, v. 272.

Ils l'étaient, et tous deux étaient dignes de l'être ;
En eux resplendissait l'image de leur maître, etc. [1]

. . . .

N'y a-t-il pas dans ces vers, et dans ceux qui les suivent,
de quoi prendre l'idée d'un tableau sublime ? L'artiste
peut y déployer la beauté physique la plus parfaite :

Tous deux de leurs beautés déployant le trésor,
De leurs sexes divers le plus parfait modèle,
Des hommes le plus beau, des femmes la plus belle,
Délices l'un de l'autre, honneur du genre humain ,
Erraient parmi les fleurs en se donnant la main [2].

[1] *Two of far nobler shape, erect and tall,*
God-like erect, with native honour clad
In naked majesty, seem'd lords of all :
And worthy seem'd ; for in their looks divine
The image of their glorious maker shone, . . .

. . . .
. . . . *Though both*
Not equal, as their sex not equal seem'd :
For contemplation he, and valour form'd,
For softness she, and sweet attractive grace ;
He for God only, she for God in him.
His fair large front and eye sublime declar'd
Absolute rule ; and hyacinthine locks
Round from his parted forelock manly hung
Clust'ring, but not beneath his shoulders broad :
She as a veil, down to the slender waist,
Her unadorned golden tresses wore
Dishevel'd, but in wanton ringlets wav'd
As the vine curls her tendrils, which imply'd
Subjection, ...
                    Paradise lost, B. IV, v, 288.
[2] *So hand in hand they pass'd, the loveliest pair*

Rien ne le gênera, et il y joindra la beauté morale la
plus pure :

> L'un et l'autre aux regards des anges et de Dieu
> Se présentaient sans voile ; et leur nudité sainte
> Comme elle était sans crime était aussi sans crainte [1].

Je ne sais si je me trompe, mais je crois que le peintre
pourrait, en se pénétrant de la sublimité d'un tel sujet,
s'élever à une grande hauteur et marcher dignement
sur les traces du poëte : et que de morceaux dans le
Paradis perdu fourniraient l'idée de tableaux pareils !
Qu'on se rappelle seulement l'étonnement d'Ève qui se
contemple et s'admire dans une fontaine peu après sa
création.

Voilà ce que je voudrais voir entrepris et exécuté
par quelque grand maître ; voilà ce qu'auraient dû
étudier ceux-là même qui ont traité la *Mort d'Abel ;*
car l'homme, après sa chute, n'avait pas encore perdu
toute sa gloire, et l'art pouvait, en représentant le
premier meurtre commis sur la terre, s'emparer avec
succès de ce qui restait du Paradis. Par quel aveugle-
ment la plupart des peintres méconnaissent - ils ce

> *That ever since in love's embraces met;*
> *Adam the godliest man of men since born*
> *His sons, the fairest of her daughters, Eve.*
>   Parad. lost, B. IV, v. 321.

[1] *So pass'd they naked on, nor shunn'd the sight*
Of God or angels; for they thought no ill.
                    Ibid., v. 317.

qu'ils peuvent et ce qu'ils doivent faire? Leur habitude d'outrer l'expression est d'autant plus étrange qu'ils ne l'ont certainement pas puisée dans leurs modèles, et qu'elle est tout-à-fait contraire à ce caractère de l'École moderne, de s'être formée d'après l'antique. Personne n'ignore en effet que la sculpture évite et doit éviter les expressions outrées plus soigneusement encore que la peinture. Comme le statuaire représente les objets tels qu'ils sont, dans toute la rondeur des formes, il craint ce qui les altère encore plus que le peintre, qui, ne montrant les objets que tels qu'ils paraissent, peut en offrir toutes les apparences : le peintre a bien plus de moyens pour rendre au même degré les expressions fortes, et il y réussit par conséquent avec bien moins de sacrifices et d'efforts. De plus, quoique la toile soit aussi immobile que la pierre, il semble que le marbre fixe davantage les figures, et soit moins propre à rendre ce qui n'est pas permanent ; cela tient aux effets de la lumière et des couleurs qui, multipliées et variées dans un tableau, éloignent ou diminuent cette idée d'immobilité ou de froideur qui s'attache nécessairement à une statue. « L'expression de la douleur et des passions, dit « M. Émeric David, peut être plus forte dans un récit que « dans une représentation théâtrale, plus forte au théâtre « que dans un tableau, plus forte dans un tableau que « dans un ouvrage de sculpture [1]. » Aussi les statuaires

---

[1] *Recherches sur l'Art statuaire*, p. 389.

anciens avaient-ils grand soin de fuir toute exagération de ce genre. « Voyez l'image de Panthée, dit Phi-
« lostrate ; la douleur n'a point altéré sa beauté[1]. Voyez
« Ménécée mourant, il semble s'endormir[2]. Voyez Anti-
« loque mort, on dirait que son âme l'ait quitté dans
« un moment où il était heureux[3]. » Toutes les statues
antiques qui nous restent font foi de l'importance que
les anciens attachaient à l'observation de ce principe :
pourquoi donc l'École actuelle, qui en fait sa loi et ses
modèles, s'en écarte-t-elle si souvent ? Notre révolution
a exercé, à cet égard, une influence fâcheuse ; elle nous
a accoutumés à voir des scènes hideuses, épouvanta-
bles : nous avons pris une cruelle habitude du sentiment de l'horreur, et les artistes nous regardent comme
des gens émoussés sur lesquels on ne peut faire effet
qu'en exagérant la nature. On ne saurait disconvenir
d'ailleurs que, pendant ce temps, une exagération
pleine de charlatanerie n'ait régné en France : l'expression des sentiments les plus simples, les plus hono-
rables, a été défigurée, outrée ; les énergumènes ont eu
leurs partisans et leurs succès : les traces de ces habitudes déclamatoires seraient aisées à trouver dans la
langue, et même dans les habitudes contraires qui
reviennent aujourd'hui au milieu de la bonne com-

[1] PHILOSTRAT., L. II, icon. IX.
[2] Ibid., L. I, icon. IV.
[3] Ibid., L. II, icon. VII.

pagnie, où l'on doit parler très-bas, marcher très-dou-
cement, ne faire aucun geste, ne s'abandonner à aucun
mouvement de l'âme, à aucune saillie de l'esprit, en
un mot, s'effacer presque sans réserve; elles existent
aussi dans les arts, qui sont, comme la littérature, soumis à l'influence des mœurs, des manières et des opinions régnantes. Vasari regardait cette exagération de
l'expression comme un signe de décadence; il la re-
prochait aux Grecs du treizième siècle, qui représentaient, dit-il, leurs personnages avec les yeux égarés,
les mains ouvertes et se raidissant sur la pointe des
pieds (con occhi spiritati e mani aperte, in punta di
piedi)[1]. Ne dirait-on pas qu'il a voulu décrire quelques-
uns de nos tableaux modernes?

Je suis loin cependant de croire que l'Art soit chez
nous près de sa décadence; on peut assigner les causes
de ses écarts : ces causes ont tenu à l'époque de sa régé-
nération; elles n'existent plus; et, en les signalant, on
peut espérer que nos grands artistes se déroberont aux
restes de leur influence, et donneront à l'École de sages
exemples en renonçant à ces attitudes forcées, à ces expressions outrées qui dégradent la nature et l'Art en détruisant la beauté. Un désir mal entendu d'étaler des
connaissances anatomiques n'aurait-il pas contribué à
les y conduire? Quelques-uns de leurs tableaux, et sur-

---

[1] VASARI, Proem. dell. part. I dell. vit., etc.

tout ceux de M. Girodet, nous donnent le droit de le penser : nous retrouvons encore ici l'influence de la sculpture sur une école de peinture qui s'est formée d'après
des statues : on sait en effet que les statuaires, représentant le corps humain tout entier, sont obligés d'en étudier avec grand soin la structure, et que, pour y parvenir, ils s'exercent à modeler *le dessous* avant *le dessus*,
c'est-à-dire que, dans leurs études, ils construisent d'a-
bord le squelette, le recouvrent ensuite de muscles, et
placent enfin sur ces muscles la chair et la peau : telle
est du moins la marche de leurs pensées ; les statuaires
anciens s'y conformaient dans leur pratique, et plusieurs pierres gravées représentent Prométhée mode-
lant le squelette d'un homme [1] : le sculpteur, même en
travaillant sur le marbre, doit s'appliquer d'abord à
marquer sur le bloc *le dessous* avant de songer *au
dessus,* s'il veut donner à sa figure de la correction, de
l'élégance et de la vérité ; car c'est de la bonne structure du squelette, de son à-plomb, de sa courbure, de
ses jointures, que dépend surtout le mérite d'une statue : en peinture ce mérite est nécessaire, mais il ne
doit pas paraître autant, puisque le peintre ne présente
au spectateur qu'une seule face *du dessus ;* il peut faire
les mêmes études, les mêmes travaux que le statuaire ;
son ouvrage y gagnera sans doute ; mais il doit les

[1] *Recherches sur l'Art statuaire,* p. 200.

cacher davantage, donner plus d'attention aux apparences, à la manière dont la chair et la peau enveloppent et dérobent à l'œil les os et les muscles. Qu'arrive-
t-il aujourd'hui à la plupart de nos peintres? Ils ont
bien étudié l'antique, ces beaux torses du Discobole, du
Jason, du Lantin, et ils croient de leur devoir de reproduire dans leurs tableaux, d'une manière aussi marquée, aussi distincte, toutes les articulations, tous les
muscles : ils ne songent pas que le sculpteur, pour donner au marbre l'air de la vie, a besoin d'y prononcer
très-nettement, plus nettement même qu'elles ne le
sont dans la nature, toutes les formes du corps humain,
de faire bien sentir *le dessous* à travers *le dessus;* mais
le peintre qui, n'eût-il à produire que le même effet,
tirerait, de l'emploi des couleurs, mille ressources à l'aide
desquelles il pourrait se dispenser d'articuler si dis-
tinctement les formes, et qui a d'ailleurs à produire un
effet différent, celui de présenter l'apparence du corps
humain, doit s'occuper moins des détails anatomiques
et bien plus des masses que forment les chairs. Que nos
peintres regardent la nature; les os et les muscles y
sont; mais sont-ils visibles, saillants, comme dans leurs
tableaux? Je veux bien croire qu'il faut les rendre un
peu plus sensibles; je n'en suis pas moins convaincu
qu'un artiste qui, sachant parfaitement l'anatomie, ne
prendrait d'ailleurs pour modèle que le corps humain,
nous offrirait des figures beaucoup moins anatomisées

que celles de la plupart de nos peintres qui ont peut-
être moins étudié la nature que l'antique, ou qui, pleins
de l'antique, ont porté, dans leur manière de voir la
nature, des habitudes et des préjugés qui leur ont fait
sacrifier à la science cette vérité que la science devrait
se borner à servir.

La beauté en souffre encore plus peut-être que la
vérité. On sait que lorsque les anciens voulaient représenter un dieu, ils faisaient disparaître les veines et
tout ce qui eût donné aux formes du corps quelque
chose de heurté et de pénible, peu d'accord avec une
nature céleste. Un pareil moyen ne peut convenir à
la peinture; mais l'effet qu'elle veut tirer d'une méthode contraire sera manqué si elle l'exagère au point
de le rendre insupportable. Dans le tableau si connu
de M. Girodet, représentant *une Scène du déluge*, les
deux figures d'hommes sont surchargées de détails
anatomiques : la situation en exigeait peut-être beaucoup; mais je crois que le peintre a été encore au-
delà, et ce soin minutieux ne contribue pas peu à augmenter outre mesure l'impression horrible que fait
la situation : la même exagération produit, selon moi,
le même effet dans *la Révolte du Caire;* les Arabes nus,
le bras du Turc assis, etc. , sont anatomisés comme
l'écorché. Ce qui n'est chez les maîtres qu'un abus de
la science et du talent, devient chez les élèves un défaut
ridicule : aussi plusieurs tableaux du Salon offrent-ils

des figures qui ressemblent à de vraies caricatures du corps humain. M. Dorcy a représenté *un Chasseur et sa Maîtresse arrêtés près du tombeau de deux amants :* on ne s'attend pas d'abord à y trouver quelque part trop d'anatomie ; les figures sont faiblement dessinées ; on ne voit même ni dans les jambes, ni dans les genoux, une indication assez prononcée des os et des muscles ; mais tout-à-coup on aperçoit, à l'épaule de l'homme, une clavicule si fortement articulée qu'on est tenté de croire que l'artiste a voulu montrer qu'il en savait la place. Quand la figure serait d'ailleurs pleine de grâce, un tel défaut la lui enlèverait sans retour.

Je n'ai garde de vouloir détourner les peintres des études d'anatomie ; elles sont de rigueur, et sans elles le dessin ne peut avoir ni énergie, ni correction ; mais à quoi bon les tant laisser voir ? Le Créateur du corps humain savait bien aussi l'anatomie, et cependant, quand il a voulu créer la beauté, il a enveloppé sa science sous des formes à-la-fois énergiques et moelleuses : que nos artistes l'imitent, ce n'est qu'ainsi qu'ils reproduiront dignement ses œuvres.

Une circonstance particulière a pu contribuer à les induire en erreur à cet égard : c'est cette idée fausse par laquelle le maître de l'école a cru devoir transporter le nu dans des tableaux d'histoire : rien n'est plus tentant pour un homme plein de connaissances anatomiques,

que cette occasion de les déployer : on a beaucoup dis-
cuté sur ce sujet, et, à mon avis, la violation absolue
de la vérité et de la vraisemblance est une raison assez
forte pour faire condamner le célèbre auteur du *tableau
des Sabines ;* mais il en est d'autres tirées de la nature
même de l'Art et de ses limites. En supposant que les
statuaires anciens se permissent de représenter nus
d'autres personnages que les dieux, les héros ou les
hommes divinisés, s'ensuivrait-il que les peintres
modernes dussent avoir le même droit? Je suis loin de
le croire : les statuaires grecs, en usant de ce droit,
savaient fort bien qu'ils commettaient une inconvenance, mais ils croyaient pouvoir la faire oublier par
les beautés qu'ils en tiraient : or, s'il est un art qui,
par sa nature, rende nécessairement l'inconvenance
plus forte et les beautés moindres, peut-il prétendre à
la même liberté? Non, sans doute, et c'est le cas de la
peinture : en offrant le nu avec toutes les couleurs de
la chair, des veines, du sang et les apparences de la
vie, elle blesse les convenances bien plus que la sculpture qui ne présente qu'une masse blanche et froide à
laquelle l'œil ne peut se méprendre. De plus, le peintre
ne saurait tirer de là autant d'avantages que le statuaire,
puisqu'il n'a pas à faire voir les formes dans leur
rondeur, et qu'il ne peut ainsi en déployer tous les
charmes : que l'on compare les plus belles figures nues
de M. David, par exemple, le Romulus de son *tableau*

des Sabines, avec l'une des belles statues antiques, le Lantin ou le Méléagre , et qu'on voie si le nu a fourni au peintre autant de beautés qu'au sculpteur.

Ajoutez à cela que la sculpture ne représentant presque jamais qu'un état immobile et passif, la nudité y est bien moins invraisemblable, et dépend bien plus de la volonté de l'artiste que dans la peinture, qui, représentant presque toujours une action, ne peut, sans une inconvenance très-forte, écarter les accessoires dont cette action est nécessairement accompagnée. Remarquez enfin qu'en sculpture les draperies forment des masses plus épaisses, plus lourdes, plus impénétrables, et par conséquent plus désavantageuses qu'en peinture, où l'artiste peut leur faire suivre les mouvements, les formes du corps, et même leur donner, dans certains cas, une transparence qui en diminue beaucoup l'inconvénient.

En voilà plus qu'il n'en faut, ce me semble, pour faire sentir qu'ici comme ailleurs, les deux arts ont un domaine distinct, des droits et des devoirs différents, qu'il ne faut pas toujours conclure de l'un à l'autre, et qu'il y a du danger pour les peintres à vouloir suivre en tout les leçons et l'exemple des statuaires.

J'en pourrais apporter de nombreux exemples; ils prouveraient tous que, s'il ne faut pas sacrifier la beauté aux convenances, il est absurde de sacrifier toujours, et de propos délibéré, les convenances à la beauté. M. Serangeli a peint *Admète pleurant Alceste :* Admète

3.

est nu au milieu de son palais, tandis que ses deux filles,
qui pleurent aussi leur mère, sont vêtues. Cette différence est un pur caprice du peintre, car il pouvait
déshabiller les princesses tout comme le roi; il a bien
représenté *Psyché et ses sœurs* nues toutes les trois : du
moins aurait-il dû leur donner de beaux corps; mais
pour rendre sa Psyché plus blanche que ses sœurs, il
l'a faite d'une transparence ridicule; quoiqu'elle soit
fort grasse, elle n'a pour ainsi dire que les os et la peau;
car on voit au travers, et ses formes n'ont rien de solide.
Comment un homme d'autant de talent que M. Serangeli a-t-il pu tomber dans un défaut si étrange? Je ne
sais s'il n'y a pas quelque malice là-dessous, et si l'artiste n'a pas cru que c'était le meilleur moyen de représenter une *âme;* ce dont je suis bien sûr, c'est que sa
Psyché n'a pas de corps.

M. Ansiaux a peint *Angélique et Médor gravant leurs
noms sur un arbre :* ce tableau, quoique dessiné et
peint un peu mollement, a de la grâce et du charme;
l'idée en est heureuse et poétique; elle est tirée de la
strophe 36ᵉ du dix-neuvième chant du *Roland furieux :*

> *Fra piacer tanti, ovunque un arbor dritto*
> *Vedesse ombrare ò fonte ò rivo puro,*
> *V'avea spillo o coltel subito fitto;*
> *Così se v'era alcun sasso men duro;*
> *Ed erà fuori in mille luoghi scritto,*
> *E così in casa in altri tanti il muro;*
> *Angelica e Medore in varj modi,*
> *Legati insieme di diversi nodi.*

« Au sein de tant de plaisirs, partout où un arbre élevé couvrait
« de son ombre une fontaine ou une eau limpide, partout où le
« rocher moins dur le permettait, sur les murailles de leur demeure,
« en mille lieux, la pointe d'une épine ou de l'acier gravait de mille
« manières les noms d'Angélique et de Médor, unis de mille nœuds
« différents. »

Le peintre a su profiter de la charmante description
du poëte; c'est sur un arbre que les deux amants gra-
vent leurs noms : en plaçant Angélique sur les genoux
de Médor, il a bien enlacé les deux figures; on reconnaît là cette Angélique dont l'Arioste a dit :

> Più lunge non vedea dal giovenetto
> La donna, ne di lui potea saziarsi;
> Nè per mai sempre penderli dall collo
> Il suo disir sentia di lui satollò.

« On ne voyait jamais la dame loin du jeune homme; elle ne
« pouvait se rassasier de lui, et, quoique toujours suspendue à son
« cou, aucune caresse ne satisfaisait ses tendres désirs. »

Mais pourquoi M. Ansiaux n'a-t-il cru pouvoir exprimer
tant de volupté qu'en peignant Angélique nue? encore
s'il eût mis la scène dans l'intérieur de la maison, ou
dans cette grotte que l'Arioste compare à celle de
Didon :

> Nel mezzo giorno un antro li copriva.
> Forse non men di quel comodo e grato
> Ch'ebber, fuggendo l'acque, Enea e Dido,
> De' lor secreti testimonio fido.

« Vers le milieu du jour ils se retiraient sous une grotte non
« moins commode et non moins agréable peut-être que celle où se
« réfugièrent Énée et Didon lorsque, fuyant l'orage, ils la choisirent
« pour témoin fidèle de leurs secrets. »

mais elle est au pied d'un arbre, en rase campagne;
Angélique repose sur les genoux de Médor, qui n'est
point nu comme elle. A quoi bon cette distinction?
Médor craignait-il davantage de se montrer nu aux
yeux des passants que de leur laisser voir sa maîtresse?
ou bien le peintre n'a-t-il voulu offenser le bon sens
qu'à demi?

C'est ce bon sens, vivifié par un sentiment poétique
et ennobli par un goût élégant et pur, que je trouve et
qui me charme dans les compositions de M. Guérin : il
y a de la raison, de la poésie et de la beauté dans son
tableau de l'*Aurore enlevant Céphale;* le beau chasseur
endormi est porté sur des nuages ; ses bras, l'un pendant, l'autre soutenu par un petit Amour plein de
grâce, annoncent bien l'affaissement du sommeil ; au-
dessus de lui s'élève la figure svelte et céleste de l'Aurore, qui, écartant des deux mains les voiles de la Nuit,
laisse tomber sur le jeune homme les fleurs dont elle
a l'heureux pouvoir de parsemer la terre. Je ne connais
rien de plus beau que Céphale : sa tête penchée conserve au milieu du sommeil une expression de noblesse
et de douceur; ses cheveux sont arrangés avec une
négligence pleine de grâce; son corps offre une réunion admirable des beautés juvéniles et des formes
héroïques. Ici le nu n'était point déplacé : l'artiste,
loin d'en profiter pour se livrer à des détails d'anatomie faciles à étaler sur une poitrine qui se présente en

face, a fondu, adouci, marié avec un sentiment exquis, les articulations et les muscles dans la rondeur à-la-fois pleine et nerveuse des chairs : point de mollesse, rien d'indéterminé ; mais point de dureté, rien de tranchant ni de pénible : ce sont des beautés mâles et des grâces féminines ; cela rappelle le Méléagre et l'Herma-phrodite ; les lignes disposées avec art donnent naissance à de superbes développements du corps, qui pose sans lourdeur, quoique avec abandon, sur les nuages qui le soutiennent. N'est-ce pas là ce charmant chasseur qu'Ovide dit encore si beau lorsque, dans un âge plus avancé, il arrivait sous les murs d'OEnopie :

> . . . . *Spectabilis heros*
> *Et veteris retinens etiamnum pignora formæ,*
> *Ingreditur : ramumque tenens popularis olivæ,* etc.
> Métamorph., c. VII, § 11.

> Son front se pare encor de ses premiers attraits ;
> Il porte dans ses mains l'olivier pacifique,
> Et respire en marchant une grâce héroïque.
> *Trad. de M. de Saint-Ange.*

La figure de l'Aurore a été l'objet de plusieurs critiques ; on lui trouve quelque chose de trop étranglé dans le bas de la taille, et peut-être M. Guérin a-t-il un peu exagéré ce caractère de la taille des jeunes filles : on lui reproche aussi trop de transparence ; on dit que le foyer de lumière, placé dans une étoile au-dessus de sa tête, papillotte à l'œil, et que les replis des voiles de la Nuit, qu'elle écarte, produisent un mauvais effet. Je crois que plusieurs de ces observations tiennent à ce que le tableau est mal éclairé au Salon, et à la difficulté de trouver son véritable jour ; mais, fussent-elles toutes fondées, il y aurait encore mille beautés d'un ordre supérieur dans cette figure pleine d'élan et d'élégance, dans cette tête charmante où l'artiste a su unir la plus douce pudeur à l'expression de plaisir avec laquelle la déesse laisse tomber ses regards sur l'amant qu'elle enlève ; dans ces sourcils faiblement arqués, dans ces longues paupières, dans ce cou droit et flexible, dans ce sein jeune et délicat, dans ces bras arrondis et fins, dans cette teinte de fraîcheur et de printemps, répandue sur toute la figure : telle était sans doute cette Aurore dont Céphale, même en lui préférant Procris, reconnaissait les charmes célestes :

> . . . . . . *Quod sit roseo spectabilis ore,*
> *Quod teneat lucis, teneat confinia noctis,*
> *Nectareis quod alatur aquis,* etc.

> Je dois en convenir, l'Aurore est immortelle ;
> Sa bouche a la fraîcheur de la rose nouvelle ;
> Entre l'ombre et le jour son empire incertain
> Des couleurs de la pourpre embellit le matin.

J'ignore si M. Guérin s'est nourri de la lecture des poëtes : ses compositions me le feraient penser ; et, certes, c'est un mérite bien séduisant que ce caractère poétique dont il sait les revêtir : à leur aspect, l'imagination se reporte dans les régions de la poésie, elle ras-

semble ses souvenirs, découvre des allusions, des res-
semblances, et ajoute, au charme des sentiments que lui
fait éprouver le peintre, celui des sentiments du même
genre que lui ont inspirés les poëtes. Pétrarque, dans
sa vingt-septième *canzone*, nous a peint Laure couverte
des fleurs que laisse tomber sur elle l'arbre sous lequel
elle est assise :

> *Da' be'rami scendea,*
> *Dolce nella memoria,*
> *Una pioggia di fior sovra'l suo grembo;*
> *Ed ella si sedea*
> *Umile in tanta gloria*
> *Coverta già dell'amoroso nembo;*
> *Qual fior cadea sul lembo,*
> *Qual sulle treccie bionde,*
> *Ch'oro forbito e perle*
> *Eran quel dì a vederle :*
> *Qual si posava in terra e qual sull'onde :*
> *Qual con un vago errore*
> *Girando parea dir : Qui regna Amore.*

Quel souvenir charmant a frappé ma mémoire !
Un nuage de fleurs descendait sur son sein ;
   Humble au milieu de tant de gloire,
Elle restait assise, et, fier de son destin,
Le nuage amoureux la couvrait de son aile.
Mille fleurs s'abaissaient sur la terre autour d'elle :
L'une allait émailler son voile gracieux ;
L'autre s'entrelaçait à l'or de ses cheveux ;
Celle-ci vient tomber sur la fraîche verdure ;
Cette autre va flotter sur l'onde qui murmure,
Et mille autres encor, voltigeant à l'entour,
Semblent dire au Zéphir : Ici règne l'Amour.

Est-il possible, quand on connaît cette charmante

description, de ne pas se la rappeler à la vue de *Céphale*
endormi sous les fleurs que répand sur lui l'Aurore ?
et lorsqu'après avoir vu le tableau, on retrouvera la
description, ne rappellera-t-elle pas à son tour le
peintre qui l'a si heureusement réalisée? Belle alliance
des Arts, qui, en conservant des domaines distincts, se
prêtent de mutuels secours et se réunissent pour nous
charmer toutes les fois que l'un d'eux ne cherche pas,
aux dépens du bon sens, à empiéter sur les droits des
autres.

Ce n'est qu'en empiétant sur les droits de la poésie
que la peinture se permet l'allégorie, et cet empiéte-
ment est presque toujours malheureux. Pour comprendre un tableau, nous avons besoin, le plus souvent, qu'on nous en indique le sujet; que sera-ce si le
sujet lui-même a besoin d'être expliqué? C'est le cas de
l'allégorie : le poëte, qui a du temps pour la développer, nous la fait concevoir sans peine; il réussit parfois
à nous y intéresser en nous en faisant suivre toutes
les gradations; le peintre ne peut que nous la montrer, et cela ne suffit pas. M. Meynier a peint *la Sagesse
préservant l'Adolescence des traits de l'Amour;* ce tableau
fait pendant à *l'Enlèvement de Céphale :* une Minerve
protége de son bouclier un jeune homme aux pieds
duquel dort la Volupté, et que de petits Amours cherchent à percer de leurs traits. Fénelon nous a offert le
même spectacle dans Télémaque au milieu de l'île de

Calypso : comment l'a-t-il rendu touchant, dramatique, moral? Il a raconté les dangers que courait Télémaque, les combats qu'il avait à livrer ; il a placé les
séductions d'Eucharis à côté des conseils de Mentor, les
moments de faiblesse du héros tout près de ses élans de
courage ; des descriptions, des narrations, des conver-
sations, sont venues à son secours, et un livre entier de
son poëme a été consacré à tracer le tableau poétique
de cette allégorie, *la Sagesse préservant l'Adolescence
des traits de l'Amour*. L'auteur d'un tableau pittoresque
sur le même sujet aura-t-il les mêmes ressources? il
ne peut offrir qu'un seul moment d'une seule action,
et ce n'est ni dans un seul moment ni par une seule
action que se construit une allégorie : il ne peut nous
montrer un jeune homme représentant l'Adolescence,
et livrant, avec le secours de Minerve, un combat
contre la Volupté ; nous ne saurions à qui finalement a
appartenu la victoire ; rien ne serait clair : nous offre-
t-il l'issue du combat, la Volupté vaincue et Minerve
triomphante? rien n'est intéressant, car nous ignorons
ce que le triomphe a coûté. S'il nous représente Minerve
livrant bataille seule, et tenant cachée sous son égide
l'Adolescence immobile, qui attend en sûreté que les
flèches de l'Amour aient cessé de siffler autour d'elle,
sa composition sera nécessairement froide et insignifiante ; le personnage qui est le sujet principal de l'action n'y prend aucune part ; comme aucune flèche ne

perce le bouclier de la déesse, il ne court aucun danger. La Volupté dort à ses pieds ; qu'a-t-il à craindre de
la Volupté quand elle dort, et des traits de l'Amour
quand il en est séparé par une armure impénétrable ?
Il y a donc là un sujet et point d'action, car le sujet ne
peut être expliqué que par une série d'actions ; il y a
des acteurs et point d'intérêt, car les acteurs ne peuvent être intéressants quand ils n'agissent pas et ne
souffrent point. Ce n'est donc pas un tableau ; ce sont
des figures placées à côté les unes des autres pour étaler
leurs formes, et qui ne présentent aucun ensemble,
aucun sens raisonnable ; car il est impossible d'attacher à leur réunion une idée nette, d'y voir une cause
et une issue. Si le peintre avait réfléchi sur la nature
de son art, il aurait vu qu'il n'y pouvait trouver,
comme le poëte dans le sien, des moyens de rendre
cette allégorie intéressante, parce que tout l'intérêt
d'une allégorie repose sur son développement, sur son
application, et que la peinture ne peut ni développer
ni appliquer ; elle se borne à faire voir : or, on ne fait
point voir une allégorie, parce qu'une allégorie n'a rien
de réel, et qu'il en est fort peu qui soient susceptibles
d'être converties en actions de manière à passer convenablement sur la toile.

Aussi le tableau de M. Meynier est-il entièrement
dépourvu d'intérêt et de vie ; pour mon compte, je
n'y vois que des figures bien peintes, quoique un peu

mollement : ce n'est pas la faute de son talent, c'est celle de son sujet. Il a peint autrefois ce même sujet, mais comme Fénelon, sous la figure de *Télémaque pressé par Mentor de quitter l'île de Calypso* : à la bonne heure; alors son tableau représentait une action, et non une allégorie, quoique l'allégorie fût dans les récits du poëte qui en avait fourni le sujet : la résolution de Télémaque dépendait de sa volonté; on voyait d'une part Mentor lui montrant du doigt le vaisseau sur lequel la Sagesse lui ordonnait de s'embarquer; de l'autre, Eucharis le suppliant avec tendresse de rester dans l'île où l'Amour promettait de le rendre heureux : il y avait donc de l'incertitude, de l'intérêt, une scène, un tableau; on ne voit rien de semblable dans la nouvelle composition de M. Meynier. Quand le poëte, qui veut réaliser une allégorie, l'a attachée à des noms, à des personnages agissants, à des événements positifs, à une histoire entière, le peintre peut venir après lui s'emparer de ces événements, de ces personnages qui ont déjà de la réalité, du mouvement, une volonté, un corps, et en faire le sujet de tableaux qui, sans être des tableaux allégoriques, auront trait à une allégorie; mais s'il veut faire ce premier travail qui appartient au poëte, et représenter lui-même, sans aucun intermédiaire, une allégorie qui n'a jamais eu d'autre réalité que celle qu'il peut lui donner, il tombera nécessairement dans les fautes les plus graves, et il n'aura été que le rival malheureux, c'est-à-dire maladroit, du poëte dont il aurait pu s'approprier avec succès les inventions et le génie.

Pourquoi du moins M. Meynier n'a-t-il pas pris soin de mettre dans son tableau, ainsi faussement conçu, toute la vraisemblance et toute la clarté dont il pouvait disposer ? Il voulait peindre la Sagesse ; ne fallait-il pas la représenter de manière à ce qu'elle fût reconnue facilement? Les anciens donnaient à Minerve une beauté grave et sévère : témoin la tête de la Pallas de Velletri et le buste colossal qui sont au Musée Napoléon. M. Meynier lui a donné une expression pleine de douceur et d'une telle jeunesse qu'elle diffère fort peu, en âge, de l'*Adolescence* qu'elle tient sous son bouclier ; cela n'est pas propre à éclaircir l'allégorie; et d'ailleurs cette pauvre *Adolescence* paraît si triste du service que veut lui rendre la *Sagesse*, que le spectateur ne peut s'empêcher de compâtir au sort de cette victime immobile qui n'a l'air de prendre part à ce qui se passe autour d'elle que pour s'en désoler. Ce n'est pas ainsi que l'artiste eût dû représenter cette lutte solennelle , ce grand combat entre la Volupté et la Vertu, dont la Fable nous a donné une si haute idée en y exposant le plus grand de ses héros, Hercule.

On aura, je crois, une nouvelle preuve de la vérité de ce que je viens de dire sur l'emploi de l'allégorie en peinture, si l'on en fait l'application à un tableau représentant l'*état de la France avant le retour d'Égypte de S. M. l'Empereur.*

Que les peintres fassent des emprunts aux poëtes, c'est un excellent moyen pour nourrir l'imagination et enflammer le génie; mais qu'ils les fassent avec discernement, et surtout qu'ils ne se méprennent pas sur ce qu'ils peuvent ou ne peuvent pas emprunter. Il y a tel tableau au Salon qui doit presque tout son mérite aux idées que le poëte a fournies au peintre, et qui en aurait plus encore si ce dernier avait su voir ce qu'il devait changer dans les descriptions de l'autre. M. Berthon a tiré de l'Arioste un sujet heureux et différent de celui qu'en a pris M. Ansiaux : c'est le moment où Médor blessé descend de cheval devant la cabane où la princesse du Cathay le fait conduire pour le guérir : Angélique soutient dans ses bras le chevalier presque mourant : leurs têtes se touchent; ces deux figures si voisines, également jeunes, également belles et d'une expression également molle, se distinguent à peine : l'artiste eût pu cependant faire naître un contraste pittoresque en plaçant près de la tête de Médor celle du paysan qui l'aide aussi à descendre : ce contraste, dont le poëte n'avait pas besoin, parce que la vue seule peut le saisir, eût fait ressortir avec avantage la beauté de Médor et celle d'Angélique posée autrement; tandis que, placées comme elles le sont, ces deux beautés se font tort l'une à l'autre, d'autant que leur air d'extrême

jeunesse les rapproche un peu trop de l'enfance, et
rend presque invraisemblable l'idée de leurs amours,
qui se réveille, en cet instant, dans l'esprit du spectateur. Malgré cela, ce tableau a du charme et fait plus
d'honneur au talent de M. Berthon que celui où il a
représenté *S. M. l'Empereur recevant à Tilsitt S. M.
la reine de Prusse.*

Ovide a fourni aussi à nos peintres plusieurs sujets
de tableaux ; mais, par un hasard singulier (car le
hasard a souvent plus de part que la réflexion aux choix
des artistes), ils sont presque tous mal choisis : il semble
qu'un esprit curieux ait voulu chercher, dans l'immense
galerie de sujets qu'a rassemblés ce grand poëte, ceux
qui n'étaient pas susceptibles de passer dans le domaine
de la peinture. Tout le monde connaît la touchante
histoire de *Pyrame et Thisbé,* et ces premiers vers pleins
de grâce où le poëte raconte comment ils s'entrete-
naient à travers un mur mitoyen :

> Leurs maisons se touchaient ; une simple fissure
> Avait du mur commun crevassé la clôture.
> Dans ce mur autrefois bâti par leurs aïeux,
> Un jour imperceptible échappe à tous les yeux.
> Sans que nul *ne* le vît, des siècles s'écoulèrent.
> L'œil de l'Amour voit tout ; nos amants l'observèrent,
> Et surent y trouver un passage à la voix.
> Là, de leurs surveillants trompant les dures lois,
> Dans un doux entretien, leurs lèvres empressées
> L'un à l'autre en secret murmuraient leurs pensées ;

Là, Thisbé de Pyrame écoute les désirs ;
Là, Pyrame à son tour recueille ses soupirs [1].

M. Ducis a vu là un sujet de tableau, et certes il ne s'est pas donné beaucoup de peine pour le composer : il n'a peint que Thisbé, l'oreille appliquée contre une large fente de mur, et ayant l'air d'écouter fort attentivement, sans qu'on voie celui qui lui parle ; car Pyrame est derrière le tableau. Voilà, il en faut convenir, la description d'Ovide étrangement réalisée par le peintre.

M. Remi a été encore plus mal inspiré dans son choix ; il a peint *Polyphème poursuivant, un rocher entre les mains, Acis et Galathée :* je ne sais s'il n'a pas été séduit par le portrait que Virgile et Ovide nous donnent de Polyphème : c'était quelque chose d'extraordinaire à peindre que ce

Monstre difforme, affreux, privé de la lumière.

Monstrum horrendum, informe, ingens, cui lumen ademptum.
                                        Æneid., lib. III.

A la vérité, Polyphème n'avait pas encore l'œil crevé ;

[1] *Fissus erat tenui rimâ quam duxerat olim,*
Quum fieret, paries, domui communis utrique.
Id vitium nulli per sæcula longa notatum,
(Quid non sentit amor ?) primi, sensistis, amantes,
Et voci feeistis iter : tutæque per illud
Murmure blanditiæ minimo transire solebant ;
Sæpè ut constiterant, hinc Thisbe, Pyramus illinc ;
Inque vicem fuerat captatus anhelitus oris.
                                        Metam., l. IV, § 2.

il se vantait même de cet œil comme d'une beauté :

L'œil que je porte au front me rend-il si difforme ?
C'est l'orbe étincelant d'un bouclier énorme.

*Unum est in mediá lumen mihi fronte, sed instar
Ingentis clypei.*

Metam., l. XIII, § 13.

L'artiste a pensé sans doute comme le Cyclope, car il lui a laissé son œil; seulement, en faveur de nous autres créatures à deux yeux, il a marqué la place des deux autres, et à tout prendre, cela fait un assez joli ensemble; ajoutez-y quelques agréments de détail :

Ce difforme géant, soigneux de sa parure,
Peigne avec un râteau sa noire chevelure,
Et sa barbe au poil dur tombe sous une faulx :

*Jam rigidos pectis rastris, Polypheme, capillos :
Jam licet hirsutam tibi falce recidere barbam.*

Prêtez à tout cela une expression furibonde, et vous aurez un personnage vraiment digne d'être offert à vos regards : c'est du moins ce qu'a pensé M. Remi.

Je soupçonne qu'il a été encore plus charmé d'une circonstance particulière, du plaisir d'avoir à peindre un géant : c'est un si terrible spectacle dans Ovide que celui de ce Cyclope colossal poursuivant le jeune et bel Acis : ne produira-t-il pas le même effet en peinture ? L'artiste l'a sans doute imaginé, et il s'est persuadé qu'il nous donnerait une haute idée de la taille de Poly-phème, en plaçant à côté la figure d'Acis ; mais comme

l'attention du spectateur se porte d'abord sur Polyphème, la comparaison ne tourne qu'au désavantage
d'Acis : la grandeur du Cyclope augmente la petitesse
du berger, et la petitesse du berger n'augmente point
la grandeur du Cyclope : l'un devient un nain, sans
que l'autre en paraisse mieux un géant : tout cela,
comme on voit, était très-poétique, et n'est point du
tout pittoresque.

S'il n'y a pas grand mal à ce que de tels sujets aient
occupé des artistes très-médiocres, je ne puis m'empêcher de regretter que des sujets plus heureux ne soient
pas tombés en de meilleurs mains. Mme Mongez a représenté *la Mort d'Adonis;* Ovide pouvait encore ici servir
de guide au peintre (*Métam.*, liv. X, § 11, 12 et 17). Et
de quels trésors de beauté celui-ci ne pouvait-il pas
disposer! Une nudité sans invraisemblance, la plus
belle des déesses, le plus beau des chasseurs :

> Adonis aurait plu, même aux yeux de l'Envie.
> Semblable à ces Amours, chefs-d'œuvre des pinceaux,
> Ils sont nus comme lui, mais ne sont pas plus beaux.
>
> *Laudaret faciem Livor quoque. Qualia namque*
> *Corpora nudorum tabulâ pinguntur Amorum,*
> *Talis erat.*

La douleur de Vénus, le chagrin des petits Amours,
offraient mille beautés d'expression à joindre à ces
beautés de forme : un tel tableau, bien exécuté, serait
devenu le digne pendant de l'*Enlèvement de Céphale;*

mais ce n'est pas celui de Mme Mongez qui pourrait servir à cet usage : le dessin en est faible, la couleur fausse et l'expression nulle.

On trouve les mêmes défauts dans un tableau qui représente *Renaud sur le char d'Armide ;* en général, les sujets tirés des poëmes chevaleresques ont du malheur, et cependant en est-il de plus intéressants ? Tout ce qui se rapproche du berceau de notre histoire et de nos mœurs doit avoir pour nous un charme particulier ; serions-nous donc insensibles aux souvenirs de ces temps de chevalerie, époque glorieuse où s'alluma chez nos sauvages aïeux la première étincelle de ces sentiments désintéressés qui, s'alliant à la bravoure personnelle, changèrent en vertu le courage féroce des barbares, et donnèrent, à l'esprit belliqueux et aventurier des hommes d'alors, un caractère à-la-fois moral et poétique ? Ces temps sont pour nous ce qu'étaient pour les Grecs les temps héroïques, l'expédition des Argonautes, le siége de Troie et d'autres entreprises guerrières. Le génie des artistes d'Athènes et de Sicyone se nourrissait de la mémoire de ces exploits : les consacrer, les éterniser, les ennoblir encore, tel était le but de leurs travaux : les Arts faisaient leur gloire de servir la gloire nationale, et l'histoire inspirait tour-à-tour le poëte, le sculpteur et le peintre. Mais les Grecs ont eu sur nous d'inappréciables avantages : leurs artistes, libres comme les héros dont ils retraçaient l'image,

n'étaient jamais, en suivant cette route, ni enchaînés,
ni détournés de leur véritable destination ; leur religion, leurs mœurs, leurs idées, tout leur permettait de
suivre uniquement l'impulsion de leur talent, et d'allier toujours la beauté pittoresque au charme des souvenirs nationaux : en obéissant à un sentiment patrio-
tique, le génie restait indépendant ; fier du but qu'il se
proposait, maître absolu de ne consulter, pour y
atteindre, que ses inspirations et les lois de l'Art, il
créait, en l'honneur de sa patrie, des chefs-d'œuvre
qu'il n'aurait point produits s'il n'avait uni la liberté
de l'artiste au patriotisme du citoyen. Ce n'est pas de la
liberté politique que je veux parler, mais de celle que
donnent les mœurs, la religion, les usages : ce serait
une grande erreur que de penser que les Arts ne fleu-
rissent que dans les républiques ; les faits prouvent le
contraire : les artistes sujets d'une monarchie peuvent
être, comme les Grecs, dévoués à la gloire nationale ;
fiers de leur histoire et de leur patrie, ils peuvent puiser dans de tels sentiments la même verve et la même
richesse ; mais ils trouvent aujourd'hui dans les usages,
dans les habitudes modernes, dans ces lois de convenance que notre état de société rend si impérieuses,
des obstacles qui les empêchent de s'élever aussi haut
que les Grecs vers cette beauté, premier but et loi
suprême des Beaux-Arts.

Qu'ils n'espèrent pas de les écarter en prenant leurs

sujets dans l'antiquité : si, par là, ils sont plus libres
sous certains rapports, ils n'auront plus ce foyer d'inspiration et de verve qui n'existe que dans la patrie au
sein de laquelle on est né, dans la religion à laquelle
on croit, dans l'histoire à laquelle on appartient, dans
les mœurs que l'on partage : quelques exemples particuliers ne prouvent rien contre cette vérité : il s'agit
ici des Arts en général, et je n'en rends pas moins hommage aux talents supérieurs qui, dans un genre que je
crois peu fécond et mal choisi, ont produit des morceaux
admirables. Forcés d'ailleurs d'étudier presque uniquement des statues, s'ils veulent donner à leurs compositions quelque ressemblance avec l'antique, nos artistes
tomberont inévitablement dans tous les inconvénients
que j'ai eu occasion de faire remarquer, raideur, froideur, défaut de vraisemblance, de vérité, et mille autres
dont nous ne nous douterons peut-être pas plus qu'eux,
mais qui n'en seront pas moins dans leurs ouvrages.

Il ne reste donc, à mon avis, qu'un parti à prendre;
c'est d'étudier avec soin par quelle route les Grecs sont
parvenus à la perfection qui les distingue, les principes
que suivaient et les moyens qu'employaient chez eux les
artistes, et d'appliquer ensuite ces principes, ces moyens,
à des sujets pris dans le monde moderne, qui est le
nôtre, dans la nature telle qu'elle s'est développée depuis la renaissance de la civilisation en Europe,
ou telle qu'elle existe dans tous les temps, car il est

des sujets qui appartiennent à tous les pays et à tous les siècles : ce n'est qu'ainsi que nous pouvons espérer de parvenir à réunir jusqu'à un certain point cette chaleur, cette vérité, sans laquelle un tableau ou une statue n'est qu'une toile peinte ou un marbre taillé, et cet idéal, cette beauté, sans laquelle les Arts ne sont plus les Beaux-Arts. Nous rencontrerons mille obstacles, et d'insurmontables, sans doute ; nous ne deviendrons peut-être jamais les rivaux des anciens ; mais du moins serons-nous leurs émules, et cela vaut mieux que de rester leurs imitateurs.

Et n'est-ce pas ainsi qu'en Italie les Arts se sont élevés à tant de gloire ? Ghiberti, Donatello, Michel-Ange, Raphaël, le Dominiquin, copiaient-ils l'antique, ou exécutaient-ils principalement des sujets pris dans l'antiquité ? Non, sans doute ; ils l'avaient bien étudiée, et cette étude avait formé leur génie ; mais c'est dans l'histoire, dans les idées de leur temps que ce génie puisait sa fécondité, sa verve et la matière de ses ouvrages. La religion chrétienne, alors florissante, s'offrait aux artistes avec son fondateur, ses apôtres, ses martyrs, objets d'amour, de vénération et de foi ; ils s'en emparèrent : l'histoire représentait les apôtres et la plupart des saints comme des hommes simples, grossiers ; ils furent idéalisés, ennoblis, et devinrent, sur le marbre ou sur la toile, des figures pleines de vérité et de grandeur. *Marco, perchè non mi parli ?*

4,

(Marc, pourquoi ne me parles-tu pas?) disait Michel-
Ange à une statue en bronze de *saint Marc*, chef-d'œuvre de Donatello : le *saint George*, du même statuaire,
était si admirable qu'il fut acheté pour servir de modèle dans l'Académie royale de France à Rome. Ce n'est
pas dans l'antique que Raphaël puisa ce caractère de
divinité et de pureté qui brille dans ses Vierges : le
Dominiquin n'y avait point trouvé son *saint Jérôme* :
tous ces chefs-d'œuvre portent l'empreinte de la nature
modifiée par les opinions et les sentiments qui ré-
gnaient alors : tous ces grands maîtres, après avoir
appris des anciens les lois, la marche et le but de l'Art,
s'en servirent pour honorer, tantôt leur patrie, tantôt
leur foi ; leurs productions furent belles en même temps
qu'originales ; et si elles n'atteignirent pas à toute
la perfection de celles des Grecs, elles prouvent du
moins que, malgré les obstacles qu'opposent à l'Art des
circonstances moins favorables, le génie, dirigé par ce
qui doit servir de règle, et enflammé par ce qui peut
seul être une source d'inspirations, produit toujours
des chefs-d'œuvre.

Sans doute, certaines époques peuvent offrir des circonstances beaucoup moins favorables que celles où se
trouvait alors l'Italie : le siècle de Louis XIV en a été
un exemple ; et cependant que de beaux ouvrages nous
a laissés ce siècle, où un faux goût gêna et dénatura si
souvent le talent des plus grands artistes ! En général,

ne désespérons jamais des efforts du génie, bien instruit
de ce qu'il doit faire pour bien faire, connaissant les
difficultés qui l'arrêtent, et s'appliquant à les surmon-
ter : l'homme supérieur a en lui-même des ressources
infinies, inconnues du vulgaire, et qui se développent
au besoin : il fait des sacrifices, il se résout à n'être
pas tout ce qu'il pourrait être, mais il reste ce qu'il
est, et ses productions sont encore admirables. L'École
actuelle a de grands avantages sur celle qui l'a précé-
dée en France ; je n'ai pas besoin de revenir sur tout
ce qu'elle doit à la réforme qu'a opérée M. David :
formée par l'étude des plus parfaits modèles à d'excel-
lents principes de dessin, nourrie du sentiment du
beau, qu'elle fasse de ces heureuses dispositions une
application moins servilement attachée qu'elle ne l'a
été jusqu'ici à l'imitation des statues : que les artistes
modernes qui ont bien étudié l'antique s'efforcent d'en
transporter les beautés dans les sujets modernes ; quand
je dis *modernes*, j'entends notre histoire depuis plusieurs siècles, tout ce qui se rattache aux idées, à la
religion, aux mœurs que nous pouvons appeler les nôtres. Je suis convaincu, par exemple, comme je le disais
tout-à-l'heure, que la chevalerie, malgré les inconvénients inséparables de l'armure qui couvrait en de certains moments tout le chevalier, pourrait fournir beaucoup de sujets, et qu'un grand peintre, versé dans
cette histoire, et se donnant des licences qu'on ne sau-

rait refuser aux Arts sans les asservir, tirerait, soit des
faits historiques, soit des poëmes chevaleresques, tels
que ceux du Tasse et de l'Arioste, de fort beaux tableaux. Je n'en citerai qu'un exemple ; il sera pris dans
le dernier chant de la *Jérusalem délivrée*, dans le récit
du dernier combat que les chrétiens livrent aux infidèles ; c'est au moment où Soliman, sorti de la ville,
porte la mort et l'effroi dans les rangs des soldats du
vieux Raymond, comte de Toulouse : le comte, frappé
lui-même, est tombé sans mouvement ; ses troupes
fuient : le généreux Tancrède, blessé et couché dans sa
tente, entend leurs cris : «Il se lève, il voit le comte de
« Toulouse étendu sur l'arène, ses troupes éperdues et
« fugitives. La valeur ranime ses forces languissantes,
« et enflamme le reste de son sang. D'une main il saisit
« son bouclier, dont l'énorme poids ne surcharge point
« sa faiblesse ; de l'autre il prend son épée, et court au
« combat. » — « Où fuyez-vous, s'écrie-t-il, malheureux ?
« vous laissez votre maître aux fers du Sarrasin ! Les
« armes de Raymond, suspendues dans ses temples, y
« seront donc les monuments de sa gloire et de votre
« honte ! Allez, retournez en Gascogne ; dites au fils de
« votre comte que son père est mort, et que votre fuite
« a trahi sa vieillesse. — Il dit, et tout faible qu'il est et
« sans cuirasse, il sert de rempart à mille guerriers
« armés et pleins de vigueur. De son immense bou-
« clier il couvre Raymond ; là viennent expirer tous les

« coups qu'on lui porte. De son épée le héros écarte les
« infidèles, et le vieillard respire sous son ombre. Bien-
« tôt Raymond se relève tout brûlant de colère et de
« honte, etc., etc. [1] »

Qu'un grand artiste s'empare d'une description si

---

[1] *Eran presso all' albergo ove giaceva*
Il buon Tancredi e i gridi entro s'udiro.
Dal letto il fianco infermo egli solleva :
Vien sulla vetta e volge gli occhi in giro.
Vede giacendo il conte, altri ritrarsi,
Altri del tutto già fugati e sparsi.
Virtù ch'à valorosi unqua non manca
Porchè languisca il corpo fral, non langue ;
Ma le piagate membra in lui rinfranca,
Quasi in vèce di spirito e di sangue :
Del gravissimo scudo arma ei la manca ;
E non par grave il peso al braccio esangue ;
Prende con l'altra man l'ignuda spada
(Tanto basta a l'uom forte) e più non bada.
Ma giù sen viene e grida : — Ove fuggite,
Lasciando il signor vostro in preda altrui ?
Dunque i barbari chiostri è le meschite
Spiegheran per trofeo l'arme di lui ?
Or tornando in Guascogna al figlio dite
Che morì il padre onde fuggiste vui —
Così lor parla ; il petto nudo e infermo
A mille armati e vigorosi è schermo.
E col grave suo scudo, il qual di sette
Dure cuoja di tauro era composto,
E che a le terga poi di tempre elette
Un coperchio d'acciajo ha sopra posto ;
Tien da le spade e tien da le saette,
Tien da tutte arme il buon Raimondo ascosto.
E col ferro i nemici intorno sgombra

pittoresque; qu'il montre Tancrède à demi nu, couvert d'une simple tunique, pâle, mais fort de son nom et de sa valeur, armé d'un bouclier et d'une épée, protégeant contre les musulmans, vêtus à l'orientale, le vieux guerrier qui commence à reprendre haleine et à se relever, indigné de sa chute..... Il fera, si je ne me trompe, un des plus beaux groupes qui puissent devenir le sujet d'un tableau, et ce groupe, bien encadré dans un fond un peu vaste, sera du plus vif intérêt pour nous autres chrétiens, descendants des croisés.

Le Salon n'offre aucun grand tableau de ce genre qui ait du mérite : les grandes compositions retracent toutes des événements de notre âge : j'en parlerai plus tard. Mais parmi les tableaux de chevalet, il en est beaucoup qui représentent des sujets tirés de la chevalerie et de l'histoire moderne : quelques-uns sont bons; presque tous ont de l'attrait. M. Richard a peint *Henri IV chez Gabrielle d'Estrées*, jetant des confitures à M. de Bellegarde caché sous le lit, en disant : *Il faut que tout le monde vive*. Ce tableau, de très-petites dimensions,

Si che giace securo et quasi all'ombra.
Respirando risorge in spazio poco
Sotto il fido riparo il vecchio accolto,
E si sente awampar di doppio foco,
Di sdegno il cor e di vergogna il volto.
E drizza gli occhi accesi a ciascun loco
Per riveder quel fiero onde fu colto, etc.
                Gerusal. liber., c. XX, st. 83.

est agréable à voir; il y a de l'esprit dans les poses et dans les têtes, mais elles sont faiblement dessinées, l'effet général est pâle et terne; M. Richard aurait mieux fait, ce me semble, de donner à ses figures un peu plus de grandeur et de fermeté; l'œil n'aime pas à être obligé de chercher les traits et l'expression. Il éprouve la même peine devant deux autres tableaux du même peintre : *Bayard consacrant ses armes à la Vierge dans l'église d'Ainay, à Lyon*, et la *Mort de saint Paul, premier ermite*. Dans le premier, l'église est belle, et la perspective fait de l'effet; quelques figures, entre autres un prêtre qu'on voit par derrière et qui rallume un cierge, ont du naturel et de la grâce, mais en général elles sont perdues sous ces voûtes immenses; on a quelque difficulté à découvrir Bayard, à saisir l'ensemble de l'action. Quant à la *mort de saint Paul*, c'est encore le même défaut; on ne voit que l'ermite étendu et saint Antoine debout, les mains jointes, près de son corps. Peut-être y a-t-il eu, de la part du peintre, une intention spirituelle à placer les petites figures des deux solitaires dans une grotte vaste et sombre, dont la teinte et l'étendue rappellent l'infini, la faiblesse de l'homme et toutes les idées religieuses qui doivent remplir ce saint asile; mais il y a mis aussi les deux lions qui, suivant la légende, creusèrent la fosse du saint : ces deux lions sont, comme les deux ermites, fort rapetissés par l'immensité de l'antre, et ce n'est

pas là ce qu'il fallait : c'est une chose merveilleuse et
grande en soi que ces deux rois des animaux occupés à
creuser la fosse d'un anachorète ; mais la petitesse de
leur taille fait disparaître cette idée de grandeur : l'artiste s'était donné deux effets à produire ; peindre la
force des lions et le néant de l'homme : ces deux effets
n'étaient pas conciliables.

M. Vermay a mieux choisi ses sujets ; il a tiré de la
touchante histoire de Raoul de Coucy un tableau agréable. Raoul près de partir tombe aux pieds de Gabrielle
et lui baise la main ; Gabrielle la lui abandonne, mais
l'effroi se mêle à sa tendresse : elle entend du bruit ;
c'est Fayel qui entre, et surprend les deux amants :
cette composition est intéressante et d'un effet gracieux :
il y a du sentiment dans les têtes ; les draperies sont
bien ajustées, mais Raoul est trop grand et Gabrielle
n'est pas assez belle. Ce nom semble destiné à être malheureux : M. Bergeret a peint Henri IV chantant à Gabrielle d'Estrées sa romance : *Charmante Gabrielle*, et
l'on croirait que l'artiste a voulu donner un démenti
au roi, tant sa Gabrielle est peu jolie : pense-t-il donc
qu'il soit nécessaire de prêter un air antique aux figures
dont le costume n'est plus de mode ? Singulière manière d'observer l'exactitude historique que de mettre
la beauté des traits en harmonie avec celle des vêtements. Dans les tableaux qui rappellent des noms ou
des événements très-connus, ce qu'il y a d'essentiel à

conserver, c'est l'esprit, le caractère particulier de chaque figure, lorsque des données certaines nous en ont transmis la mémoire : ainsi les peintres auraient tort de changer les traits de Henri IV, de François Ier, de la belle Féronnière; mais lorsque le défaut de monuments et l'opinion générale leur laissent une latitude à peu près entière, ils en doivent user pour embellir : tout autorisait M. Bergeret à faire de Gabrielle une beauté parfaite; pourquoi a-t-il voulu la rendre ressemblante à tous les vieux portraits ?

Pourquoi M. Vermay, en revanche, n'a-t-il pas conservé fidèlement, dans son tableau de la *Naissance de Henri IV*, les expressions et les caractères de têtes que son sujet même semblait lui prescrire ? Jeanne d'Albret vient d'accoucher : elle a chanté l'air béarnais : son père, Henri d'Albret, lui remet, suivant sa promesse, une chaîne d'or magnifique, et lui dit, en faisant emporter l'enfant : *Voilà qui est pour vous, ma fille, et ceci est pour moi.* J'ai vainement cherché dans les figures la trace de ce mot et des émotions qu'il dut exciter : Jeanne, couchée dans son lit, ne paraît pas assez regretter son enfant : la tête de Henri n'est pas assez significative; celles des femmes qui entourent l'accouchée le sont davantage et pourraient l'être encore plus. En tout, ce qui me paraît manquer dans ce tableau, d'ailleurs bien composé et d'un effet agréable, c'est de l'esprit. Il y en a beaucoup, au contraire, dans

5

un tableau de M. Revoil, qui représente *Charles-Quint*
refusant de reprendre son anneau qu'a relevé la du-
chesse d'Étampes, dont il veut s'assurer la faveur : cette
composition est pleine d'intentions spirituelles ; la tête
de François Ier est fort noble ; si *le faire* du peintre était
plus large, moins léché, si les expressions de ses figures
ne paraissaient pas un peu cherchées et trouvées à
force de recherches, on pourrait espérer beaucoup de
son talent.

Je passe rapidement sur ces tableaux et sur une foule
d'autres du même genre, parce qu'ils sont peu féconds
en idées utiles et intéressantes sur ce qui fait le but
principal de cette brochure, sur les Arts en général,
leur domaine, leurs ressources et le caractère de notre
École. Je dois dire cependant que les connaisseurs
seront fâchés, si je ne me trompe, de voir s'introduire
dans les tableaux de chevalet un *fini* minutieux, une
charlatanerie d'agréments qui pourrait bien dégénérer
en une petite et fausse manière. Cette recherche excessive détruit la simplicité et l'énergie ; car il y a une
énergie de vérité inconciliable avec tant de soins et
de détails : heureusement le salon même fournit des
objets de comparaison qui font sentir la supériorité
d'une manière plus franche et plus hardie. Le premier
et le plus remarquable est, sans contredit, un tableau
de M. Granet, représentant *Stella en prison à Rome*.
On sait que ce peintre n'y passa que quelques heures,

et que, pendant ce temps, il s'amusa à esquisser sur le mur, avec un charbon, une image de la Vierge tenant entre ses bras l'Enfant-Jésus. Stella, debout sur une table et les fers aux pieds, trace cette esquisse : les prisonniers qui l'entourent, saisis d'admiration et d'étonnement, contemplent son ouvrage ; le geôlier lui-même le regarde : un seul homme, étendu sur le devant du tableau, et atterré par une sentence de mort qu'il vient de recevoir, ne prend aucune part à l'enthousiasme général. Jamais scène ne fut plus heureusement conçue, mieux disposée et mieux exécutée : la figure de Stella, vue de profil, est noble et bien posée ; celles des autres prisonniers sont pleines de vérité, d'attention ; leur immobilité est animée : point de gêne dans les attitudes, d'exagération dans les expressions ; ils adorent la Vierge en admirant le peintre : tout se rapporte à l'esquisse de celui-ci, et peut-être M. Granet a-t-il eu tort de ne pas soigner la beauté de cette esquisse, pour expliquer aux spectateurs, en produisant sur eux un effet analogue, l'effet qu'elle produit sur les assistants : on ne voit pas assez la cause de leur admiration ; on l'aurait vue si l'esquisse eût été belle. Malgré ce léger défaut, ce tableau est du plus rare mérite ; beaucoup d'esprit se joint dans les figures à un naturel parfait ; *le faire* en est large, ferme, et cependant *fini :* un talent sûr, original et vrai, se fait reconnaître dans les détails qui, loin de détourner et de diviser l'attention du spectateur, concou-

rent tous à la fixer sur l'ensemble. En changeant un mot
à un vers de Perse, on serait tenté de dire à beaucoup
de peintres modernes, en les appelant devant ce tableau,

Naturam videant, intabescantque relictâ.

« Qu'ils voient la nature, et qu'ils sèchent de douleur de l'avoir
abandonnée. »

On pourrait le leur répéter, bien qu'avec quelques
restrictions, en leur montrant les tableaux de Mlle Lescot. Son *petit Mendiant* à demi nu me paraît un chef-
d'œuvre de grâce, de naïveté et de vérité; grâce sans
recherche, naïveté sans insignifiance, vérité sans cari-
cature : cela serait gracieux et naïf, même à côté du
petit *Tireur d'épine.* On voit un autre *Mendiant,* un
Guincataro et deux stations de *Piferari* devant une
madone, qui offrent les mêmes mérites, quoique
peut-être à un degré inférieur. Dans le *Capucin
donnant une relique à baiser à une jeune fille,* la
jeune fille est mal dessinée; mais sa mère, placée
derrière elle, a de la vérité. Enfin, Mlle Lescot a un
tableau d'une plus grande dimension, représentant
*une Prédication dans l'église de Saint-Laurent hors
des murs, à Rome,* où l'on reconnaît le même talent :
un peu de crudité dans les tons n'empêche pas que la
couleur n'en soit en général bonne et vraie. De l'originalité, de la simplicité, une observation fidèle de la

nature, voilà ce qu'on trouve dans ces petites compositions et ce qu'on cherche vainement dans de grands tableaux. Il semble qu'en remontant du petit au grand, on voie peu-à-peu ces mérites décroître, les figures prendre de la raideur, de l'apprêt, en s'efforçant de devenir nobles, et trahir clairement cette influence de la sculpture sur la peinture qu'évitent les peintres de petits tableaux, parce qu'ils étudient plus la nature que les statues.

Nous observerons cette gradation en arrivant aux grandes compositions qui représentent des sujets tirés des événements contemporains. Un homme d'esprit a fait remarquer [1] qu'on y avait employé la figure fort au-dessous de nature plus souvent que les années précédentes, et cela avec raison, ajoute-t-il. « Cette dimen-
« sion, qui convient seule aux représentations d'une
« nature commune et naïve, convient mieux qu'aucune
« autre aux scènes composées de personnages d'un
« genre noble, mais qui sont nos contemporains, vêtus
« de l'habit moderne, et auxquels on ne peut, à cause
« de ce vêtement, prêter les formes idéales et gran-
« dioses sous lesquelles les personnages de l'antiquité
« nous ont été en quelque sorte transmis par les ar-
« tistes. Les scènes tumultueuses, celles dont la dispo-
« sition n'est pas entièrement au choix de l'artiste,

[1] *Journal de l'Empire* du 11 septembre 1810.

« celles dans lesquelles il entre nécessairement beau-
« coup d'accessoires et de grands accessoires, des che-
« vaux, des édifices, de vastes fonds, etc., sont aussi
« extrêmement difficiles à bien rendre avec des per-
« sonnages de grandeur naturelle. Ce n'est qu'à l'aide
« de toiles énormes qu'on peut exécuter de cette ma-
« nière des tableaux de batailles ; autrement la scène
« trop resserrée ne présente que quelques épisodes
« détachés d'une action générale; les accessoires encom-
« brent la toile ; les personnages principaux qui ne
« sont pas ceux qui agissent le plus, mais dont la gran-
« deur et l'importance consistent dans l'ensemble et
« l'étendue de l'action à laquelle ils président, parais-
« sent privés de leur avantage et ne produisent qu'une
« partie de l'effet qu'on en doit attendre, etc. »

N'est-ce pas là évidemment le défaut d'un tableau de
M. Gros, que j'ai déjà cité, et qui représente l'*Empereur haranguant ses troupes à la bataille des Pyramides?*
A peine la toile a-t-elle pu contenir deux ou trois officiers, quelques soldats et quelques ennemis : cela
répond-il aux grandes idées que réveille le sujet? Toute
la chaleur, toute la vérité du pinceau de M. Gros ne
sauraient faire oublier un tel inconvénient. Que l'on
compare son tableau avec un autre où M. Rœhn a peint
dans de petites dimensions *le Bivouac de S. M. l'Empereur sur le champ de bataille de Wagram dans la nuit
du 5 au 6.* Quel effet différent! ici tout est bien propor-

tionné ; la toile contient beaucoup d'espace, beaucoup
de figures. S. M. l'Empereur, endormi sur une chaise,
près du feu, les bras croisés, la tête baissée, une jambe
étendue sur une table, éclairé par le reflet de la
flamme, est entouré de tous les officiers de son état-
major, debout, les yeux fixés attentivement sur leur
général qui, même dans son sommeil, occupe toutes
leurs facultés, toutes leurs pensées ; sur la gauche, S. E.
le prince de Neuchâtel, assis devant une autre table,
expédie promptement des ordres : cette composition,
pleine de vérité, d'unité, d'activité, de silence, a quelque chose d'imposant qui frappe les spectateurs les
plus simples, et donne à penser aux plus réfléchis. Aga-
memnon veille quand tout dort : Racine a tiré de là de
fort beaux vers ; c'est l'image des soucis qui accompagnent la puissance : ici, l'Empereur dort et tout veille ;
c'est l'image de la puissance elle-même. M. Rœhn en a
profité avec beaucoup d'art : je crois qu'il aurait eu
tort de donner à ses figures la stature héroïque ; la
scène eût été rétrécie, et par conséquent l'impression
qu'elle produit affaiblie ; le mauvais effet inséparable
du costume moderne, senti plus fortement, aurait nui
à celui des poses et des têtes ; l'artiste n'aurait que très-
difficilement conservé ce naturel, cet abandon qu'il a
su mettre dans la figure de Sa Majesté ; enfin, sa composition serait peut-être devenue confuse, et dès-lors
l'ensemble était perdu ; car, quoi qu'on en dise, une

composition mal ordonnée est un grand, un très-grand
défaut dans un tableau qui est fait pour qu'on le voie,
et pour qu'on y voie clair. Les tableaux sont faits pour
ceux qui s'y connaissent, d'accord; mais si ceux-là
seuls les jugent, le public a droit d'en jouir, et son suffrage n'est pas si insignifiant qu'on se plaît à le dire.
Les artistes ne savent pas ce qu'ils perdent à négliger
la composition; ils ôtent à ceux qui ne regardent qu'en
passant l'envie de s'arrêter, et à ceux qui regardent
attentivement le plaisir de contempler sans gêne, à
leur aise, d'être charmés tout d'abord. « C'est du pre-
« mier coup d'œil, dit Lessing, que dépend le plus
« grand effet. S'il nous oblige à réfléchir péniblement
« et à deviner, le désir que nous avions d'être intéres-
« sés se refroidit : pour se venger de l'artiste inintelli-
« gible, on s'endurcit contre l'effet de l'expression, et
« alors malheur à lui si, pour augmenter cet effet, il a
« négligé la beauté! nous ne trouvons plus dans son
« ouvrage aucun charme qui nous engage à nous y
« arrêter; il ne nous plaît pas dans ce qu'il offre à
« notre vue, et nous ignorons ce que cette vue doit
« nous donner à penser. »

Cette réflexion, d'ailleurs si juste, ne semble-t-elle
pas adressée à M. Girodet? J'ai déjà parlé de son tableau
de *la Révolte du Caire,* des beautés qu'il y a semées,
et entre autres du talent avec lequel les six figures qui
forment le groupe principal sont disposées relative-

ment à l'action; mais ce talent, ce mérite, il faut les chercher. Pourquoi? parce que l'artiste a embarrassé sa composition de figures inutiles; parce que les plans de derrière, à la droite du spectateur, sont surchargés d'armes, de mouvement, de combattants entassés, confondus, où l'œil se perd, se fatigue, et oublie d'admirer ce qu'il y a de vraiment admirable dans les plans du devant. Défavorablement prévenu, le spectateur trouve les expressions outrées; et comme la beauté leur est quelquefois sacrifiée, il se retire mécontent et injuste envers un homme de génie. Qu'arriverait-il, au contraire, si M. Girodet eût mis dans sa composition plus d'ordre et de clarté, s'il en eût retranché des figures inutiles, s'il eût dégagé de la mêlée le côté de l'Arabe nu comme il en a dégagé celui du hussard français? il arriverait ce qui arrive devant le tableau de M. Gérard, représentant *la bataille d'Austerlitz;* le spectateur, charmé par un ensemble net et bien entendu, sentirait d'abord les beautés, en jouirait, et deviendrait par là plus indulgent pour les défauts qu'il pourrait découvrir ensuite; dans l'ouvrage de M. Girodet, ce sont les défauts qui frappent d'abord; les beautés ne se font reconnaître que plus tard à des yeux exercés; et les connaisseurs ont beau les vanter, le public, qui juge d'après la première impression, ne veut plus y croire. Lequel des deux peintres entend le mieux ses intérêts, celui qui se montre d'abord aux gens par son

5.

mauvais côté, ou celui qui les prévient sur-le-champ
en sa faveur?

C'est M. Gérard, sans doute; et les éloges unanimes
qu'il a obtenus en rendent témoignage; on reconnaît
en lui un artiste qui, avant d'être peintre, est homme
de sens, et qui compose son tableau avec son jugement
avant de l'exécuter avec ses pinceaux. Quelle sagesse
dans l'ordonnance générale et quelle adresse dans la
combinaison des groupes, dans les poses des figures,
pour conserver la clarté au milieu d'une scène si vaste!
Les deux parties du tableau sont bien liées dans l'action, et cependant assez distinctes pour que l'intervalle
qui les sépare repose l'œil du spectateur qui parcourt
rapidement la toile : les devants ne sont pas encombrés, et les plans de derrière, dégradés avec art, à travers les jambes des chevaux et des hommes, laissent à
l'imagination la liberté d'étendre la scène, et la dispen-
sent de se voir contrainte à en entasser les acteurs sur
un même point. *L'ordre agrandit l'espace*, a-t-on dit
avec autant de finesse que de vérité; le tableau de
M. Gérard en est une preuve visible; rien d'embarrassé, rien de confus, malgré cette prodigieuse quantité de grandes figures, de chevaux, de bagages, etc.
L'artiste a-t-il voulu donner à un personnage quelconque un intérêt particulier? Il l'a dégagé, et présenté
d'une manière nette pour que rien ne nuisît à l'effet
qu'il se proposait de produire; témoin ce soldat ren-

versé presque sous les pieds du cheval du général
Rapp, cet Autrichien étendu sur un canon, et surtout
ce Mameluck qui saute à bas de son cheval abattu, et
dont l'expression est si animée que l'on croit entendre une conversation entre lui et son compagnon
expirant.

Que dire enfin des deux figures principales, de l'heureux contraste qu'a établi le peintre entre l'élan de
l'une et le calme de l'autre ? Le général Rapp arrive ;
il vient annoncer à l'Empereur que la garde impériale
russe est repoussée : son cheval, lancé au plein galop,
s'arrête tout-à-coup devant Sa Majesté : le généreux animal, blessé de plusieurs coups de sabre, semble partager la joie de son maître blessé lui-même : celui-ci le
retient, le soutient sur les jambes de derrière, et, de
l'air d'un guerrier trop échauffé encore pour que l'orgueil de la victoire ait remplacé sur son front l'ardeur
qu'il portait au combat, il déclare son heureuse nouvelle
à l'Empereur tranquillement assis sur un cheval immobile, et ne lui répondant que par un air de satisfaction
calme répandu sur son visage. Que l'imagination emploie tout son pouvoir à se représenter un groupe si
heureusement conçu, qu'elle en anime à son gré les
figures, qu'elle leur donne l'expression la plus saisis-
sante et la plus vraie, elle ne surpassera pas le travail du
peintre ; que le jugement vienne ensuite en examiner
les diverses parties, il reconnaîtra partout la trace d'une

raison sûre et d'un sens exquis ; qu'un connaisseur, épris de la beauté, jette à son tour sur ce tableau des regards exigeants, il n'y verra ni exagération ni figures hideuses, et il saura gré au peintre des efforts qu'il a faits pour mettre du beau là où le beau pouvait trouver place : la tête du général Rapp est remarquable sous ce rapport.

Tant de beautés, et des beautés si rares, doivent faire excuser quelques défauts dans la distribution de la lumière qui n'éclaire pas assez les premiers plans, dans des mains un peu faiblement dessinées, dans le cheval de l'Empereur, qui me paraît un peu raide : ce ne sont là que des défauts de détail, et ils se perdent dans un si bel ensemble : ne vaut-il pas mieux mettre ainsi les beautés dans l'ensemble et quelques défauts dans les détails, que de placer dans les détails des beautés du premier ordre, et dans l'ensemble de grands défauts? Les dessinateurs attachent, et avec raison, beaucoup d'importance à ce qu'une figure particulière soit bien dessinée, bien posée, bien *en ensemble ;* les ombres et le fini ont à leurs yeux peu de valeur. L'*ensemble* d'un tableau, c'est sa composition : la mal ordonner, c'est pécher contre la raison qui est la correction de la pensée, comme la pureté du trait, dans une figure, est la correction du dessin : pourquoi nos artistes, qui mettent à l'une un si grand prix, se croiraient-ils en droit de négliger l'autre? J'ai déjà dit com-

bien ils y perdent : on faisait à ce sujet, dans *le Publi-
ciste* du 30 septembre 1810, des réflexions que je ne
puis m'empêcher de croire fondées : « Dans un tableau
« bien composé, disait-on, ce n'est pas le mérite de la
« composition qui plaît et qui se fait remarquer au pre-
« mier coup d'œil; il laisse tous les autres mérites
« d'expression, de couleur, etc., produire sur nous
« l'impression qu'en doit attendre l'artiste; et ce n'est
« que plus tard, lorsque la raison cherche à se rendre
« compte du plaisir qu'elle a partagé et en quelque
« sorte à le juger, qu'elle en découvre la cause pre-
« mière dans cette ordonnance sage, naturelle, bien
« pensée, bien calculée, qui, mettant le spectateur à
« l'aise devant le tableau qu'il contemple, lui a permis
« de jouir de toutes les beautés de détail avant de s'aper-
« cevoir qu'il devait la facilité et la douceur de ses
« jouissances à l'harmonie et à la perfection de l'en-
« tente générale. Il est donc possible et même naturel
« de ne pas être frappé d'abord du mérite de composi-
« tion d'un tableau, bien que ce mérite lui appartienne
« et contribue beaucoup au plaisir que sa vue nous
« fait éprouver; mais ce qui me paraît impossible, c'est
« de jouir sans fatigue et sans gêne des beautés d'exé-
« cution partout où ce mérite-là manque. Voilà pour-
« quoi nous admirons à loisir les tableaux du Poussin
« et de Raphaël, sans songer à chaque instant qu'ils
« sont parfaitement composés; tandis que, pour décou-

« vrir un grand talent dans d'autres tableaux moins
« parfaits à cet égard, nous avons besoin de les étudier,
« et de nous dire qu'il peut se trouver à côté d'un
« pareil défaut. »

Aussi y a-t-il deux choses que je regrette presque également : une bonne composition là où je trouve une
exécution parfaite, et une bonne exécution là où je vois
une composition bien pensée. Le Salon offre plusieurs
exemples de ce dernier cas, entre autres un tableau de
M. Lacroix, non numéroté, et représentant *Hector
reprochant à Pâris sa lâcheté dans l'appartement d'Hélène;* c'est, dit-on, l'ouvrage d'un jeune homme qui
débute; c'est, à coup sûr, celui d'un homme de sens :
Pâris et Hélène sont assis, les yeux baissés, le visage
couvert de honte; Hector, debout à l'entrée de l'appartement, leur parle avec indignation; les femmes d'Hélène, étonnées, lèvent seules la tête pour regarder le
héros; c'est une scène simple, bien ordonnée; les
expressions ont de la justesse : la couleur même a
quelquefois de la vérité; mais le pinceau manque
de fermeté et le dessin de correction; ce sont de
grands défauts : si M. Lacroix s'en corrige en pour
suivant ses études, il doit parvenir à faire de bons ouvrages.

Un tableau de M. Hersent, dont le sujet est *Fénelon
ramenant à un paysan sa vache égarée,* quoique mieux
dessiné et mieux peint, est dans le même cas : la com-

position en est sage, simple, naturelle ; les têtes ont de l'esprit, de la vérité ; la figure du paysan qui tombe à genoux pour baiser la main du digne archevêque, est pleine d'un abandon respectueux ; les expressions sont variées et convenables; mais l'artiste ne paraît sûr ni de son crayon ni de son pinceau : aussi sa manière n'est-elle point ferme. J'ai parlé de ces deux petits tableaux parce qu'on ne saurait, à mon avis, trop encourager le bon sens, d'autant qu'il devient rare.

Il y en a beaucoup, et du meilleur, car il est accompagné d'un vrai talent, dans un tableau de M. Lejeune, qui représente *la bataille de Somo-Sierra, en Castille :* M. Lejeune est du nombre de ceux qui ont adopté, pour les sujets nationaux, les figures de petites dimensions, et peut-être celui qui les a employées avec le plus de succès ; on a remarqué dans tous ses ouvrages beaucoup d'esprit, de variété dans les expressions, dans les poses, beaucoup d'ensemble et d'effet dans la composition : les mêmes mérites reparaissent dans son nouveau tableau ; les devants sont pleins, sans être encombrés ; les figures, d'un bon style, ont à-la-fois du naturel et du fini, du mouvement sans trivialité ; la perspective est bien entendue ; l'œil suit la gradation des plans avec d'autant plus de plaisir qu'il la cherche quelquefois en vain dans les tableaux de nos plus grands artistes. Il me semble que nous retrouvons encore ici l'influence de l'étude de la sculpture sur l'École. Accoutumés à étudier dans les statues des figures isolées, nos peintres négligent trop l'art de les grouper et de les placer convenablement dans l'espace : leurs yeux savent mieux juger des formes que des distances et des effets de l'air dans la nature : ils ont appris à bien exécuter chaque figure séparément, et lorsqu'ils ont à rassembler beaucoup de figures dans un même lieu, leurs tableaux se ressentent de ce caractère de leurs études ; aussi passent-ils, en général, trop rapidement des premiers plans aux derniers ; témoin le tableau de M. Girodet, où, au-delà du quatrième plan, il n'y a presque plus de perspective ; témoin surtout la figure d'un sapeur dans le tableau de M. David, qui représente le *Serment des troupes après la distribution des aigles.* D'après la gradation des plans, le bras de cette figure se prolonge à plus de six pieds au-delà du corps : il est évident que le peintre, après avoir dessiné son sapeur tout seul, a oublié de le rapporter convenablement à ceux qui le touchent. S'il était possible qu'un sculpteur voulût représenter une action comprenant un grand nombre de personnages ou même de groupes, il les exécuterait séparément et les mettrait ensuite dans un lieu quelconque, à la distance et à la place prescrites par les circonstances de l'action : nous aurions alors en marbre une représentation fidèle de la scène ; on dirait que nos peintres font d'abord comme le sculpteur ; mais n'ayant à leur disposition qu'une surface plane, et ne connaissant pas assez les effets de perspective qui suppléent au défaut de profondeur, ils placent souvent mal leurs figures; et même quand elles sont bien placées, ils ne les entourent pas d'assez d'air, d'assez de vapeur, pour faire sentir comment elles se groupent, avancent, reculent et occupent chacune, sur le théâtre de l'action, une place que rendent distincte et les plans et la manière dont ils sont éclairés. Ils réussissent bien quelquefois dans les quatre ou cinq premiers plans qu'ils étudient avec soin; au-delà ils échouent. Pourquoi ne rencontre-t-on pas ce défaut dans les compositions de M. Gros? parce que M. Gros est un peintre éminemment original, dont le talent est tout vérité, et qui, moins occupé que ses rivaux de la noblesse du style, s'attache à observer et à retracer la nature; aussi la connaît-il mieux : ses lointains sont vrais, ses plans se dégradent bien, ses figures se marient bien avec l'air qui les environne; ses contours ne sont ni secs ni raides. Les contours du corps humain, ou de ses vêtements, et ceux des statues de marbre, se détachent dans l'atmosphère d'une manière toute différente : susceptibles de mouvements et d'ondulations, changeant parfois de couleur et d'apparence, les premiers se fondent davantage et plus doucement que les seconds avec le fluide vaporeux au sein duquel ils vivent et s'agitent : il y a, si je puis me servir de cette expression, plus d'affinité entre l'air et le corps de l'homme qu'entre l'air et le marbre; une figure humaine, seule au milieu de l'espace, ne paraît ni aussi isolée, ni aussi tranchante sur le fond, qu'une statue. Cette différence devient sensible quand on compare le *Pyrrhus* et *Andromaque*, de M. Guérin, avec les tableaux de M. Gros; par exemple, avec sa *Reddition de Madrid* : j'admire beaucoup l'*Andromaque;* mais je ne puis m'empêcher de trouver, dans la manière dont le peintre a détaché ses figures du fond, quelque chose qui rappelle le statuaire : il les a, si j'ose le dire, trop séparées de l'air qu'elles respirent; cet air doit pénétrer leurs vêtements, et jusqu'à leur peau; c'est leur vie, leur haleine; elles mourraient, si on l'ôtait; et voilà ce que je ne sens pas devant le tableau de M. Guérin : il y a de l'air dans la salle, mais il n'approche pas des personnages, ne les touche pas, ne sort pas de leur bouche, ne produit pas sur eux, sur leur costume, une impression quelconque; tandis que devant le tableau de M. Gros, je crois voir des êtres vivants, animés, dont les contours sont modifiés par l'air qui les entoure, qui est leur élément, qui pénètre à travers leurs pores. Cette apparence ajoute une nouvelle vérité à celle des expressions, des attitudes, et il en résulte, dans le groupe entier des Espagnols suppliants, une souplesse, une chaleur admirables; tandis que M. Guérin a peut-être laissé dans ses figures un peu d'immobilité et de raideur. Ce défaut est né sans doute de l'étude des statues; et cependant combien les Grecs recommandaient à leurs artistes d'éviter la sécheresse et la raideur des lignes droites [1] !

L'*esquisse de la Bataille de Wagram*, de M. Gros, peut fournir un nouvel exemple de la verve et de la vérité de son pinceau ; le style en est pur et même noble. En général, cet artiste semble avoir donné cette année un soin particulier à la correction du dessin, et ce soin a prouvé qu'il ne le cédait à personne dans cette importante partie de l'Art. Son *esquisse de Wagram* fait tort à quelques autres batailles de mêmes dimensions placées auprès, et qui cependant ne sont pas sans mérite ; comme la *Bataille de Rivoli*, de M. Vernet ; la *fin de la Bataille d'Austerlitz*, de M. Meynier ; la *Prise de Ratisbonne*, de M. Thévenin ; la *Bataille d'Ebersberg*, de M. Taunay, etc. Forcé de me borner dans cet aperçu rapide, je n'entre dans aucun détail sur ces tableaux, que recommandent assez les noms de leurs auteurs, pour pouvoir dire un mot des portraits et de l'exposition des statues.

A Thèbes, une loi condamnait à une amende tout peintre qui avait fait un mauvais portrait [2]. Que de gens seraient intéressés à s'opposer au retour de cette loi rigoureuse ! Il n'y a personne aujourd'hui qui ne fasse faire son portrait, et aucun artiste qui, lorsqu'il a

---

[1] *Recherches sur l'art statuaire*, p. 274.
[2] ÆLIAN. *var. Hist.*, l. IV, c. 4.

fait un portrait, ne le veuille mettre au Salon : vic-
times de ces deux vanités, que deviendront les regardants ? comment le public se formera-t-il un goût sûr
et éclairé ? Les connaisseurs savent choisir ; mais le
public ne sait que voir, et c'est en ne lui faisant voir
que de bonnes choses que les anciens l'avaient rendu
connaisseur : il faut convenir que nous ne suivons pas
leur exemple. La salle d'entrée et les embrasures des
croisées de la galerie d'Apollon sont remplies des portraits les plus décidément médiocres ou hideux que
l'œil puisse voir et l'esprit imaginer. C'est avec un vif
sentiment de plaisir que l'on aperçoit, au bout de la
galerie d'Apollon, le beau portrait de M. de Châteaubriand, par M. Girodet, dont j'ai parlé, et qui, bien
qu'un peu noir, frappe vivement par la vérité de l'imitation, la noblesse et l'énergie du style. Alors on se sent
à l'aise ; on entre dans la grande rotonde, et bientôt les
magnifiques portraits qui se présentent font oublier un
premier moment fâcheux. Le plus parfait est peut-être
celui de *madame la comtesse de P...., en pelisse et robe*
de velours bleu, par M. Girodet ; vérité de ton, élégance
des contours, grâce et fini du pinceau ; tout s'y réunit
pour rappeler la manière des maîtres de l'École italienne, et surtout les belles têtes de Léonard de Vinci,
comme celle de la belle Féronnière ; on y reconnaît
cette harmonie suave sans mollesse, cette pureté sans
raideur, cet heureux talent de conserver toutes les

beautés de la nature, en y ajoutant celles de la perfection de l'Art : il n'est aucune galerie qu'un tel tableau ne pût orner. M. Girodet a exposé aussi le portrait d'*une jeune personne tenant un bouquet de violettes,* dont la tête est charmante. Ses autres portraits de femmes pèchent, à mon avis, par la couleur qui en est un peu grise et morte.

M. Gérard s'est surpassé lui-même dans le *portrait de madame V....;* elle est debout, au milieu d'un paysage ; grâce et vérité, voilà ce qui frappe, à la vue de ce tableau, les moins connaisseurs : le pinceau de M. Gérard a répandu sur toute la figure une douceur, une souplesse et une noblesse charmantes ; les accessoires, ajustés à merveille, en augmentent encore l'effet, et concourent à cette harmonie générale dont aucun artiste peut-être n'entend aussi bien les secrets. Parmi les portraits en buste, celui de *son A.R. le prince de Ponte-Corvo, prince royal de Suède,* et celui de M. *Redouté,* m'ont paru les plus remarquables, l'un par une grande fermeté, une extrême chaleur de pinceau, l'autre par une vérité et une simplicité rares.

M. Prud'hon a exposé deux belles têtes, un *portrait d'homme* et une *tête de Vierge ;* cette dernière surtout est d'une grâce très-séduisante : l'expression en est douce, timide, pleine de jeunesse et de pureté ; la couleur en est brillante, peut-être trop ; il y a beaucoup d'art et un peu de manière dans cette extrême suavité de pinceau qui dégénère si facilement en mollesse : à force de fondre les contours, de ne rien arrêter, de ne présenter à l'œil que des formes indéterminées, on tombe dans un vague, une incertitude qui mènent à l'incorrection ; et quant au coloris, son éclat, lorsqu'il n'est pas uni à de l'énergie, nuit souvent à la vérité.

Enfin, M. Robert-Lefèvre n'est resté en arrière de personne : *son Portrait en pied de madame la comtesse D....* est charmant; la pose en est agréable, la couleur vraie, le fond et les accessoires bien entendus. Celui de *S. M. l'Empereur* et la *Tête d'Étude* qui s'y rapporte, sont d'une ressemblance frappante et peints à merveille : j'en pourrais citer plusieurs autres où l'artiste a soutenu dignement sa réputation.

Après avoir indiqué séparément les ouvrages des peintres les plus distingués, je dois dire que parmi les portraits du second ordre, il en est, et en grand nombre, de fort agréables, bien dessinés, bien peints, d'un bon effet, quelquefois un peu durs, d'autres fois un peu mous ; mais donnant une idée fort avantageuse du talent de l'auteur. Tels sont ceux de M. Riesener, ceux de M. Fabre, ceux de madame Auzou, et beaucoup d'autres. En général, l'art de peindre le portrait est porté aujourd'hui à une rare perfection ; et peut-être en retrouve-t-on l'influence jusque dans les tableaux d'histoire, où les extrémités, surtout les têtes et les mains, sont souvent fort belles : c'est que nos plus

grands artistes, M. Girodet, M. Gros, M. Gérard, les ont
beaucoup étudiées d'après nature, non pas uniquement
pour étudier, comme on fait quand on copie le modèle, mais pour imiter et imiter en embellissant. Aussi
trouve-t-on en général, dans les tableaux des peintres
distingués qui font beaucoup de portraits, comme
MM. Gérard et Robert-Lefèvre, une couleur meilleure
et plus naturelle que dans ceux des autres peintres.
Comment croire que l'École actuelle puisse abonder
en bons coloristes lorsqu'on voit des maîtres, sortis de
son sein, enseigner à peindre à leurs élèves, en leur
donnant d'abord pour modèles des plâtres ? L'œil,
bientôt faussé, s'accoutume à prendre pour vraie une
couleur grise, froide ; il méconnaît les variations
du teint, les nuances du sang, de la chair : est-ce ainsi
que se forme un peintre ? Que deviennent alors les
apparences colorées du corps ? Les négliger cependant, c'est oublier quelle est l'essence de l'art : la sculpture fait toucher, la peinture fait voir : tout ce qui s'a-
dresse à l'œil est donc de la plus haute importance
pour le peintre : et qu'est-il de plus important que la
couleur, dont l'œil est l'unique juge et qui n'est faite que
pour lui ? La plupart de nos peintres semblent n'avoir
étudié qu'une partie du coloris, celle qui sert, par les
ombres et les dégradations, à faire sentir les formes ;
c'est encore là une nouvelle preuve de l'influence pré-
dominante qu'exerce sur eux l'étude des statues : for-

cés, pour les transporter sur la toile, d'apprendre à les
y faire tourner, ils se sont familiarisés avec la théorie
des clairs et des ombres ; ils connaissent les effets de la
lumière et savent les rendre ; tout cela se rapporte aux
formes, à leur rondeur ; leurs *académies* même, peintes
d'après nature, paraissent souvent des copies de statues : elles tournent bien, mais on n'y voit que du
gris et du blanc. Cette couleur qui vient *du dessous*, de
la transparence de la peau, du mouvement du sang,
n'y est presque jamais ; et cependant elle devrait, je le
répète, être un des premiers objets de l'attention et des
travaux du peintre, puisque son art seul peut la représenter, tandis que la représentation des formes appartient également à la sculpture. Le soin que l'École
actuelle donne aux formes, aux dépens de la couleur,
prouve clairement qu'elle méconnaît le domaine particulier de la peinture, et qu'elle suit trop exclusivement
les traces des statuaires, puisqu'elle oublie de s'appliquer à une partie de l'Art dont elle ne trouve pas et
ne peut trouver chez eux le modèle.

De leur côté, nos statuaires modernes, ceux du moins
qui exécutent des figures nues et de leur choix, semblent prendre à tâche d'outrer les belles formes : trop
peu sûrs du charme de leur ciseau pour donner au
marbre une beauté simple, facile et animée, ils croient
y suppléer en exagérant la beauté telle que la déterminent les règles ; ainsi ils rendent les paupières plus lon-

gues, les lignes du front et du nez plus droites, la distance du nez à la bouche plus courte, et se flattent peut-être d'avoir créé ainsi de belles têtes. Que l'on regarde *l'Amitié consolant l'Amour*, de M. Matte, la *Psyché* de M. Milhomme, *l'Aconce*, de M. Mansion, on y reconnaîtra cette recherche; et l'on sera frappé sans doute du défaut d'imagination et de création dans l'expression des têtes, qui l'accompagne. Un groupe de M. Bosio, qui représente *l'Amour séduisant l'Innocence*, mérite d'être distingué : on pourrait faire plusieurs reproches, même à la figure de l'Innocence; mais enfin elle a un caractère sorti du cerveau de l'artiste, et qui se rapporte assez bien à son nom. Celle de *l'Hyménée*, par M. Cardelli, n'en est pas dépourvue. En général, la tendance de nos statuaires vers la beauté, et vers cette naïveté d'expression si admirable dans l'antique, se fait sentir dans tous leurs ouvrages; mais on n'arrive pas à l'une en outrant les belles formes, et cette exagération même nuit à l'autre; car, hors de la vérité, point de naïveté. Une petite statue de feu M. Chaudet en est la meilleure preuve; c'est *Cyparisse pleurant son Cerf:* il n'est personne qui ne contemple avec un plaisir toujours croissant cette charmante figure, pleine de simplicité, de pureté, d'abandon; la pose est gracieuse parce qu'elle est facile; la tête est naïve et vraie; son expression est une expression qu'on n'a point vue ailleurs, qui rappelle l'antique sans rappeler telle ou

6

telle statue en particulier. Peut-être la position du cerf, que le jeune berger soutient du bras droit, nuit-elle un peu au développement des formes de ce côté du torse; mais le côté opposé, les cuisses, les jambes, sont d'une correction et d'une élégance rares; les emmanchements des genoux et des coudes sont sentis avec une vérité et fondus avec une délicatesse infinie : cette petite figure est si poétiquement conçue, et exécutée avec tant de talent, qu'elle forme à elle seule une scène intéressante, et rappelle ces vers où Ovide dit, en parlant de ce cerf tant pleuré :

> Qui l'aima plus que toi, jeune et beau Cyparisse?
> Tu le menais aux prés parfumés de mélisse;
> Tu le désaltérais dans les plus purs ruisseaux;
> Tu le parais de fleurs et de festons nouveaux.

> *Gratus erat, Cyparisse, tibi. Tu pabula cervum*
> *Ad nova, tu liquidi ducebas fontis ad undam :*
> *Tu modo texebas varios per cornua flores.*
> Metam., lib. X, § 5.

C'est encore à un homme dont les Arts regrettent la perte (M. Moitte) que l'exposition doit une statue qui, bien que d'une exécution imparfaite et grossière, ne peut être l'ouvrage que d'un sculpteur très-distingué; c'est la statue de *Dominique Cassini* : il faut, je le répète, n'en pas considérer le travail; mais la tête a du caractère, elle médite profondément; la pose en est noble et naturelle; il y a dans toute la figure de la vérité et de la

vié : ce sont les mérites les plus importants, et aujour-
d'hui les plus rares.

Je terminerai ici cet aperçu rapide : peut-être aurait-
il été plus intéressant si j'en avais plus développé les
idées, si je les avais appliquées à de nouveaux objets, et
étayées de nouvelles preuves ; mais j'ai dû me borner ;
j'en aurai dit assez si ce que j'ai dit est vrai. Il n'est
qu'une chose dont je sois sûr, c'est de la sincérité de
mes observations et du sentiment qui les a dictées ; je
né veux plus que rappeler deux faits : « L'amour de la
« gloire, dit Pétrone, a existé dans les artistes tant que
« les peuples et les rois ont honoré les Arts ; quand
« l'amour de l'argent chassa ce respect du cœur des
« hommes, les artistes eux-mêmes déchurent [1]. »

Que nos artistes conservent donc ces sentiments désintéressés qui font la moralité du talent et en assurent
la gloire : une honorable considération est l'encouragement le plus efficace et la plus précieuse récompense qu'ils puissent obtenir. L'amour de l'or fait
faire beaucoup de choses difficiles ; l'amour de l'Art
produit seul des chefs-d'œuvre. Ce qui rend presque
certaines les espérances que doit inspirer l'état des Arts
en France, c'est qu'ils sont vraiment en honneur au-

---

[1] *Duravit artificibus generosus veræ laudis amor, quamdiù populis
regibusque artium reverentia mansit ; et postquàm pecuniæ amor eam
ex animis hominum ejecit, defecerunt et ipsi artifices.*

PETRON., de Artis exit.

près du souverain et auprès du public. Mais ce public
a besoin d'être éclairé ; son goût est encore peu délicat et peu sûr : si les artistes qu'il honore déjà veulent lui apprendre à les bien juger, qu'ils ne lui laissent
voir ni préventions d'école ni animosités de parti ; qu'ils
ne lui donnent pas lieu de croire que des rivalités d'a-
mour-propre ont une grande influence sur leurs propres
idées et leurs propres décisions. Lorsque Vespasien ,
après de longues discordes civiles, eut rassemblé les
tableaux et les statues qui avaient échappé à leurs fureurs, il voulut déposer ce trésor national dans un lieu
où les peintres, les statuaires, les savants de Rome,
pussent venir l'admirer et s'en entretenir : jaloux de
leur offrir à la fois une sage leçon et de beaux modèles,
il choisit le Temple de la Paix.

ESSAI

SUR LES LIMITES QUI SÉPARENT

ET LES LIENS QUI UNISSENT

LES BEAUX-ARTS.

(1816.)

ESSAI

SUR LES LIMITES QUI SÉPARENT

ET LES LIENS QUI UNISSENT

LES BEAUX-ARTS.

(Placé comme discours préliminaire en tête du *Musée royal* publié par Henri Laurent [1].)

Un statuaire, peut-être Scopas, tire d'un bloc de marbre cet Apollon qui surpasse en beauté ce qu'a de plus beau la nature vivante : d'une pierre un homme fait un dieu. Raphaël prend une toile grise et quelques couleurs : le prince de la milice céleste, l'archange Michel, descend sur cette toile, y triomphe du prince des ténèbres, et reprend son vol vers les cieux. Raphaël a fixé sur une autre toile cette Sainte Famille où une Vierge mère et un Dieu enfant offrent aux regards

[1] 2 vol. grand in-folio. Paris, 1816—1848.

tout ce que la virginité, la maternité, la divinité et l'enfance ont de plus touchant et de plus auguste : ce chef-d'œuvre est unique ; il n'existe que dans un coin du monde, et ne peut être admiré que d'un petit nombre de spectateurs : Edelinck l'étudie ; une plaque de cuivre et un acier tranchant lui suffiront pour le reproduire : le monde entier peut jouir du chef-d'œuvre de Raphaël.

Heureuse et féconde association des arts, qui nous paraîtrait un prodige si le prodige n'était journalier ! Quels seraient le ravissement et la surprise d'un être qui, entièrement étranger à nos habitudes, et doué cependant de facultés très-développées, capable de tout connaître et de tout sentir, mais n'ayant encore aucune idée de ce que peut l'homme et de ce qu'il a fait, se verrait tout-à-coup transporté devant ces merveilles du génie humain ! S'il étudiait ensuite notre histoire, s'il y suivait le développement graduel des talents et des arts, s'il assistait dans nos ateliers à leurs procédés, à leurs travaux, son étonnement disparaîtrait ; il trouverait, dans la nature et dans les facultés de l'homme, le principe et les armes de sa puissance ; mais encore plein de ce vif transport que cause la nouveauté, il contemplerait avec délices ces chefs-d'œuvre qu'il s'expliquerait sans cesser de les admirer.

La nouveauté n'existe pas pour nous, et notre admiration en est un peu refroidie. Nous n'avons pas du moins ce sentiment vif et entraînant qui devrait nous saisir au premier aspect des ouvrages d'un Scopas, d'un Raphaël, d'un Edelinck. Pour en comprendre toutes les beautés, la réflexion et l'étude nous sont nécessaires : mais lorsqu'elles ont préparé notre esprit et développé en nous une sensibilité et une intelligence analogues à celles qui ont inspiré l'artiste, notre enthousiasme se réveille : nous sentons avec vivacité, nous admirons avec transport, et le génie a sa récompense.

C'est à susciter en nous cette sensibilité qui jouit vivement des beautés de l'art, et à former ce goût qui les juge, que doivent tendre les écrits dont les Beaux-Arts sont l'objet. Quoi de plus propre à atteindre ce but qu'un ouvrage où les chefs-d'œuvre de la sculpture et de la peinture, fidèlement reproduits par la gravure, remettent sans cesse sous nos yeux et les principes qu'ont suivis les grands maîtres, et les applications qu'ils en ont su faire? La théorie des arts, leur histoire, celle des artistes, tout ce qui peut intéresser ceux qui les étudient et ceux qui les aiment, se rattache naturellement à un tel recueil de leurs plus belles productions. Les questions les plus importantes, les faits les plus curieux se présentent ainsi successivement à l'esprit du connaisseur éclairé, qui, ayant réfléchi sur la nature intime des arts et bien instruit des lois auxquelles les soumet cette nature même, sait admirer

les beautés qu'ils peuvent produire en respectant ces
lois, et reconnaître les défauts auxquels ils s'exposent
en s'en écartant.

Je suis loin de prétendre à traiter ici toutes ces questions et à parcourir toute cette histoire. Forcé de res-
treindre mes réflexions et mes recherches, je m'atta-
cherai à indiquer les principaux points de vue sous
lesquels on doit considérer les arts pour apprendre à les
bien sentir et à les bien juger : je tâcherai de découvrir,
dans la nature même de leurs procédés et de leur but, les
règles que la raison leur impose : j'essaierai de fixer
ainsi les premiers degrés de cette échelle que le génie
parcourt rapidement, et comme par une sorte d'inspiration, pour s'élever à cette perfection sublime, objet de
ses plus laborieux efforts et fruit de ses plus nobles travaux. Heureux si je puis, en devinant quelques-uns
de ces secrets dont souvent le génie ne se rend pas
compte à lui-même, accroître encore l'admiration que
doivent inspirer ses ouvrages et le respect dû à ces lois
dont l'observation contribue si puissamment à ses
succès !

Dans des temps où l'enthousiasme et le génie étaient
plus communs que les lumières, la sculpture et la
peinture ont été l'objet de vives et longues querelles.
On disputait sur la question de savoir auquel des deux
arts appartient la prééminence : on portait dans cette

comparaison la hauteur de l'orgueil et la fureur de la jalousie : les peintres et les statuaires s'épuisaient en vaines subtilités pour découvrir dans le but de leur art, dans ses moyens, dans son histoire, quelque principe de supériorité ; et les hommes du moyen-âge, trop enclins à se payer de mauvaises raisons pourvu qu'elles parussent ingénieusement trouvées, perdaient leur temps à ces ridicules querelles, qu'ils croyaient d'une grande importance.

On serait fort étonné aujourd'hui de voir un sculpteur, pour prouver l'excellence de son art, vanter la sagesse de celui qui, ayant à faire deux statues de la sculpture et de la peinture, fit la première d'or, la seconde d'argent, et plaça celle-ci à gauche, tandis que l'autre se trouvait à droite[1]. La surprise serait plus grande encore si l'on entendait un peintre, jaloux de réfuter ce double argument, répondre que la fameuse Toison d'or ne couvrait qu'un mouton sans intelligence, et qu'ainsi la sculpture pouvait bien n'être qu'un art misérable, quoique sa statue eût été faite en or[2]. Telles étaient cependant les raisons que donnait et réfutait sérieusement la subtilité du quinzième et du seizième siècle. Ces disputes occupent une longue place dans le *Recueil des Lettres sur la peinture, la sculp-*

---

[1] Vasari, *Vite de' Pittori*, etc., t. I, p. 193, édit. de Milan, 1807.
[2] *Ibid.*

ture, etc[1]. Vasari a cru devoir les rapporter avec détail et quoiqu'il ait le bon sens de les désapprouver, il a soin d'en parler avec la gravité convenable, et d'en dire son avis comme s'il s'agissait du procès le plus sérieux.

Cette importante question est restée indécise comme tant d'autres, mais du moins elle a été abandonnée. Les sculpteurs et les peintres modernes préfèrent encore sans doute l'art qu'ils cultivent à celui qu'ils ignorent, mais ils ne prétendent plus se contraindre réciproquement à en reconnaître la supériorité. On ne s'occupe plus de chercher si la sculpture est un art plus noble que la peinture ; mais ce qui importe encore, c'est d'examiner par où ces deux arts se touchent et en quoi ils diffèrent, ce qu'ils peuvent ou ne peuvent pas s'emprunter l'un à l'autre, quels sont leurs domaines distincts, les limites qui les séparent, quel est enfin le but particulier vers lequel chacun d'eux doit tendre, et qu'il ne saurait perdre de vue sans danger. La discussion de cette question véritablement sérieuse me paraît propre à jeter quelque lumière sur la nature des arts, et par conséquent à éclairer, dans leurs études, les artistes qui cherchent à atteindre la perfection propre à l'art qu'ils exercent, aussi bien que les amateurs qui veulent asseoir leur jugement sur des bases solides et raisonnées.

---

[1] *Raccolta di lettere sulla pittura, scultura,* etc., t. I, p. 7, 11, 43 ; t. III, p. 70, 75, 161, 162.

Michel-Ange, après avoir exercé sur les arts, pendant plus de soixante ans, une influence due à la supériorité de son talent et à son caractère aussi imposant que son génie, mourut enfin, laissant une école nombreuse, accréditée et bien décidée à marcher encore sur les traces du grand homme qu'elle avait si long-temps suivi. Florence en était le centre : on y voyait fort peu de tableaux de la main du maître qui n'avait jamais aimé la peinture à l'huile, parce qu'il la trouvait, disait-il, « un art de femmes, et d'artistes mous « et paresseux ; [1] » ses grandes fresques étaient à Rome ; le fameux carton de dessins qu'il avait composés, en concurrence avec Léonard de Vinci, avait été détruit, soit par la jalousie de Baccio Bandinelli [2], soit par accident ; ses statues étaient presque les seuls modèles offerts à l'imitation de ses admirateurs qui voulaient toujours être ses élèves. Il les étudièrent avec ardeur ; leur imagination s'en pénétra, leur goût se forma d'après elles : et l'on vit paraître, dans les œuvres des peintres de cette école, cette raideur du marbre (*quella rigidezza statuaria*), dont l'étude de la nature aurait

---

[1] Lanzi, *Storia pittorica dell' Italia*, 3e édit., t. 1, p. 138.

[2] Baccio Bandinelli a été accusé d'avoir mis en pièces ce carton de Michel-Ange, soit qu'après l'avoir étudié lui-même il ne voulût pas que d'autres en profitassent, soit que, partisan de Léonard de Vinci, il voulût anéantir la preuve de la supériorité de Michel-Ange, son rival. Voyez Lanzi, *Storia pittorica dell' Italia*, t. I, p. 135 Vasari, *Vite de' pittori*, t. XI, p. 257.

pu seule les préserver. « Vous verrez dans quelques-uns
« de leurs tableaux, dit Lanzi, un amas de figures
« placées l'une au-dessus de l'autre, on ne sait sur
« quel plan ; des visages qui ne disent rien, des acteurs
« demi-nus qui ne font qu'étaler pompeusement,
« comme l'Entelle de Virgile, *magna ossa lacertosque.*
« Vous y verrez une pâle couleur de genêt substituée
« au bel azur et au beau vert naguère en usage ; des
« teintes maigres et superficielles y remplacent l'em-
« pâtement fort et plein des grands maîtres, et le grand
« art du relief, tant étudié jusqu'à André del Sarte,
« semble tombé en désuétude [1] »

Cet exemple, renouvelé plusieurs fois [2], ne nous permet pas de douter que l'imitation de la sculpture n'ex-
pose la peinture à tomber dans de graves erreurs : ce
n'est pas pour avoir copié des statues de Michel-Ange
que les peintres de son école eurent les défauts que
nous venons de rappeler : ils purent en prendre quelque exagération dans l'expression et dans l'étalage des
connaissances anatomiques ; mais leur plus grand mal
vint d'avoir surtout étudié et copié des statues. Ce fait,
bien reconnu, avoué des Italiens eux-mêmes, nous
servira de point de départ pour la recherche des causes

---

[1] Lanzi, *Storia pittorica dell' Italia*, t. I, p. 185.
[2] Voyez ce que dit Lanzi du style de Pierre Berrettini, de Cortone,
qui s'était formé par l'étude des bas-reliefs, *ibid.*, p. 272, 274, et de
l'école romaine, après Raphaël, t. II, p. 85-86.

qui ont pu produire de pareils effets : elles ont leur origine dans la nature même des arts et dans ses inévitables conséquences.

On a mille fois répété que la sculpture avait pour but de représenter les formes des corps, et la peinture d'en offrir les apparences. Cette expression ne me paraît pas exacte. La peinture représente aussi les formes des corps, puisqu'elle en dessine les contours, et, en cherchant à les faire sortir de la toile, elle s'efforce de leur donner, à la vue, le relief qu'ils ont dans la réalité. Il y a donc, dans le but de ces deux arts, beaucoup de similitude ; mais il y a aussi de grandes différences, et les moyens qu'ils emploient pour y arriver n'étant en rien les mêmes, ils doivent suivre des routes distinctes, qui ne se croisent et ne se rencontrent jamais.

Le statuaire prend une masse d'argile ; son modèle est devant ses yeux, comme il était, suivant Platon, dans la pensée de la Divinité : il tourne autour de ce modèle, l'examine sous toutes les faces, en mesure en tous sens les dimensions. Il en connaît la charpente ; il sait quelle est la forme, la longueur, la grosseur des os, comment ils s'attachent les uns aux autres, quels sont les muscles qui les recouvrent et les font mouvoir. Il établit d'abord cette charpente osseuse ; par dessus il place les muscles, leur prête l'attitude et le mouvement que doit prendre sa statue, et enveloppe ensuite cet édifice des chairs qui doivent lui donner la hauteur, l'épaisseur et les formes réelles de l'homme. C'est ainsi que les pierres gravées de l'antiquité nous offrent Prométhée travaillant à son sublime ouvrage. Quand le marbre sera venu remplacer l'argile, quand il aura pris sous le ciseau de l'artiste la finesse de nos traits, quand sa surface nous présentera les ondulations de la chair et ces formes du dessus qui recouvrent, en les laissant deviner, les formes du dessous qui les soutiennent, venez tourner autour de cet homme de pierre qui, en tous sens, au toucher comme à la vue, ne diffère de l'homme vivant que par son immobilité, sa dureté et sa couleur ; vous y trouverez, à quelques détails près, tout l'extérieur de votre être physique.

Le peintre veut à l'aide des couleurs, fixer, sur une surface plane, des figures qui s'offrent à l'œil du spectateur comme elles se présentent dans la réalité, vues à distance. L'œil ne découvre à la fois qu'un côté des objets, mais ce côté n'est point une surface plane ; c'est la partie du corps qui se trouve en face des yeux du spectateur, et que terminent les contours formés par la ligne sinueuse qui sépare la portion antérieure et visible de la portion postérieure qu'on ne voit point. C'est à ces contours que s'arrête le domaine du peintre ; ils déterminent pour lui la forme des objets, et son art consiste à donner, à l'espace renfermé sur la toile entre ces lignes, les mêmes apparences visibles que présente dans les objets réels l'espace renfermé entre les lignes correspondantes. La peinture repose donc sur ce même effet d'optique qui, dans le monde physique, nous fait juger à l'œil, par la fuite des contours et la variété des ombres et des lumières, de la saillie, de la forme et de la distance des objets.

C'est en distribuant sur la toile, dans les limites fixées par les contours, les ombres et les lumières comme elles se distribuent dans la nature, en y plaçant les couleurs comme elles sont placées dans la réalité, et en modifiant tantôt les ombres et les lumières d'après les couleurs sur lesquelles elles tombent, tantôt les couleurs d'après les ombres et les lumières qui les éclairent ou les éteignent, et qui en déterminent ainsi les nuances et les dégradations, que le peintre arrive à cette représentation fidèle et vivante des objets visibles, but de son art et de ses efforts.

Telle est la nature de la sculpture et de la peinture : tels sont leurs domaines et leurs moyens particuliers.

Elles n'ont donc en commun que le dessin, avec cette différence que le dessin du sculpteur embrasse la forme entière des corps dans les trois dimensions de la longueur, de la largeur et de la profondeur, tandis que celui du peintre se borne aux deux premières, et ne nous fait sentir la troisième que par l'effet des ombres, des lumières et des couleurs.

L'essence de ces deux arts ainsi déterminée, quels sont, dans l'immensité de la nature, les objets qui semblent appartenir plus particulièrement à chacun d'eux?

Ce serait une absurdité de prétendre resserrer les arts dans des bornes fixes et immuables : nous ne devons point leur dire comme le Créateur à la mer : « Tu iras jusque là et pas plus loin. » Le génie a des ressources immenses; laissons-le tenter ce qu'il conçoit, et s'élever aussi haut que pourront le porter ses ailes : mais il doit apprendre à diriger son vol.

Les arts ont chacun une nature déterminée et des limites qu'il importe de reconnaître pour indiquer à l'artiste le danger qu'il court en les dépassant. Si le génie, en enfreignant les règles qu'elles lui imposent, produit encore des beautés, ce ne sera pas pour avoir enfreint ces règles; ce sera parce que, même dans ses écarts, il est toujours le génie ; la médiocrité s'instruira du moins à éviter des défauts pour lesquels elle n'aurait point de compensation à offrir.

Les arts plastiques peuvent représenter des situations ou des actions, car c'est là ce que leur offrent continuellement l'homme et la nature. On devine sans peine que le premier de ces états est essentiellement du domaine du sculpteur, tandis que le second appartient plutôt à celui du peintre [1].

---

[1] *La Pittura altro non è che l'imitazione dell' azioni humane.* « La peinture n'est que l'imitation des actions humaines. » *Osservazioni di Nicolò Pussino sopra la pittura.* Voyez Bellori, *Vite de' Pittori, scultori,* etc., édit. de Rome, 1672, p. 460.

La sculpture représente des formes : leur vérité et leur beauté sont ses moyens pour réussir et pour plaire ; elle ne doit prétendre qu'à la vérité à laquelle elle peut atteindre ; et comme, en fait de beauté, rien ne borne ses efforts et ses succès, comme elle a, dans ses propres ressources, de quoi s'élever en ce genre à la plus haute perfection, elle ne doit jamais perdre de vue un but qui lui semble spécialement réservé et qui lui assure ses plus glorieux triomphes. Elle s'appliquera donc constamment à concilier la vérité avec la beauté, et elle repoussera les vérités auxquelles la beauté serait nécessairement sacrifiée. Tout ce qui altérera les formes de manière à en détruire la beauté, sera banni du domaine de la sculpture, qui n'aurait point, pour compenser cette perte, l'avantage de pouvoir arriver à cette illusion de vérité qui plaît quelquefois, même en offrant aux yeux un objet peu agréable. Dépourvue en effet de ces richesses de la couleur, de ce feu des regards où se manifeste l'expression de l'action, la sculpture ne parvient à rendre cette expression qu'en altérant les formes, seul moyen d'imitation dont elle dispose. Quand l'homme agit, tout en lui concourt à l'action ; son teint change, ses regards prennent un autre caractère ; et frappés à la fois de ces circonstances qui se réunissent, les spectateurs ne fixent pas toute leur attention sur l'altération des formes, résultat nécessaire de l'action. Le peintre qui peut reproduire toutes ces circonstances

et en obtenir le même effet, n'a pas besoin d'altérer
beaucoup les formes et de sacrifier la beauté à l'expression. Mais personne, je crois, ne trouverait belle une
belle femme au désespoir, s'il ne voyait que cette décomposition des traits qui accompagne le désespoir et
les larmes; ce sont les nuances du teint, la transparence de la peau, la couleur des yeux, l'expression des
prunelles qui nous charment encore dans cette situation; toutes choses que la sculpture ne saurait rendre
et qu'elle ne peut remplacer, si elle prétend au
même degré d'expression et de vérité, que par une altération des formes souverainement désagréable à l'œil.

La sculpture a d'ailleurs quelque chose de plus immobile que la peinture. La pesanteur du marbre, le
défaut de couleurs ne permettent pas à l'imagination
de croire au mouvement d'une statue, de s'abandonner
à un moment d'illusion. Quand la vie de l'homme ne
se manifeste pas par ses mouvements, elle paraît encore
dans sa carnation, dans cette fluidité du sang qui perce
à travers la peau et qui semble dire qu'il va se mouvoir
et agir. Aussi une figure peinte paraît-elle moins immobile qu'une statue, parce que le peintre a pu lui donner,
dans son immobilité, tous les caractères de la vie : le
marbre n'en a aucun : il est donc moins propre à
représenter toute espèce d'action, et si l'artiste lui a
fait revêtir une de ces expressions violentes qu'offre
quelquefois la nature, elle prend quelque chose de la

dureté, de la solidité de la pierre, et paraît plus stable, plus durable, plus éternelle, si je puis le dire, qu'elle ne paraîtrait sur la toile. Or, toute expression violente, étant, comme on sait, passagère, et les arts devant éviter, autant que possible, de fixer à jamais ce qui doit passer en peu d'instants; la sculpture est moins propre qu'un autre art à repésenter ce genre d'expression, puisque le moyen de représentation dont elle se sert semble ajouter encore à son immobilité et à sa durée[1].

Toute action violente est donc hors du domaine de la sculpture : Puget est tombé dans une grande erreur s'il a cru, en faisant son *Milon de Crotone,* pouvoir s'autoriser de l'exemple du *Laocoon.* Qu'on y regarde de près; il y a une action dans le Laocoon, et certes une action terrible : cependant, l'action n'est point ce qui y domine; le statuaire s'est surtout appliqué à peindre l'état d'un homme qui souffre cruellement d'une action violente : son affreuse douleur n'est pas dépourvue de calme, et la contraction de ses muscles annonce la souffrance plutôt que la résistance; car si tout y est contracté, rien n'y est tendu. Dans le Milon, au contraire, c'est l'action même la plus violente que le sculpteur s'est donné à représenter, ou plutôt il a voulu nous offrir deux actions violentes et réunies : Milon s'efforçant d'une part de retirer sa main enga-

---

[1] Voyez le Salon de 1765, de Diderot, dans ses *OEuvres complètes,* édition de Naigeon, t. XIII, p. 321.

7.

gée dans l'arbre, et de l'autre, de repousser le lion qui le dévore. Si Puget avait voulu atteindre complétement le but qu'il s'était imposé, sa statue eût été des pieds à la tête dans la tension la plus rude : le bras gauche aurait été tendu pour se dégager, le bras droit pour repousser le lion : aucun muscle, dans cette complication de deux actions violentes, ne devait rester lâche et inactif : Puget semble avoir renoncé à rendre l'une des deux actions ; le bras engagé dans le tronc n'agit pas fortement pour en sortir ; il est souple, abattu, et n'offre presque aucune trace de tension : l'autre bras n'écarte le lion qu'avec mollesse ; c'est dans les extrémités inférieures, dans les cuisses, dans les genoux, dans les jambes, dans les pieds que se manifeste toute la tension ; de là résulte, à mon avis, un défaut d'ensemble qui s'explique par la nature même du sujet : si ce sujet eût été complétement reproduit, la statue n'eût offert qu'un aspect désagréable, et Puget, en sacrifiant une des deux actions que Milon avait à exécuter, n'a pu cependant s'attacher uniquement à l'autre. Dans la tête et dans les bras de Milon, il y a plus de douleur que de résistance ; dans les cuisses, les jambes et les pieds, il y a plus de résistance que de douleur.

Cet exemple fait déjà pressentir que toute action compliquée est naturellement étrangère à la sculpture. Je n'ai pas besoin d'insister sur la difficulté, je pourrais dire l'impossibilité de rassembler et de grouper

toutes les figures nécessaires pour rendre une action
de ce genre. Seront-elles éloignées ? comment établir
entre elles la connexion qui doit les unir ? seront-elles
rapprochées, serrées ? comment le marbre se prêtera-t-
il à cette élasticité de la chair au moyen de laquelle
des membres qui se touchent, se pressent et s'aplatis-
tissent selon la convenance ou la nécessité ? Cet apla-
tissement est l'altération des formes la plus hideuse en
sculpture, et les auteurs du Laocoon se sont bien gar-
dés de faire écraser par les nœuds des serpents les
jambes et les bras des enfants qui en sont entourés[1].
Comment introduire enfin entre des statues, dans les
nombreux personnages dont se compose une grande
action, cette variété d'expressions, cette diversité qui
tiennent non-seulement à la différence des tailles et
des formes, mais à celle du coloris, du regard, du
costume, et à une infinité de circonstances que la sculpture ne saurait reproduire ?

Quand les sculpteurs de l'antiquité ont voulu représenter les Muses, ils n'ont point essayé de les rattacher
à une action générale, de les grouper, de les réunir :
ils ont exécuté chaque muse séparément, isolée, dans
l'état et avec les attributs qui lui convenaient ; chaque
statue a fait un tout à elle seule, et ils ont laissé à la
peinture le soin de les rassembler en un même tableau.

---

[1] *Œuvres complètes* de Diderot, édit. Naigeon, t. XIII, p. 324.

Je crois inutile de dire qu'il est en outre une infinité
d'actions qui, par leur nature même, se refusent posi-
vement à la sculpture, tandis qu'elles peuvent fournir
à la peinture des chefs-d'œuvre : telles sont, par exemple, toutes celles où la scène n'est pas attachée à la
terre : l'*Assomption de la Vierge* et le *Ravissement de
Saint-Paul* ont été pour Le Poussin le sujet de deux
tableaux admirables ; qu'en eût tiré un sculpteur ?
qu'eût-il fait de l'enlèvement de Ganymède ?

Ainsi les sujets les plus propres à la sculpture, ceux
où elle peut déployer toutes ses beautés sans courir le
risque de tomber dans des défauts inévitables, sont
ceux qui représentent des états fixes, des situations
individuelles plutôt que des actions ; et si le statuaire
essaye de représenter une action, elle doit être simple
et peu violente ; le Jason qui remet sa sandale en est
un bel exemple, et la longue liste des chefs-d'œuvre de
l'antiquité confirme pleinement cette idée.

Elle s'appuie d'ailleurs sur les procédés mêmes par
lesquels le statuaire exécute son ouvrage : ces procédés
sont trop lents pour se prêter convenablement aux
sujets qui ont besoin d'être traités avec une énergie
rapide. Dès que le peintre a saisi, dans sa pensée, l'ex
pression, le caractère de tête qui conviennent à une
action violente ou à la mobilité des actions multipliées
qu'exercent les uns sur les autres des personnages
différents, il peut, de quelques coups de pinceau, les

fixer sur la toile, et profiter ainsi de tout le bonheur d'une inspiration sublime, mais passagère. Regardez l'*Enlèvement des Sabines* du Poussin ; croyez-vous que ces expressions fortes et variées où se peignent le trouble, l'effroi, la fureur, aient été le fruit d'une étude longue et réfléchie ? Ne reconnaissez-vous pas dans cette admirable ébauche la rapidité de cet éclair de génie qui brille et disparaît si promptement que, si l'artiste ne le saisissait au passage, il ne le retrouverait peut-être jamais ? Ce n'est pas là ce qu'il faut au sculpteur ; il a besoin d'un sujet qu'il puisse méditer longtemps et avec calme, qui exige plus de profondeur de sentiment que d'emportement et de verve ; d'un sujet propre à nourrir dans sa pensée cet enthousiasme soutenu qui retient et garde les traits ou les expressions qu'il veut reproduire, plutôt que cette vive exaltation qui a besoin de manifester au dehors ce qui l'a fait naître presque aussi vite qu'elle l'a conçu[1]. Michel-Ange lui-même, malgré toute l'ardeur de son génie, n'a pu mettre dans ses statues autant de feu que dans ses fresques, parce que la lenteur du procédé s'y opposait invinciblement. Les sculpteurs de l'antiquité ont représenté souvent

---

[1] « La sculpture, dit Diderot, suppose un enthousiasme plus opiniâtre et plus profond, plus de cette verve forte et tranquille en apparence, plus de ce feu couvert et caché qui bout au dedans. C'est une muse violente, mais silencieuse et secrète. » *OEuvres de Diderot*, édit. de Naigeon, Salon de 1765, t. XIII, p. 320.

la douleur, jamais la colère, parce que la douleur est un état permanent, qu'on peut étudier, dont on peut se pénétrer et retenir l'image, tandis que la colère est un état passager qu'il faut saisir et fixer d'un trait. Ce qui nous reste de leurs ouvrages et la sagesse reconnue de leur jugement me porte à croire même que les grands maîtres n'ont jamais fait à cet égard d'inutiles tentatives. Qui ne rirait à l'aspect d'une statue en fureur?

Le résultat le plus important et le plus positif que l'on puisse tirer de ces réflexions, c'est que le caractère essentiel de la sculpture est la simplicité : simplicité dans le choix du sujet, simplicité dans l'expression, simplicité dans les formes, dans les attitudes, telle est pour le statuaire la première loi à observer pour produire de beaux ouvrages, et même pour n'en pas produire de ridicules.

La simplicité dans l'expression est nécessaire, c'est-à-dire que le sculpteur ne doit chercher à exprimer qu'un seul sentiment, une seule passion (si tant est qu'il puisse exprimer une passion), ou du moins des sentiments peu nombreux et analogues qui se combinent et se manifestent sans effort. Comment représenterait-il des sentiments très-différents ou contradictoires? Leur combat donne aux formes des traits une incertitude, une hésitation qui ne conviennent point à la sculpture parce qu'elle n'a aucun moyen de les expliquer, de les

soutenir par les regards, les couleurs, et l'ensemble
d'une grande action. Le sculpteur n'a à sa disposition
que des formes ; chaque sentiment modifie ces formes
d'une manière différente, et il ne peut les modifier que
d'une seule manière. Si l'auteur de l'Apollon a pu
placer à-la-fois, sur le visage du dieu, la fierté, le
contentement et le dédain, c'est que ces émotions se
ressemblent, se touchent et se confondent aisément en
une expression unique ; le dédain repose dans les
sourcils et sur les lèvres, tandis qu'une joie fière brille
dans le reste des traits, dans le mouvement du cou et
dans la pose de la figure. On a prétendu trouver dans
la tête du Laocoon le caractère de l'affection paternelle
mêlé à celui de la douleur ; cette prétention me paraît
sans fondement . je n'y vois qu'une douleur forte,
profonde ; ce que cette douleur peut avoir de moral
n'est autre chose que le sentiment de la force impuis-
sante ; et en général, tous les chefs-d'œuvre de la sculpture antique n'offrent, à mon avis, qu'une expression
unique, simple, et bien déterminée, comme cela convient à la nature de l'art.

Quant à la simplicité des formes, on sait combien
elle est essentielle à la beauté ; ces lignes droites, ces
contours peu sinueux, ces traits carrés, ont un caractère de grandeur qui se fait sentir au premier aspect ;
mais on n'a peut-être pas assez remarqué à quel point
cette simplicité était fondée sur l'essence même de l'art

et de ses moyens. Si le sculpteur cherchait à imiter la nature dans ses détails, il ne parviendrait jamais à produire l'effet qu'elle produit, et il perdrait celui qui est propre à son art. Les grands maîtres de l'antiquité ne travaillèrent les cheveux que par masses, parce qu'ils sentirent que le marbre n'était pas de nature à se découper en fils déliés, et que s'il prétendait à une légèreté réelle, il serait nécessairement lourd, tandis qu'en le taillant en masses, larges et bien détachées, on pouvait, à la faveur des effets de lumière, lui donner les apparences de la légèreté. Ils ne mirent point de prunelles dans les yeux de leurs plus belles statues, parce que la prunelle n'étant point dans l'intérieur de l'œil une forme saillante, le petit contour creux par lequel il fallait la marquer avait quelque chose de mesquin qui nuisait à la grandeur ; peut-être aussi voulurent-ils éviter de donner par-là aux regards une fixité qu'ils n'ont point naturellement. Mais la principale raison de la simplicité qu'on observe dans les larges plans dont se forme la surface de leurs statues, a tenu, si je ne me trompe, à leur prévoyance des effets que devait produire la lumière en les éclairant. Nul doute que la superficie du corps humain ne soit beaucoup plus inégale, beaucoup plus détaillée, beaucoup moins simple que celle des statues ; les ondulations de la chair y sont plus nombreuses ; les plis de la peau s'y multiplient à l'infini ; elle offre beaucoup plus de creux et de saillies. Les statues étant destinées à être vues à distance, non-seulement ces détails sont inutiles parce qu'ils seraient perdus, mais ils nuiraient à l'effet général. La lumière qui tombe sur le marbre ne l'éclaire point comme 'elle éclairerait le corps humain dans la même attitude et exposé au même jour. La transparence de la peau, la couleur du sang qui coule en-dessous, les mouvements continuels de cette surface élastique, amortissent l'éclat des blancs, diminuent les gris des ombres, et fondant ensemble toutes les teintes, empêchent que ces innombrables petites inégalités qu'offre la superficie des corps ne produisent des contrastes de clair et d'obscur trop multipliés et trop crus. Sur la pierre, au contraire, tous les clairs sont brillants, toutes les ombres sont bientôt noires; si la lumière était continuellement arrêtée et coupée par de nombreux détails, si elle avait sans cesse à éclairer de petites saillies ou à se perdre dans de petits creux, elle deviendrait dure, heurtée, sans harmonie, et la statue n'offrirait plus qu'un aspect désagréable. Il a donc fallu simplifier beaucoup la surface du corps, la tailler en masses larges et presque unies, pour que la lumière; en y tombant, produisît des effets grands, harmonieux, et pour que ses dégradations s'opérassent insensiblement, sans dureté et sans sécheresse, sur la rondeur de formes peu détaillées. Cet effet devient très-sensible quand on compare les statues où ne se trouve point

l'indication des veines, comme l'*Apollon*, avec celles
où ces veines sont marquées, comme le prétendu
Gladiateur : les premières paraissent éclairées d'une
manière beaucoup plus belle et plus harmonieuse,
parce que rien n'y brise la lumière, n'en rétrécit les
masses, et n'en durcit la dégradation dans les demi-
teintes qui précèdent les grandes ombres.

La simplicité des attitudes est le résultat nécessaire
des sujets qui conviennent à la sculpture : un état
calme et individuel, une action peu compliquée et peu
violente, n'offrent point de poses extraordinaires et
difficiles; ce n'est que dans la chaleur d'une grande
action, dans les mouvements d'une passion forte, que
le corps humain prend des attitudes pénibles et momen-
tanées. La principale loi à observer à cet égard, et cette
loi est commune à la peinture et à la sculpture, c'est
que la pose de la figure ait un rapport direct et nécessaire avec l'action ou l'état qu'elle est destinée à représenter. Toute pose proprement dite, c'est-à-dire toute
attitude qui n'a d'autre but que celui de placer les
membres dans un développement théâtral, doit être
bannie de la sculpture même : les anciens ne nous en
ont donné aucun exemple : dans celles de leurs statues
qui représentent une action, comme le *Gladiateur*, le
Discobole prêt à lancer son disque, le *Jason*, etc., la pose
est entièrement déterminée par le genre de l'action;
elle n'offre rien d'étranger à ce but; et dans les autres,

elle est toujours simple et facile, telle que peut la prendre naturellement et sans intention une figure en repos.

Si, après avoir jeté rapidement un coup d'œil sur le genre de sujets que doit adopter de préférence la sculpture, et sur les principes particuliers qui doivent en régler l'exécution, nous tournons nos regards vers la peinture, un champ plus vaste et plus riche s'ouvre devant nous. Tous les objets que présente la nature, c'est-à-dire tout ce qui, dans ces objets, appartient au sens de la vue, est de son ressort. Le paysage le plus étendu n'a point de lointains, point de détours qu'elle ne puisse nous faire apercevoir ou deviner; la vie la plus pleine et la plus active n'a point de grandes scènes dont elle ne s'empare : elle prend le Christ dans la crèche, le place entre les bras de sa mère, le suit en Égypte, le montre dans le temple, l'entoure de ses disciples, l'assied à la table sainte, le conduit au Calvaire, l'élève sur la croix, l'en redescend pour le déposer dans le Saint-Sépulcre, le réveille de cette courte mort, fait toucher ses plaies à saint Thomas étonné et le transfigure glorieusement au milieu des apôtres et du peuple. Après la vie du Christ, donnez-lui celle d'un héros : Alexandre, au passage du Granique, dans les plaines d'Arbelle, sous sa tente, n'a point fait de grandes actions que le pinceau de Lebrun ne sache s'approprier : ses exploits, sa clémence, son triomphe sont remis sous nos yeux, et cette histoire nous retrace les lieux, les circonstances : elle n'enlève aux objets ni leurs apparences, ni leurs couleurs; elle nous transporte au milieu des événements, des acteurs, et conserve à la figure de l'homme toutes les beautés dont elle est ornée, comme à l'histoire toute sa richesse.

Mais pour atteindre à ce grand but de l'art, que d'obstacles à vaincre et que d'effets à produire ! Tous les genres de difficultés se trouvent réunis dans la peinture historique : plus le nombre des sujets est immense, plus leur choix est important et malaisé; plus les moyens sont grands et nombreux, plus il est difficile de savoir les employer tous; et cependant tous sont nécessaires : une statue médiocre ne réussit guère; il faut de l'excellent en sculpture pour obtenir un grand succès; un tableau médiocre produit quelquefois un effet prodigieux [1]; l'éclat naturel de la peinture et des moyens par lesquels elle frappe les yeux séduit et trompe aisément les peintres; un grand coloriste se fie sur la magie de son pinceau ; un compositeur habile sur la belle ordonnance de ses scènes : on aspire rarement à tout faire quand on peut faire beaucoup sans tout réunir; et le peintre qui, après avoir conçu tous les mérites, toutes les beautés que peut rassembler un

[1] Voyez les *Réflexions sur la sculpture*, par Falconet, *OEuvres complètes*, éd. 1808, t. III, p. 12; et les *OEuvres complètes* de Diderot, t. XIII, p. 320.

tableau d'histoire, n'aurait rien négligé pour y arriver, pourrait seul nous dire ce qu'il lui en a coûté de travaux et d'efforts, ce qu'il lui a fallu de persévérance et de génie.

La réunion de tous ces mérites est peut-être au-dessus des forces de l'homme ; cependant son imagination la conçoit ; et si c'est le propre de son intelligence d'embrasser plus que ses bras ne peuvent étreindre, son devoir est de ne jamais perdre de vue cette perfection dont il n'approchera beaucoup qu'en ne cessant jamais d'y tendre.

Quels sont les sujets qui conviennent le mieux au peintre d'histoire ? comment doit-il les traiter ?

Le domaine de la peinture est si vaste qu'il serait absurde de prétendre à en déterminer rigoureusement l'étendue ; et les moyens qu'elle emploie sont si nombreux qu'il serait impossible de dire de quelles manières elle en doit faire usage. Mon principal but est d'indiquer les limites de cet art du côté où il touche à la sculpture : c'est dans cette intention seule que j'exprimerai quelques idées sur les sujets qui conviennent à la peinture, et sur les principales règles qui doivent présider à leur exécution.

Je viens de dire que l'état de repos, ou des actions tranquilles et simples étaient ce que le sculpteur devait représenter de préférence. Une latitude bien plus grande est accordée au peintre. S'il ne nous offrait que des figures isolées, il produirait beaucoup moins d'effet que le sculpteur, puisqu'il n'aurait pas, comme lui, pour nous intéresser et nous plaire, la ressource de nous faire admirer les formes du corps humain dans toute leur plénitude et toute leur beauté. Forcé d'ailleurs, par la nature de son art, de donner à ses figures toutes les apparences de la vie, des regards animés, des couleurs brillantes, les détails des traits, les finesses de la peau, il nous choquerait bien plus que le statuaire, en nous les montrant toujours dans un état immobile et inactif. Partout où l'homme croit voir la vie, il en cherche les résultats ; il demande de l'action à tout ce qui lui en paraît capable. Le peintre a dans son art tous les moyens de représenter les actions ; maître de donner à sa toile l'étendue qui lui est nécessaire, d'y grouper convenablement un grand nombre de figures, de multiplier les plans, et de prolonger presque indéfiniment l'espace à l'aide de la perspective, libre de rapprocher ou d'éloigner à son gré les acteurs, pouvant resserrer sur un même point et faire tendre vers un même but une foule de bras, de têtes, de jambes, à la faveur des différentes poses, des fuyants et des raccourcis, disposant enfin de mille ressources pour diversifier les caractères et les costumes, il est appelé, par la richesse et la chaleur de son art, à nous offrir ce que la nature a de plus animé et de plus riche, l'activité des hommes s'exerçant en tous sens, selon les situations où ils sont placés et les passions qui les possèdent.

Cette activité est donc le véritable domaine du peintre, et le nom seul de peintre d'histoire indique tout
ce qu'embrasse ce domaine. C'est l'histoire en effet,
cette immense série d'actions, qu'il doit faire revivre et
nous retracer. Il peut choisir parmi les grandes scènes
dont elle a conservé le souvenir. Depuis le testament
d'Eudamidas jusqu'aux batailles d'Alexandre, les sujets
les plus simples et les plus riches viennent s'offrir à son
pinceau. Son art consistera à en animer la simplicité
et à en faire ressortir la richesse, en empêchant qu'elles
ne dégénèrent, l'une en froideur et en sécheresse, l'autre en désordre et en confusion.

Le peintre ne doit donc emprunter du statuaire ni
l'ordonnance de ses groupes et de son tableau, ni les
attitudes de ses figures. La nature, dans l'état de repos,
prend d'elle-même et sans effort la pose la plus convenable au développement des formes, puisque alors
c'est uniquement la structure physique de ces formes et leur pesanteur relative qui déterminent la manière dont se placent les membres : quand l'action est
simple et bornée à un seul personnage, son attitude est
également simple et déterminée par cette action même;
l'artiste le pose comme il doit naturellement se poser
pour produire cette action, et ses formes prennent encore d'elles-mêmes le développement que l'action
exige : tels sont le *Ménandre assis*, le *Faune en repos*,
l'*Ariane endormie*, le *Jason*, le *Discobole*, etc.

Mais dès que l'action embrasse plusieurs figures, la part qu'y prend chacune d'elles détermine sa place et son attitude : en cessant d'être isolée, elle perd le droit d'être représentée et considérée uniquement pour elle-même ; c'est sur l'action que l'artiste doit appeler les regards, et non plus sur les acteurs ; il doit sacrifier ce qui, dans chaque pose particulière, pourrait retenir trop longtemps l'attention et la détourner de l'ensemble, fût-ce même aux dépens de chaque figure. Il ne cherchera donc plus principalement à développer de la manière la plus avantageuse les formes de ses personnages ; il ne les posera plus selon son choix ; il les placera dans la situation où ils doivent se trouver en concourant à une action dont chacun d'eux n'est plus qu'une partie [1].

Toute imitation de la sculpture devient alors un défaut, puisque le sculpteur, n'ayant qu'une figure à faire voir, peut ne s'occuper que d'elle seule et ne consulter, dans l'attitude qu'il lui donne, que l'intérêt personnel de cet acteur unique, tandis que le peintre doit sacrifier cet intérêt à celui de l'ensemble qu'il veut peindre. C'est pour cela que, dans les tableaux où domine l'imi-

---

[1] « Une composition doit être ordonnée de manière à me persuader qu'elle n'a pu s'ordonner autrement ; une figure doit agir ou se reposer de manière à me persuader qu'elle n'a pu agir autrement. » Diderot, *Pensées détachées sur la peinture. OEuvres complètes*, t. XV, p. 192.

tation de la sculpture, les figures paraissent isolées, sans rapports impérieux et directs avec celles qui les entourent, et revêtues ainsi d'un caractère théâtral que n'offre jamais la nature dans la mobilité des scènes animées et bien fondues qu'elle met sous nos yeux.

Quiconque a souvent examiné ces scènes et sait les concevoir vivement s'aperçoit bientôt que le mouvement et la variété d'une action étendue donnent, aux figures qui y concourent, des attitudes entièrement différentes de celles que prennent des figures isolées dont l'action ne s'étend pas au-delà d'elles-mêmes. Ainsi, un homme qui, pour s'exercer, fait des armes contre un mur, ne se place point en garde et ne se fend point comme celui qui fait assaut avec un autre : un homme qui jette une pierre pour apprendre à lancer avec force et avec adresse, n'a ni dans le bras, ni dans le reste du corps, le mouvement et la pose de celui qui jette des pierres à un ennemi : quoique leur action soit la même, leur intention est différente, et l'intention change le mode de l'action. Il y a dans la chaleur d'une action animée, dans les scènes qu'elle amène, dans les attitudes que font naître ces scènes, quelque chose de vif et de varié dont la sculpture ne peut donner l'idée et que la peinture doit reproduire. La flexibilité du corps humain prend, au milieu de ces mouvements rapides d'hommes qui se touchent et agissent puissamment les uns sur les autres, des formes que les sculpteurs anciens ont rarement essayé de rendre en ronde bosse, parce que cela ne convenait point à leur art, et que les peintres doivent étudier dans la nature s'ils veulent les faire passer sur la toile avec vie et vérité. Ainsi quand même le peintre croirait avoir trouvé dans la sculpture des modèles de poses analogues à l'action qu'il veut peindre, ces modèles lui seraient de peu d'utilité, et s'il les imitait, il ne ferait que des figures raides, étrangères à son action, sans effet comme sans harmonie.

On peut dire de plus que cette attention particulière et prolongée, donnée à chaque figure isolément, nuit essentiellement à une partie de l'art que le peintre ne saurait regarder comme trop importante ni étudier avec trop de soin : je veux parler du relief et de la perspective.

Il semblerait au premier coup d'œil qu'en étudiant avec soin des statues, les peintres devraient s'accoutumer à bien connaître ce grand art du relief, sans lequel il n'y a point de beaux tableaux. Cette distribution des lumières et des ombres, qui fait tourner une figure, est si nettement marquée sur le marbre exempt des illusions de la couleur, qu'un tel modèle paraît éminemment propre à montrer comment on doit s'y prendre pour produire sur la toile des effets analogues. Mais la réflexion et l'expérience ne tardent pas à prouver le peu de solidité de ce premier aperçu. Et d'abord il est aisé de remarquer que les jeunes peintres qui étudient les statues s'occupent presque uniquement des contours, et ne prêtent aux effets de lumière qu'une attention très-secondaire. Ils ont raison d'attacher une grande importance aux uns, et tort de négliger les autres ; c'est beaucoup, sans doute, d'avoir correctement et élégamment dessiné le contour d'une figure ; mais si elle reste plaquée sur la toile, si l'artiste ne sait pas l'en faire sortir par l'heureux contraste des chairs, des demi-teintes et des ombres, comment jouera-t-elle son rôle dans un tableau ? et quand il aurait appris, en examinant avec soin les effets du jour sur le marbre, à en faire tourner les formes, que sera-ce s'il ne sait pas les détacher du fond de la toile ? C'est là ce que ne peut guère apprendre l'étude même de l'antique : on étudie alternativement une statue sous toutes ses faces, sous différents jours ; mais on ne s'occupe presque jamais de la partie qu'on ne voit point, et du fond qui est derrière, peut-être à une grande distance ; le côté que l'on voit est le seul qu'on fasse ressortir : on n'obtient ainsi qu'une demi-saillie, et c'est pour cela que tant de figures peintes ressemblent à des copies de bas-reliefs en demi-bosse, attachées sur un fond plat, quoique la face antérieure en soit quelquefois bien arrondie.

L'art du relief s'étend bien au-delà de cette saillie incomplète ; il faut environner d'air une figure, laisser à l'imagination la liberté de tourner tout autour, et persuader à l'œil qu'elle est fort en avant de la toile, ou plutôt que le fond de la toile est bien loin derrière elle. C'est là ce que savent faire Paul Véronèse, le Guide, le Caravage, les Carrache, le Corrège, et ce qu'il faut étudier dans la nature où l'on place la scène du tableau, et à laquelle on en emprunte le fond.

Qui ne voit d'ailleurs que les contours du marbre ne se détachent point dans l'atmosphère de la même manière que ceux du corps humain ou de ses vêtements? Ces derniers ont quelque chose de flexible et de moelleux qui se fond bien davantage et se marie bien plus doucement avec l'air au sein duquel ils s'agitent : une figure humaine, isolée au milieu de l'espace, paraît moins sèche, moins tranchante qu'une statue; et, si les peintres se forment à l'école des statuaires, il y a lieu de craindre qu'ils ne sachent pas remplir d'air leurs compositions, et qu'ils ne tombent dans une sécheresse peu naturelle.

On doit craindre aussi qu'ils n'apprennent peu la perspective, cet art important et difficile de mettre chaque objet à sa place, d'en modifier les formes, la grandeur, la couleur, selon la distance ou le point de vue d'où il doit être considéré, et de multiplier ainsi, sur une surface plane et dans un espace déterminé, les plans et l'espace. Quand on a contemplé les *Noces de Cana*, quand on a admiré cette immensité d'étendue et cette multitude de figures qui la remplissent sans s'encombrer, parce que chacune d'el-

les se montre à l'œil comme elle apparaîtrait dans la
réalité, à sa place et dans sa position, on sait jusqu'où
doit aller en ce genre le talent du peintre, parce qu'on
a vu ce qu'il peut faire. Cela ne s'apprend point en
étudiant les statues ; et le penchant que donne cette
étude à traiter isolément chaque figure avec une attention trop concentrée, sans s'occuper avec assez de soin
de la rattacher à l'ensemble, paraît au contraire nui-
sible à cet art de la perspective sur lequel reposent les
plus grands effets de la peinture.

Tel est le côté fâcheux de l'influence que peut exercer, sur l'ordonnance, la composition et l'effet général
des tableaux, une étude trop exclusive des chefs-d'œuvre
même de la sculpture. Si de là nous passons à l'expression, nous reconnaîtrons encore que ce n'est point en
s'imitant que les peintres et les statuaires peuvent riva-
liser de génie et de succès. Les expressions empruntées,
de près ou de loin, par la peinture à la sculpture, sont
toujours froides ou exagérées.

On comprend aisément pourquoi elles doivent souvent être froides : les statues n'offrent point cette
richesse, cette variété, cette mobilité de sentiments que
présentent les traits de la nature : l'essence de cet art,
celle de la plupart de ses sujets ne lui permettent pas
même d'y prétendre ; et lorsque sur une tête dont le
caractère lui a été emprunté, viennent se placer les
apparences de la vie, on s'étonne encore davantage de

8.

trouver la froideur du marbre dans les traits que la couleur et les détails du visage de l'homme semblaient devoir animer. Cette froideur s'accroît par ce contraste, et détruit souvent l'effet de la beauté même.

Lorsque au contraire le peintre a pris de quelque statue une de ces expressions énergiques qui accompagnent une passion forte ou un état particulier de l'âme ou du corps, il augmente, par l'effet des regards, du coloris et de tout ce qui appartient à son art, l'impression que produit déjà cette altération des formes à l'aide de laquelle le sculpteur a rendu cette expression. Disposant, pour peindre les sentiments violents, tels que la douleur, d'une infinité de moyens que n'a point le statuaire, le peintre doit en user avec économie et les combiner avec art, pour se dispenser d'avoir recours à une exagération qui paraîtrait hideuse, même si elle était nécessaire. Quand, au lieu de profiter de cet avantage, il ajoute encore l'effet de toutes ses ressources à l'effet de la ressource unique qu'avait à employer son rival, il tombera nécessairement dans cette exagération qu'il devrait et qu'il pourrait éviter. C'est ce que Lanzi reproche avec raison aux élèves de Michel-Ange, lorsqu'il les blâme d'avoir transporté dans leurs tableaux « cette structure de membres, ces saillies et ces enfon- « cements de muscles, cette sévérité de traits, ces atti- « tudes de corps et de mains qui forment le caractère

« terrible de ce grand-maître[1]. » Ils les exagéraient peut-être en les copiant ; mais quand ils n'auraient fait que les copier, c'eût été les exagérer que de les peindre, car la peinture rend tout plus saillant, plus visible en quelque sorte, en augmentant la ressemblance et la vérité. Je suis convaincu, par exemple, que si l'on peignait fidèlement la tête du Laocoon, cet admirable ouvrage dont l'expression n'a rien d'exagéré sur le marbre, si l'on ajoutait à l'état des formes la décomposition et la pâleur du teint, le soulèvement douloureux des prunelles, le violet renforcé des veines et tous les détails de la peinture, cette expression, devenue ainsi plus forte sur la toile, y paraîtrait exagérée, peut-être même affreuse.

Que la peinture évite donc soigneusement tout emprunt fait à la sculpture, soit d'expression, soit de pose ou d'ordonnance. Un champ beaucoup plus vaste est son domaine ; des moyens plus étendus sont à sa disposition : le peintre eût-il à traiter le même sujet que le statuaire, il doit l'envisager et l'exécuter d'une manière toute différente, parce que l'effet qu'il produira sera nécessairement différent. C'est dans la nature qu'il doit étudier son art ; c'est là qu'il prendra cette souplesse, cette facilité, cette naïveté, cette vérité dont les chefs-d'œuvre de la sculpture offrent sans doute

---

[1] Lanzi, *Storia pittorica dell' Italia*, t. I, p. 125.

d'admirables modèles, et que cependant on ne leur emprunte guère en les imitant, parce que, pour atteindre à ces précieuses qualités, il faut en voir le jeu et le mouvement dans les êtres animés et dans les formes de la vie[1].

C'est aussi là, et là seulement que le peintre pourra acquérir un coloris chaud et vrai, pareil à celui de Van Dyk ou du Corrège. L'étude trop assidue du marbre ferme les yeux au sentiment de la couleur, et cette conséquence est si naturelle qu'elle n'a pas besoin de développement, ni de preuves. Je me contenterai de rappeler un fait trop peu remarqué, c'est que les peintres de portraits sont rarement de mauvais coloristes, tandis que cela arrive souvent à de grands peintres d'histoire. Quant à l'importance du coloris, on sait le mot de Salvator Rosa, qui, interrogé sur ce dont il fallait faire le plus de cas, de la couleur ou du dessin, répondit qu'il avait vu beaucoup de Santi di Tito exposés contre la muraille et vendus à vil prix, mais qu'il n'y avait jamais trouvé un Bassano[2].

Quand on croirait que l'intérêt personnel de Salvator Rosa a eu quelque part à cette réponse, on peut dire

---

[1] « Faisons, s'il se peut, disait Antoine Coypel, que les figures de nos tableaux soient plutôt les modèles vivants des statues antiques, que ces statues les originaux des figures que nous peignons. » Diderot, *OEuvres complètes*, t. XV, 224.

[2] Lanzi, *Storia pittorica dell' Italia*, t. I, p. 202.

que, si le dessin doit être la première et la plus indispensable étude du peintre, le coloris est la plus heureuse et la plus brillante de ses qualités ; car, sans celle-là, il n'y a ni grand effet, ni vérité parfaite.

L'influence de la sculpture sur la peinture, pour n'avoir point de résultats fâcheux, doit donc se borner à former le dessin des artistes et à leur donner ce goût du beau, ce sentiment de l'idéal, source féconde en chefs-d'œuvre ; ils pourront aussi aller, devant ces admirables ouvrages de l'antiquité, se pénétrer des sentiments et des caractères qu'ils expriment, sentiments qu'offre rarement la nature avec ce degré de profondeur : ils s'échaufferont ainsi d'un noble enthousiasme ; des sentiments analogues se réveilleront en eux, et ils iront les reproduire sur la toile, avec cette verve et cette vérité qui sont le fruit d'une inspiration vive et profonde. Certes, c'est déjà beaucoup que d'avoir tiré de l'étude de l'antique de tels fruits, puisque c'est par là seulement qu'on peut entrer dans la bonne route ; mais aussi ce doit être tout ; c'est à l'étude de la nature à faire le reste. Les deux arts, je le répète, ont rarement le même but, jamais les mêmes moyens ; les effets qu'ils produisent sont toujours différents, et j'aurais substitué à la devise de l'ancienne Académie royale de peinture et de sculpture, *Amicæ quamvis æmulæ,* cette devise presque semblable, qui me paraît plus vraie : *Amicæ potiusquam æmulæ.*

A l'époque où, dans les temps modernes, la sculpture commençait à marcher sur les traces de la sculpture ancienne, et la peinture à produire des chefs-d'œuvre dont probablement les anciens même n'avaient jamais eu l'idée, naissait un art qui se consacrait à reproduire et à répandre les ouvrages des statuaires et des peintres : l'histoire de la gravure a été traitée dans le *Musée français* [1] par un écrivain habile, qui en a savamment exposé l'origine et les progrès. La coïncidence à peu près exacte de l'époque à laquelle cet art a été inventé, ou du moins fort connu, avec celle qui a vu naître l'imprimerie, me paraît très-propre à en faire ressortir l'utilité. « L'art de la gravure, dit Algarotti, est du même temps et a les mêmes avantages que celui de l'imprimerie... Le peintre fera bien d'avoir dans son atelier un choix d'estampes des meilleurs maîtres, où il puisse voir la marche, l'histoire de la peinture, et apprendre à connaître les divers styles qui ont eu et ont encore aujourd'hui le plus de succès. Le prince de l'école romane ne dédaignait pas d'étudier assidûment les planches d'Albert Dürer, et il faisait soigneusement collection de tous les dessins copiés d'après les statues ou les bas-reliefs antiques qu'il pouvait recueillir [2] » Appelée ainsi par sa nature même, par l'autorité de

---

[1] En 4 vol. in-fol., publié par M. Robillard.

[2] Algarotti, *Saggio sopra la pittura*, t. III, p. 191.

Raphaël et par celle de l'expérience, à servir à la fois
les artistes dans leurs études et les amateurs dans leurs
plaisirs, la gravure ne doit jamais perdre de vue un
but qui l'honore [1]. Ce n'est point une copie, puisque
le graveur ne se sert pas des mêmes moyens que le
statuaire ou le peintre, et ne saurait produire le même
effet : on a dit que c'était une traduction, et cette comparaison, bien que désapprouvée par de bons connaisseurs, me paraît beaucoup plus exacte : la langue du
graveur, en effet, n'est pas la même que celle du peintre, puisque c'est d'une manière différente qu'il parle
aux yeux; il est obligé de conserver scrupuleusement
les formes et le style de son modèle ; c'est le devoir de
tout bon traducteur, et le graveur a ici l'avantage,
puisque sa traduction est beaucoup plus littérale; enfin
si l'on voulait pousser jusqu'au bout ce rapprochement,
on pourrait dire que la gravure, comme toutes les tra-
ductions, a l'inconvénient de ne pas rendre la vivacité,
la magie de l'original, et que tous ses efforts doivent
tendre à en conserver le caractère. C'est là ce que doit
chercher et ce que peut faire le graveur : le dessin et
le contraste des lumières et des ombres sont les moyens
dont il dispose. L'étude de l'antique lui apprendra

---

[1] L'heureuse influence qu'ont exercée sur les arts, en Europe, les
gravures de Marc-Antoine Raimondi, d'après Raphaël, est indiquée
par Lanzi, *Storia pittorica dell' Italia*, t. II, p. 68.

peut-être mieux que celle des tableaux comment se fondent et s'amalgament ensemble les blancs et les noirs qui naissent des effets de lumière : la gravure d'une statue est une représentation bien plus exacte que celle d'un tableau, puisque les clairs et les ombres qu'offre le marbre sont précisément de la même nature que ceux que peut produire la distribution de l'encre sur le fond blanc du papier. Le graveur étudiera donc avec soin sur les statues cette partie de son art; mais comme la différence des couleurs modifie la lumière et que ces modifications peuvent être rendues, même lorsqu'on n'a, pour les faire sentir, que du blanc et du noir, il se gardera bien, en gravant un tableau, de donner à ses clairs et à ses ombres le caractère uniforme qu'il leur donnerait en gravant une statue : les cheveux noirs, par exemple, d'une figure peinte, auront dans son ouvrage une nuance tout autre et bien plus éloignée de celle des ombres du visage, que n'auront les cheveux d'une ronde-bosse. Il en sera de même des vêtements, des clairs, et même des contours qui doivent prendre, lorsqu'ils retracent une figure peinte, un caractère plus moelleux et moins arrêté que les contours d'une statue; il étudiera ainsi les différences qui doivent exister entre la gravure d'après le marbre et la gravure d'après le tableau, différences si nombreuses que je ne puis indiquer ici que les plus importantes. Enfin il s'appliquera surtout à connaître la manière dont chaque peintre distribue et empâte la couleur, puisque de là dépend le caractère particulier que doit revêtir chacun de ses ouvrages. Qui ne sait en effet que le plus ou le moins d'empâtement des couleurs, l'énergie plus ou moins prononcée du pinceau, changent totalement la nature des lumières et des ombres ? Le Poussin ne saurait être gravé comme le Caravage ; et quand ces deux maîtres auraient peint le même sujet d'après le même dessin, la même ordonnance et avec les mêmes expressions, les gravures des deux tableaux devraient offrir encore des différences notables [1].

J'ai essayé de dire, dans ce discours, quelle doit être l'alliance des arts, d'après leur nature même et les rapports ou les différences qui les unissent ou les séparent. Si mes observations ont quelque fondement, la preuve doit s'en trouver dans les chefs-d'œuvre que le *Musée Royal* est destiné à reproduire. C'est là qu'il faut voir quels heureux secours peuvent se prêter réciproquement les statuaires et les peintres, ou dans quels défauts peut les entraîner une imitation inconsidérée ; c'est là qu'il faut chercher par quels secrets les graveurs peuvent se montrer les dignes rivaux des statuaires et des peintres qu'ils prennent volontairement pour maîtres et pour guides. L'homme, quel que soit le

[1] *Œuvres complètes* de Diderot, t. XIII, p. 356.

9

genre de ses travaux, est soumis à des lois qui dérivent de sa propre nature et de celle des objets sur lesquels il s'exerce. C'est à démêler ces lois que s'applique la philosophie des Beaux-Arts : elle commence par suivre les pas du génie ; elle étudie ses procédés, cherche à deviner la progression de sa marche ; et lorsqu'elle croit avoir bien reconnu ce qu'il est et ce qu'il doit faire pour devenir tout ce qu'il peut être, elle se hasarde à se placer à ses côtés pour éclairer sa route d'un flambeau que, sans lui, elle n'aurait jamais pu allumer.

DESCRIPTION
DES TABLEAUX D'HISTOIRE

GRAVÉS

DANS LE MUSÉE ROYAL,

PUBLIÉ PAR HENRI LAURENT,

2 vol. grand in-folio (1816-1818).

———o‹‹‹››o———

ÉCOLE ITALIENNE (trente-deux tableaux).
ÉCOLE FRANÇAISE (sept tableaux).
ÉCOLE FLAMANDE (six tableaux).

ÉCOLE ITALIENNE

RAPHAËL   (six tableaux)

JULES ROMAIN   (deux tableaux).

LE DOMINIQUIN   (trois tableaux).

CARRACHE (ANNIBAL)   (deux tableaux).

CARRACHE (Louis)   (un tableau).

LE CORRÈGE   (deux tableaux).

ANDRÉ DEL SARTO   (un tableau).

LE CARAVAGE   (un tableau).

LE GUIDE   (un tableau).

LE GUERCHIN   (un tableau).

ALLORI (CHRISTOPHE)   (un tableau).

GENTILESCHI   (un tableau).

LE BASSAN   (un tableau).

PALMA jeune   (un tableau).

SALVATOR ROSA   (un tableau).

ANDRÉ SGUAZELLA   (un tableau).

ANDRÉ SOLARI   (un tableau).

PAUL VÉRONÈSE   (un tableau).

CARLO DOLCI   (un tableau).

LANA   (un tableau).

PIERRE DE CORTONE   (un tableau).

GENNARI (CENTO)   (un tableau).

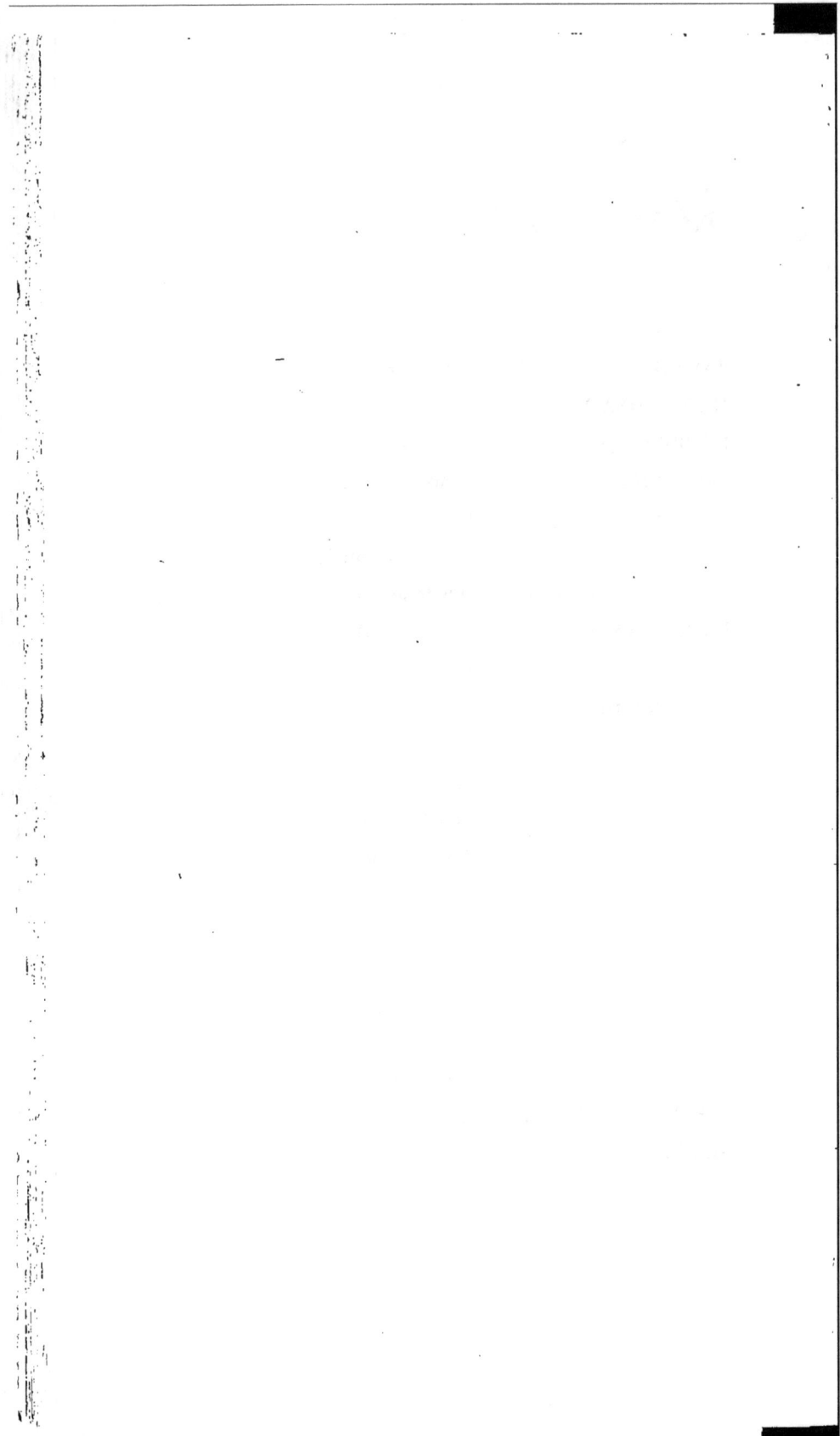

RAPHAËL

Sanzio (Raphaël), né à Urbin, en 1483 — mort à Rome, en 152

1º PORTRAIT DE LÉON X.

2º LA VIERGE AU DONATAIRE.

3º SAINT GEORGE, VAINQUEUR DU DRAGON.

4º JEANNE D'ARAGON.

5º LA SAINTE-FAMILLE DE FRANÇOIS Ier.

6º LES CINQ SAINTS.

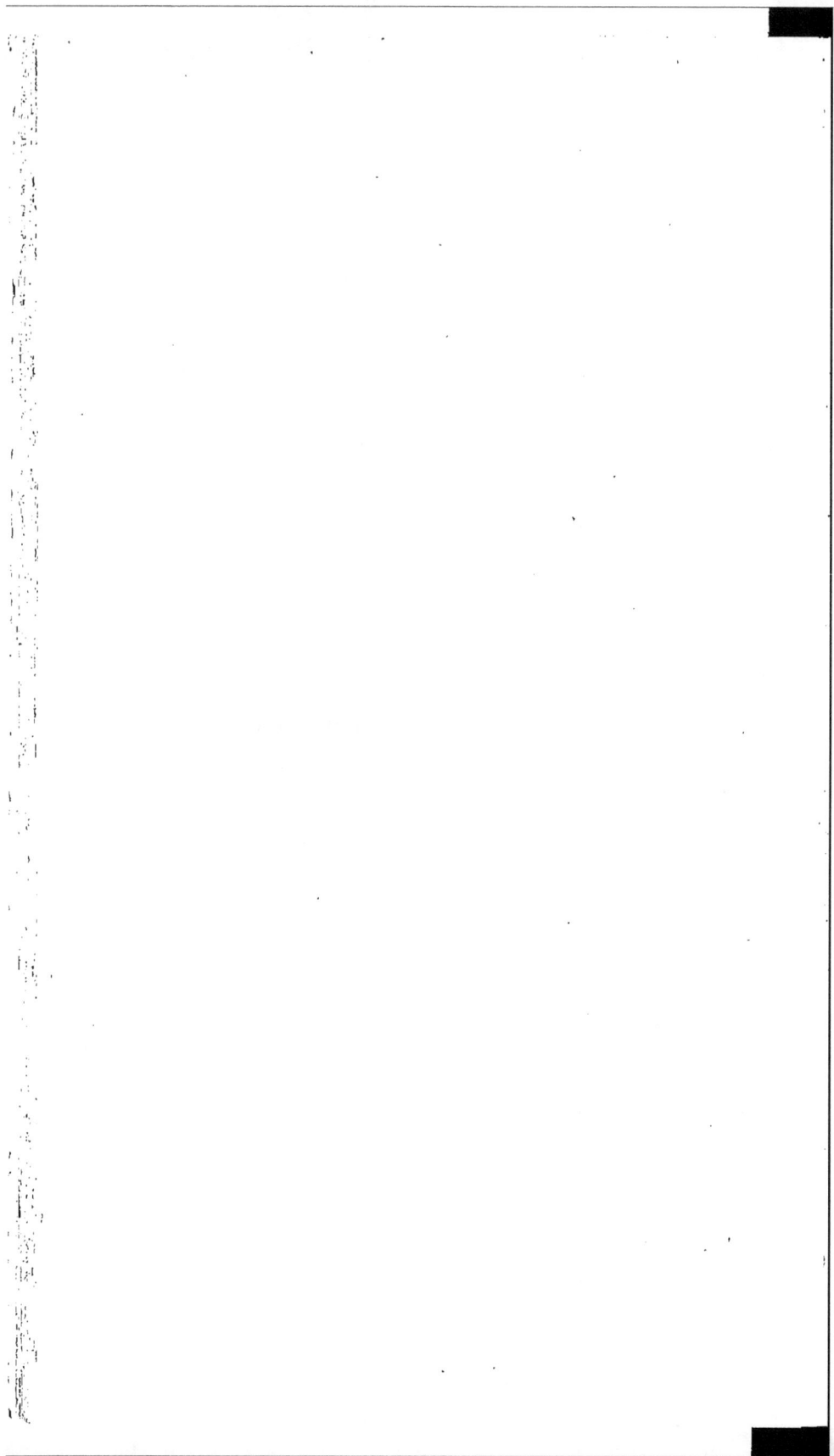

I

PORTRAIT DE LÉON X

PAR RAPHAËL.

Beaucoup d'hommes obscurs ont vu leurs traits im-
mortalisés par de grands peintres; les peintres au contraire ont cru souvent pouvoir prêter aux hommes
célèbres les traits qui leur paraissaient plus conformes
à l'idée morale qu'ils se faisaient du modèle. Les imáges
du Dante, de Boccace, et de plusieurs autres, ne nous
sont pas toujours arrivées exemptes de cette espèce de
falsification. Il n'en est pas ainsi du portrait de Léon X;
non-seulement Raphaël le rendit avec fidélité dans des
tableaux spéciaux, mais il le reproduisit encore dans
plusieurs de ses ouvrages, tels que le couronnement

de Charlemagne, où il a donné au pape Léon III les traits de Léon X; ce qui fait que Vasari a pris ce tableau pour un couronnement de François Ier.

De tous les portraits de Léon X, celui-ci est le plus célèbre comme le plus parfait. Sa ressemblance parut si frappante aux contemporains qu'on renouvela à cette occasion l'anecdote racontée au sujet du portrait de Paul III par Le Titien; ce portrait ayant été, à ce qu'on prétend, placé, pendant qu'on le vernissait, sur une terrasse au soleil, les passants s'inclinaient, croyant saluer le pape. Qu'il en soit ou non arrivé autant au tableau de Raphaël, il est aisé d'y saisir les caractères de la vie et de la vérité individuelle; on y trouve de quoi répondre parfaitement à l'idée qu'on a dû se former de Léon X, homme d'esprit, de goût et de plaisir, protecteur aimable et magnifique des arts, plutôt que chef habile de la chrétienté. Le pape est assis devant une table sur laquelle est placé un livre. Debout à sa droite, et non moins ressemblant, est le cardinal Jules de Médicis (depuis Clément VII), qui paraît attendre quelques ordres; derrière le pape, le cardinal Rossi s'appuie sur le dos de sa chaise; cette chaise, les vêtements, les ornements pontificaux, ont été, comme les figures, le sujet d'une admiration qui place cet ouvrage au rang des chefs-d'œuvre de Raphaël. Sa célébrité s'est accrue par le fait singulier auquel il a donné lieu. Quatre ou cinq ans après la mort de

Raphaël, Frédéric, duc de Mantoue, ayant vu à Florence, dans le palais des ducs, ce portrait de Léon X, le demanda à Clément VII, alors chef de la famille, qui s'empressa de le lui accorder, et qui écrivit en conséquence à Octavien-le-Magnifique, tuteur des jeunes Médicis, Alexandre et Hippolyte. Vivement affligé de l'ordre qu'il recevait, Octavien résolut de l'éluder, et, feignant de prendre le temps nécessaire pour faire faire un plus beau cadre, il fit refaire dans cet intervalle le tableau même par André del Sarto, qui le copia si parfaitement que, lorsque cette copie fut envoyée à Mantoue, à la place de l'original que l'on eut soin de cacher, Jules Romain, alors peintre et ingénieur du duc, et qui avait travaillé à l'original sous les yeux de son maître Raphaël, n'eut pas le moindre soupçon de l'échange, et crut y reconnaître les traits de son propre pinceau. Il ne fut détrompé que plusieurs années après, lorsque Vasari, qui, en qualité d'élève d'André del Sarto, avait été témoin du fait, le lui apprit, et, pour l'en convaincre, lui fit voir le nom du peintre écrit sur l'épaisseur du tableau. Cette précieuse copie passa à Naples, avec la galerie des ducs de Parme. Le cardinal Bottari, qui l'y vit vers le milieu du dernier siècle, bien qu'il atteste l'inconcevable ressemblance des deux tableaux, fut tenté, ainsi que quelques autres amateurs, de donner la préférence à la copie, qui non-seulement avait conservé une plus parfaite fraîcheur, mais dont

les couleurs lui parurent encore mieux empâtées et
traitées d'une manière plus délicate (*morbida*). Cette
préférence pourrait s'expliquer par le reproche fait à
Raphaël d'avoir un peu moins soigné cette partie de
son travail dans ses derniers ouvrages, sous Léon X,
que dans ceux qu'il avait entrepris par les ordres de
Jules II, si d'ailleurs ce portrait de Léon X n'était particulièrement remarquable par la beauté supérieure du
coloris.

Ce tableau est peint sur bois.

PROPORTIONS.

Hauteur, 1 mètre 58 centimètres. = 4 pieds 10 pouces.
Largeur, 1 —   20   —   = 3 — 8   —

LA

VIERGE AU DONATAIRE

ou

VIERGE DE FOLIGNO,

PAR RAPHAËL

Le tableau de la *Vierge au Donataire,* connu aussi
sous le nom de *Vierge de Foligno,* fut peint pour Sigis-
mond Conti, secrétaire-camérier du pape Jules II, qui
le plaça sur le maître-autel de l'église d'Araceli, d'où
après sa mort, sa nièce, Anne Conti, le fit transporter,
en 1565, à Foligno, dans le couvent dit des Comtesses,
où elle était religieuse. Quant à la date de cette célèbre
composition, elle doit se rapporter, selon toute apparence, à l'une des années 1509 ou 1510, époque à laquelle
disparaissaient des ouvrages de Raphaël les dernières
traces du style ancien qu'il avait reçu de son maître le

Pérugin. C'était le commencement de son séjour à
Rome, où il paraît être arrivé à la fin de 1508 ; et telle
était alors la rapidité de son essor vers la perfection
que, dans la première fresque qu'il peignit au Vatican,
celle de la Messe ou du Sacrement, ayant commencé à
peindre par la droite, « on a remarqué, dit Lanzi,
qu'arrivé à gauche, il était déjà plus grand peintre. »

Le sujet de la Vierge au Donataire a probablement
été fourni à Raphaël par le Donataire lui-même ; il tient
encore un peu du goût du temps, et peut-être la composition n'en est-elle pas absolument exempte. La plupart des tableaux d'alors représentaient la Vierge en-
tourée de plusieurs saints. Déjà, dans quelques ouvrages de sa jeunesse, Raphaël s'était affranchi de la
coutume qui faisait, de ces saints debout et couronnés
d'auréoles dorées, un cercle régulier autour de la Vierge.
Déjà, dans un sujet commun, il avait empreint l'originalité de sa manière, en variant les expressions et
les attitudes. Ici, la Vierge, assise sur des nuages, au
milieu d'une gloire éclatante, tient auprès d'elle son
fils qui semble vouloir se couvrir de son voile ; autour
de la gloire, une foule de petits anges jouent et se perdent dans de légères nuées. Au-dessous, dans un riche
paysage, sur lequel la gloire se réfléchit en forme
d'arc, on voit sur le devant du tableau, à genoux et les
mains jointes, le Donataire que saint Jérôme, placé
derrière lui, en habit de cardinal et accompagné de son

lion, semble offrir et recommander à la Vierge ; de l'autre côté, saint François, aussi à genoux, les yeux levés
vers le ciel, et dans l'attitude de l'adoration ; derrière
saint François, saint Jean-le-Précurseur montre et
annonce au monde le divin enfant. Entre ces deux
groupes et précisément au milieu, un petit ange, debout
et vu de face, tient dans ses mains une tablette sur
laquelle se lisait une inscription que le temps a totalement effacée, et ses yeux levés au ciel en font l'of-
frande à la Vierge.

Cette tablette, cette inscription, l'habit de cardinal
donné à saint Jérôme, l'ordonnance de ces quatre figures placées symétriquement aux deux côtés du tableau,
et séparées en deux groupes pareils au moyen de ce
petit ange, si parfaitement au milieu, si droit et si bien
en face, semblent conserver encore quelque chose du
système de peinture auquel Raphaël avait déjà substitué le sien, et indiquent probablement un usage encore
imposé dans les tableaux de ce genre. Mais, le genre
et le sujet donnés, il n'appartenait qu'à Raphaël d'en
faire un chef-d'œuvre. La Vierge au Donataire est, en
effet, l'une des plus belles, la plus belle peut-être de
ces Vierges, créations du génie de Raphaël, désignées
par son nom, et dont le caractère pur et céleste faisait
dire à Carle Maratte que si, ne connaissant pas l'existence de Raphaël, il eût vu un de ses tableaux, il l'eût
cru peint par un ange. La figure du petit Jésus est un

modèle de grâce enfantine unie à l'imposante simplicité d'une physionomie où règne déjà le sentiment de
la grandeur et de la puissance. La tête de saint Jérôme,
grave, noble, pleine de force et d'activité, annonce
plutôt le docteur que l'anachorète : celle du Donataire
offre la perfection de la vérité et de la nature. Une
franchise agreste, une probité sauvage, ardente, in-
flexible, donnent à la physionomie de saint Jean-le-
Précurseur le caractère le plus frappant et le plus singulier ; toute sa figure porte l'empreinte de la péni-
tence, non pas timide et craintive, mais brûlante, active, embrassée avec toute la passion de l'amour et de
la foi, et avec la force d'un caractère inébranlable ;
son geste annonce le Rédempteur : il l'annonce, mais non
avec l'empire d'un maître qui enseigne ou qui affirme :
le vrai maître est là ; qui oserait douter en sa présence ?
Son fidèle serviteur croit pouvoir se contenter de le
montrer ; et, par la sévérité de son regard, il semble
vouloir prévenir jusqu'à la pensée de l'incrédule. Un
fervent amour anime toute la contenance de saint François ; et la figure de l'ange qui tient la tablette est peut-
être ce que cette composition offre de plus ravissant
pour la beauté et pour l'expression.

Ce tableau, peint sur bois, a été transporté sur toile.

PROPORTIONS.

Hauteur, 2 mètres 94 centim. 4 mill. = 5 pieds 10 pouces.
Largeur, 1 — 61 — 2 — = 5 — 10 —

III

SAINT GEORGE,

VAINQUEUR DU DRAGON.

PAR RAPHAËL.

Saint George a toujours été considéré comme le patron de la chevalerie ; elle se conférait au nom de Dieu et de monseigneur saint George. L'ancien proverbe, « Monté comme un saint George, » nous apprend que le cheval de saint George a, dès longtemps, joué un grand rôle dans son histoire, et ce fait nous est confirmé par le récit de Nicéphore Grégoras, historien grec du quatorzième siècle. Il raconte que, sous le règne d'Andronic-le-Vieux, le grand logothète Théodore, assistant avec plusieurs autres personnes de la cour aux offices de nuit qui se célébraient le premier

samedi du carême en mémoire des empereurs ortho-
doxes, un messager vint de la part de l'empereur chercher Théodore, auprès duquel se trouvait en ce moment l'historien qui rapporte le fait, et lui raconta «qu'à
« l'heure de la retraite des soldats de la garde, on avait
« tout-à-coup entendu un tel hennissement qu'il avait
« frappé tout le monde de surprise; d'autant plus qu'il
« ne se trouvait alors aux environs aucun cheval, tous
« ayant été ramenés le soir dans leurs écuries, situées à
« une grande distance. Ce bruit commençait à peine à
« s'apaiser qu'il se fit entendre de nouveau et avec beau-
« coup plus de violence dans les appartements de l'em-
« pereur, qui envoya aussitôt un domestique s'infor-
« mer de ce qui pouvait le causer; mais le domestique,
« étant revenu, déclara n'avoir entendu autre chose
« que le bruit qui semblait sortir d'un mur situé contre
« la chapelle de la Vierge victorieuse, et sur lequel le
« fameux peintre Paul avait long-temps auparavant
« représenté un saint George à cheval. »

Après avoir entendu ces nouvelles, le grand logothète, composant son visage, alla trouver l'empereur,
et le félicita sur les triomphes que lui présageaient les
hennissements miraculeux du belliqueux cheval de
saint George : sur quoi l'empereur, en soupirant, lui
dit : « Je vois bien que vous ne savez pas la vérité des
« choses, car nous tenons de ceux qui ont vécu avant
« nous que ce cheval a déjà henni une fois de la même

« manière quand Baudouin, prince des Latins, fut
« chassé de la ville par mon père. »

Le caractère superstitieux d'Andronic, et les terreurs
qui agitèrent sa vie, rendent très-vraisemblable, sinon
l'histoire du hennissement, du moins la croyance qu'on
y a donnée; mais jusqu'ici rien n'autorise dans le tableau la présence du dragon, qui certainement n'aurait pas manqué de prendre part à cette merveilleuse
aventure. Quelques-uns pensent que la figure du dragon ne fut ajoutée d'abord à quelques portraits de
saint George, que comme une représentation allé-
gorique du diable, confondu et vaincu par la piété de
ce saint martyr; mais la légende a pris la chose au
propre, et raconte que : «George de Cappadoce, tribun,
« vint dans la province de Libye, à une ville qu'on
« appelle Silène, située près d'un lac semblable à la mer,
« dans lequel habitait un dragon dont l'haleine était
« empoisonnée : en sorte que, s'approchant des murs
« de la ville, ce dragon faisait mourir tout le monde,
« ce qui força les citoyens à lui donner tous les jours
« deux brebis pour apaiser sa fureur. Quand ensuite
« les brebis commencèrent à manquer, ils n'en don-
« nèrent plus qu'une, en y ajoutant un homme.» Après,
ou avec les hommes, on donna des femmes, puis des
filles, puis enfin on en vint à la fille du roi. En voilà
assez pour faire comprendre le reste de l'histoire : c'est
celle qu'on a adoptée toutes les fois qu'on a voulu mon-

trer saint George dans son caractère de chevalier; c'est aussi celle qu'a représentée Raphaël dans son tableau. Saint George à cheval, et armé de toutes pièces, tient le bras levé pour asséner un grand coup de sabre au dragon qui s'élance sur lui, bien que déjà percé de la lance du guerrier, dont un fragment lui est resté dans la gorge. Dans le fond une jeune fille effrayée, portant une couronne sur la tête, s'enfuit à travers les rochers. La figure de saint George est celle d'un beau jeune homme blond ; c'est ainsi qu'on l'a toujours représenté dans les premiers temps, et qu'il apparut en songe à Elpidia. Son action est animée et son expression calme. Son cheval, qui se cabre et hennit, a la tête, le poitrail, et toute la partie antérieure d'une beauté rare. Quoique ce joli tableau ait été un peu endommagé par le temps, on y remarque une grâce parfaite et un fini singulièrement soigné. Le paysage est évidemment de la première manière de Raphaël.

PROPORTIONS.

Hauteur, 28 centim. 18 mill. = 10 pouces 8 lig.
Largeur, 24 — 27 — = 9 — 6 —

IV

PORTRAIT

DE JEANNE D'ARAGON

PAR RAPHAËL.

Jeanne d'Aragon, sœur de Ferdinand-le-Catholique, et vice-reine de Sicile, était une des plus belles personnes de son temps. Le goût également connu de François 1er pour les beaux-arts et pour les beaux visages fit sans doute penser au cardinal de Médicis que le portrait de la vice-reine, peint par Raphaël, serait un présent agréable à ce prince : il le fit donc faire pour lui, et le lui envoya. La tête seule de ce portrait appartient à Raphaël ; tout le reste, dit-on, est de Jules Romain. L'admirable beauté des mains donnerait à penser cependant qu'elles ont aussi reçu la touche

du maître, bien que Mengs accuse Raphaël d'avoir en
général peu réussi dans les mains, et particulièrement
dans les mains de femmes, parce que, dit-il, les modèles antiques lui ont manqué, la plupart des statues
se trouvant en effet mutilées dans cette partie, et que la
nature offre bien peu de belles mains[1]. Raphaël aimait
à travailler d'après des modèles; il se plaint, dans une
de ses lettres [2], « *de la carestia di belle donne* » (de la
disette de belles dames); et ce n'est qu'à leur défaut
qu'il se sert, dit-il, « *di una certa dia che mi viene in
mente* » (d'une certaine idée qui me vient dans l'esprit). Peut-être les mains de Jeanne d'Aragon lui
avaient-elles fourni ce beau modèle dont il avait besoin,
jusqu'à un certain point, pour arriver à toute la perfection qu'il désirait; on serait tenté de le penser
d'après le soin avec lequel celles-ci sont peintes. La
tête aussi est d'une grande beauté, et porte bien le
caractère des têtes de Raphaël, caractère qui n'est point
démenti par la sécheresse de quelques contours. Du
reste, Jules Romain, fut du vivant de son maître, l'image
fidèle de sa manière et l'heureux imitateur de son
pinceau. Ce n'est qu'après la mort de Raphaël qu'il
commença à se livrer à son penchant, qui le conduisait,
dit Lanzi [3], à travailler plutôt de pratique qu'en pre-

[1] Tome I, p. 147.
[2] Al Castiglione. *Lett. pitt.*, t. I, p. 74.
[3] Tome IV, p. 12.

nant conseil de la nature et de la vérité. Ainsi les tableaux qu'il a faits de concert avec son maître sont en
quelque sorte l'ouvrage de Raphaël, comme Jules
Romain l'était lui-même, et c'est sa méthode qu'il y
faut reconnaître; elle est remarquable ici par la disposition des étoffes, singulièrement ingrates pour la
peinture et difficiles à manier avec goût; ces amas de
velours rouge dont se composent le vêtement et particulièrement les manches de la vice-reine, offraient
certainement la plus grande difficulté au peintre pour
conserver dessous les formes du nu, et faire sentir un
corps humain au lieu d'une masse d'étoffe et de plis.
Aussi faut-il admirer l'art réfléchi que Raphaël a porté
dans la disposition des draperies, et qui est apprécié
dans les œuvres de Mengs avec autant d'esprit que de
discernement : « Il avait vu, dit Mengs, que les anciens
« faisaient, sur les parties larges du corps humain, des
« plis également vastes, et n'interrompaient jamais ces
« parties larges par un détail minutieux; ou bien, lors-
« qu'ils y étaient forcés par la nature du vêtement, ils
« faisaient les plis si petits et si peu saillants qu'ils
« ne pouvaient être regardés comme exprimant
« les contours d'une partie principale. C'est d'après
« cet exemple qu'il fit ses draperies larges, c'est-à-dire
« sans ondulations superflues, mettant les plis dans les
« jointures des membres, de manière à ce qu'ils ne
« coupassent jamais la figure. Il réglait la forme des

« plis selon le nu qui se trouvait dessous.... Lorsqu

« les draperies étaient libres, c'est-à-dire lorsqu'il n'

« avait rien dessous, il se gardait bien de leur donne

« des formes aussi larges qu'à celles qui étaient soute

« nues par un membre ; mais il avait soin de les mar

« quer de quelques creux et de vastes brisures, dan

« une forme tout-à-fait différente de celle du membre.

C'est ainsi que, dans cet immense sac de velours qu

enveloppe le bras de la vice-reine, sous ces plis qu

descendent de sa ceinture sur ses genoux, le peintre a

su conserver le nu, de telle sorte que la ligne du des

sin n'est jamais interrompue, et que l'œil ne reste pas

un instant indécis sur la régularité des formes. Les

manches de velours, fendues dans toute leur longueur

et rattachées de distance en distance, laissent apercevoir

une chemise fine dont les plis nombreux sont fixés

près de la main par un poignet richement brodé. Des

bracelets ornent les bras de Jeanne ; son chapeau, de

velours rouge, est enrichi de diamants et de perles.

Elle retient de la main droite une fourrure prête à

tomber de dessus ses épaules. Près d'elle est un dais

surmontant une espèce de trône. On aperçoit dans le

fond, par delà un balcon sur lequel est appuyée une

femme de service, des jardins, et des serres en vitraux et

garnis d'arbres.

PROPORTIONS.

Hauteur, 1 mètre 191 mill. == 3 pieds 8 pouces.

Largeur, » — .975 —   — » —

V

LA SAINTE-FAMILLE

PAR RAPHAËL.

Parmi les innombrables Saintes-Familles de Raphaël, celle-ci, comme la principale, semble s'être exclusivement approprié ce nom. On l'appelle simplement la *Sainte-Famille ;* et nulle autre désignation n'est nécessaire pour la faire reconnaître. Remarquable, entre toutes les autres, par la grandeur et le nombre des figures, elle l'est encore par leur admirable beauté. Le soin que Raphaël paraît avoir apporté à cette production s'explique facilement, s'il est vrai, comme on le raconte, que François Ier, transporté d'admiration pour le *Saint Michel,* l'ayant payé fort au-delà du prix con-

venu, ou plutôt ayant ajouté à ce prix un présent très-
considérable, Raphaël, à son tour, pénétré de cette marque d'estime, voulut la reconnaître par un présent
digne du sentiment qu'il éprouvait, et peignit pour
François Ier la *Sainte-Famille,* qu'il lui offrit en pur
don. Le fait est croyable d'après le caractère des deux
hommes, et l'on aime à y croire, en contemplant la
Sainte - Famille. L'anecdote tomberait cependant si,
comme on le voit dans Vasari[1], c'était Clément VII,
c'est-à-dire le cardinal Jules de Médicis, qui eût fait
faire le *Saint Michel*, pour le donner à François Ier;
mais cette apparente contradiction s'explique par l'existence en France d'un autre tableau de *Saint Michel,*
beaucoup plus petit, également de la main de Raphaël,
mais d'une époque fort antérieure, et dont le cardinal
de Médicis pourrait, en effet, avoir fait présent à François Ier.

La *Sainte-Famille* est de 1518, deux ans avant la mort
de Raphaël, la plus haute époque de sa gloire et de son
talent. Aucune autre de ses compositions, peut-être, ne
porte un caractère si pur pour le style, si grave et si
saint dans l'expression. Une pensée céleste semble animer tous ces personnages. On dirait que l'amour maternel lui-même ose à peine approcher cette Vierge uniquement occupée de l'enfant qu'elle a mis au monde, non

---

[1] Note de l'édition de Rome, t. viii, p. 401; 1810.

pas pour elle, mais pour le monde. Un genou en terre, pour recevoir son fils qui, de son berceau, veut s'élancer dans ses bras, elle ne laisse pas deviner si c'est comme mère, ou comme servante du Dieu auquel elle obéit, qu'elle a choisi cette attitude pieuse à laquelle correspond l'expression de toute sa personne. Nulle part Raphaël ne l'a représentée si jeune, ni plus noble et plus sérieuse. Nulle part le caractère de la virginité consacrée n'a été plus empreint dans tout son maintien, ne lui a imposé autant de réserve; ses paupières baissées voilent le regard qu'elle attache sur son enfant; le sourire craint d'effleurer ses lèvres; il semblerait qu'elle évite de se laisser trop aller au charme des caresses de ce fils adoré, mais qu'elle veut adorer comme l'ordonne le Seigneur qui l'a chargée d'un si précieux dépôt. L'enfant, de son côté, ne lui a jamais montré une tendresse si vive, si complaisante; sa grâce enfantine n'a pas l'air de demander les caresses, mais de les encourager. Derrière le petit Jésus, qui n'est occupé que de sa mère, sainte Élisabeth, à genoux, fait joindre les mains à son fils, dont l'expression remplie de dévotion rend plus touchant cet hommage, qui ne demande même pas d'être remarqué. Deux anges offrent également ce caractère d'un amour contenu par le respect, et saint Joseph, dont la figure est d'une beauté remarquable, contemple, la tête appuyée sur sa main, les promesses de cet avenir prédit à la terre. Ainsi deux

personnages seulement occupent la scène, la mère et
l'enfant; mais la mère, reportant à son fils toute son
existence, n'est plus qu'un premier témoignage, un
premier accessoire de sa grandeur. Raphaël possède,
entre tous les peintres, ce caractère de concentration
sur une idée unique dans le présent, mais rayon-
nante de passé et d'avenir; sur une expression simple,
pure et féconde, à laquelle il fait aboutir et concourir jusqu'aux moindres détails de sa composition.
« Raphaël, dit Mengs, dans l'invention de ses ouvrages, s'est attaché d'abord à l'expression, de manière qu'il n'a jamais donné à un membre un mouvement qui ne fût précisément nécessaire et qui n'eût
de l'expression. Bien plus, dans aucune figure et
dans aucun membre, il n'a jamais donné un coup de
pinceau sans une pensée relative à l'expression principale; depuis la structure générale de l'homme jusqu'à son moindre mouvement, tout, dans les ouvrages
de Raphaël, se rapporte à son principal motif, et il en
rejette tout ce qui ne sert pas à l'expression [1]. » En même
temps il sait donner, comme l'observe encore Mengs[2],
une expression différente à chacun des personnages,
selon qu'elle convient à la place qu'il occupe dans l'idée
générale; sachant saisir, dit Lanzi, avec le sentiment

[1] Tome I, p. 45-46.
[2] Ibid.

le plus vif, et comme par un transport d'admiration (*quasi in estro*), les aspects que produit l'action momentanée de la passion. »

Ce tableau, peint d'abord sur bois, a ensuite été remis sur toile.

PROPORTIONS.

Hauteur, 2 mètres 14 cent. $=$ 6 pieds 5 pouces.
Largeur, 1   —   38 — $=$ 4 —   3   —

VI

LES CINQ SAINTS

PAR RAPHAËL.

Raphaël, mort à trente-sept ans, a parcouru toute la distance qui, dans les arts, sépare un siècle de l'autre : sa première gloire fut d'égaler le Pérugin; la dernière, d'être demeuré sans égal parmi les plus grands de ceux qui l'ont suivi. D'autres avaient commencé avant lui à fonder la gloire de la peinture; il en réunit sur lui-même tous les rayons. Soit qu'il ait reçu quelque avantage du commerce et des conseils de Léonard de Vinci, soit que, comme le prétend Vasari, combattu sur ce point par la plupart des autres critiques, il ait profité des exemples de Michel-Ange, il en profita comme le génie profite de

la vérité, comme Molière disait : « Je prends mon bien
partout où je le trouve. » Tout ce qui était beau lui
appartenait : tout ce qui était vrai rentrait dans son
domaine; et il le saisissait également, soit qu'il l'aper-
çût pour la première fois dans la nature ou dans les
ouvrages de l'art, mais s'appropriant toujours tout ce
qui appartenait à la vérité, et rien de ce qui appartenait
spécialement au modèle où il l'avait rencontrée; Raphaël, que Vasari dit *molto eccellente in imitare,* « très-
excellent dans la faculté d'imiter,» n'a jamais rien eu qui
ne lui fût propre, si ce n'est les défauts de sa première
manière, qu'il avait reçus de confiance, comme les
donne l'éducation, et qui ne pouvaient venir de lui-
même. Génie doué de ce bonheur singulier qui fait les
hommes uniques, de se trouver, relativement à son art,
dans un rapport parfait avec l'état de son temps; riche
de la faculté de tout recueillir, à une époque où tous
les germes se développaient avec une incroyable énergie; distingué par la faculté de tout discerner, à une
époque où il n'y avait qu'à choisir; le plus rapide de
tous dans le mouvement qui précipitait alors les esprits, et le plus ferme, le plus sûr de tous dans cette
carrière immense où il ne s'agissait plus en avançant
que d'éviter les erreurs.

Il est d'un grand intérêt de rechercher, dans la multitude des tableaux de Raphaël, l'époque de son talent
à laquelle ils appartiennent et ce qu'ils marquent de

ses progrès ; mais souvent, la critique, dénuée de tout renseignement précis, n'a pour s'appuyer que l'examen de l'ouvrage même. Ainsi, le tableau dont je donne ici la description, assez fameux pour avoir mérité un nom spécial, celui des *Cinq Saints*, sous lequel il est désigné dans tous les catalogues, et qui de plus a été reproduit par une gravure de Marc-Antoine, nous est arrivé, malgré la tradition qui nous a conservé son nom, sans aucun renseignement sur l'époque et les circonstances de sa composition. L'examen de l'ouvrage donne lieu de penser qu'il appartient à la seconde manière de Raphaël, à cette époque où l'originalité de son génie, entièrement sortie des lisières de l'école, en conservait encore quelques traces. Jésus-Christ, porté sur des nuages peuplés d'anges, au milieu d'une gloire dont ils occupent tous les rayons, est assis les bras levés et étendus sur le monde. A sa droite et à sa gauche, portés sur les mêmes nuages, sont placés la sainte Vierge, en acte d'amour, et le Précurseur montrant de la main le Sauveur du monde. Au-dessous, et dans un paysage qui se prolonge derrière eux, saint Paul est d'un côté, debout, tenant sur son bras une épée nue ; et de l'autre côté, sainte Catherine d'Alexandrie à genoux, appuyée sur la roue, instrument de son mar tyre, les yeux élevés vers la Vierge, semble lui deman- der de faire accepter au Christ la palme qu'elle a ob- tenue.

Cette composition rappelle celle de la Vierge au Donataire, et d'un grand nombre de tableaux de cette
époque. On y retrouve encore un peu de cette symétrie
que Raphaël le premier en avait presque entièrement
bannie. Les deux figures à droite et à gauche du Christ
présentent, dans des attitudes différentes, des lignes
parfaitement correspondantes ; les chérubins sont dis-
tribués entre les rayons de la gloire avec une singulière régularité ; le corps du Christ, sauf un léger mouvement de la partie inférieure vers la droite, est exac-
tement de face, et les deux bras sont placés de la même
manière ; la partie supérieure, un peu grêle, conserve
un peu de la maigreur des anciennes formes de dessin ;
mais la tête, par sa dignité triste et pleine de bonté,
indique à la fois les douleurs et la récompense du
sacrifice, dont, par la situation de ses mains, le Sauveur semble occupé à nous découvrir les marques.
Les deux têtes de femmes sont charmantes de pureté
et de simplicité ; celle de saint Jean n'a perdu de son
caractère sauvage que ce qu'en doit avoir adouci le ciel ;
et celle de saint Paul est remarquable par la singularité forte de l'expression. On chercherait comment
se rattache au reste de la composition cette figure,
placée pour ainsi dire en sentinelle, si un mouvement
de son pied ne semblait indiquer que Paul se met en
marche, au nom du Christ, pour la conquête du monde,
auquel le Précurseur vient d'annoncer son maître.

JULES ROMAIN

Giulio Pipi, dit Jules Romain, né a Rome en 1492; mort à Rome en 1546.

1o LE TRIOMPHE DE VESPASIEN ET DE TITUS.

2o UNE SAINTE-FAMILLE.

I

LE TRIOMPHE

DE VESPASIEN ET DE TITUS

PAR JULES ROMAIN

Vespasien, en montant sur le trône de Rome, avait laissé à son fils Titus la conduite de la guerre de Judée. Le jeune prince gagna si bien le cœur de tous ses soldats qu'après la prise de Jérusalem ils le saluèrent du nom d'empereur, et voulurent, lorsqu'il quitta la province, l'obliger « à rester avec eux ou à les emmener tous avec lui. » Ces bruyantes acclamations étaient d'ordinaire le signal d'une révolte. On conçut à Rome des soupçons sur la fidélité de Titus ; le diadème qu'il porta en Egypte, dans la cérémonie de la consécration du bœuf Apis [1], sembla les confirmer. Mais Titus, informé de ces bruits, pressa son voyage, gagna sur un vaisseau marchand le port de Reggio, celui de Pouzzoles, se rendit en toute hâte à Rome, et, se présentant inopinément devant son père, l'aborda avec ces mots pleins de tendresse, de simplicité et de respect : « Me voici, mon père, me voici [2]. «

Cette fidélité amena entre le père et le fils une union franche et entière : les deux princes triomphèrent ensemble [3]. C'était la première fois qu'on voyait le triomphe d'un père et d'un fils réunis; la pompe en fut magnifique; on éleva à Titus un arc de triomphe dont les restes subsistent encore, et Vespasien employa les dépouilles des Juifs à bâtir un temple consacré à la Paix.

Ce fut dans ce temple que l'empereur fit déposer la plus grande partie des tableaux, des statues et des autres ouvrages de l'art qui avaient échappé aux troubles civils ; c'était là que se rassemblaient les artistes et les savants de Rome; une foule d'antiquités ont été déterrées sur cet emplacement [4].

Le tableau de Jules Romain aurait dignement orné le vestibule de ce temple consacré à la paix et aux arts; il représente le triomphe même après lequel s'éleva cet

[1] Il ne fit par là, dit Suétone, que se conformer aux anciens rits de la religion. (*In vit. Titi.* c. 5.)

[2] Suétone. *Ibid.*

[3] L'an 71, de Jésus-Christ.

[4] Voyez les notes de Reimar sur Dion Cassius, LXVI, 15, p. 1803.

édifice. Vespasien et Titus sont sur le même char ; l'attitude des deux triomphateurs semble indiquer leur
union ; les deux têtes ont entre elles une ressemblance
frappante ; seulement celle de Vespasien offre une expression plus calme ; Titus paraît animé d'une joie plus
vive ; les honneurs sont plus nouveaux pour lui ; plus
jeune, il en jouit avec plus de transport.

La figure ailée de la Victoire, jetée dans l'air avec
infiniment de souplesse et de grâce, plane au-dessus
des triomphateurs qu'elle couronne : deux écuyers à
pied conduisent le char ; une captive juive, qu'un
guerrier romain retient par les cheveux, le précède et
s'avance, la tête baissée, avec l'expression de la douleur. On aperçoit en avant d'elle trois branches du
fameux chandelier à sept branches [1] pris dans le
temple de Jérusalem, et le dos de celui qui le porte :
deux autres figures, l'une dans le fond, l'autre sur le
devant, suivent ce cortége. On découvre dans le lointain le cours du Tibre, la campagne et quelques édifices de Rome.

Cette composition, trop simple peut-être pour la pom-
peuse cérémonie d'un triomphe où un peuple de vain-
queurs venait jouir de l'humiliation d'un peuple de

---

[1] Ce chandelier fut déposé dans le temple de la Paix, où il resta
jusqu'au sac de Rome par les Vandales (A. C. 455), qui l'emportè-
rent à Carthage. (Voyez Gibbon, *Histoire de la décadence et de la
chute de l'empire romain*, t. VI, c. 36, p. 386.)

captifs, est cependant pleine d'effet, de mouvement et de grandeur. Les plans, disposés avec vérité et avec art, donnent au tableau de l'étendue : les chevaux ne sont point pressés l'un contre l'autre ; et quoique leurs formes paraissent un peu lourdes, leur marche ne manque pas de noblesse. Si les têtes des personnages offrent un peu de sécheresse et de monotonie, en revanche les draperies sont attachées, développées, repliées et peintes avec cette facilité large et hardie qui appartient à l'école de Raphaël ; les plis en sont grands et harmonieux ; les contours n'ont ni dureté, ni manière ; rien ne sent le travail et tout annonce la science : une ordonnance simple et claire, une exécution facile et vigoureuse, des contours francs et purs, tels sont les principaux mérites que présente ce tableau, comme presque tous les ouvrages du même maître.

Malheureusement la couleur a poussé, et ne frappe pas de vérité au premier coup-d'œil ; on y rencontre ces tons noirs et rouges que les contemporains, les amis même de Jules Romain lui reprochaient déjà[1] et que le temps a fait encore ressortir.

Ce tableau est peint sur bois.

PROPORTIONS.

Hauteur, 1 mètre 19 cent. $=$ 3 pieds 7 pouces 11 lignes 520.
Largeur, 1 — 65 — $=$ 5 — » — 11 — 437

[1] Voyez Vasari, *Vite de' Pittori*, t. X, p. 294, édition de Milan ; et Lanzi, *Stor. pitt. dell' Italia*, t. II, p. 84, 89.

II

UNE SAINTE-FAMILLE

PAR JULES ROMAIN.

Quelle que soit la variété des formes extérieures que présente la nature, la peinture les aurait promptement épuisées ; mais elle pénètre dans l'intérieur de la pensée, et alors s'ouvre pour elle l'infini. Borné dans la représentation des scènes qui ne comportent qu'un sentiment simple, évident, toujours le même, l'art retrouve sa puissance créatrice lorsqu'il s'agit de développer ces mystères de l'âme qu'elle-même ne découvre jamais à la fois tout entiers, et dont le génie qui semble nous y faire pénétrer le plus avant ne peut encore que nous ouvrir l'entrée.

Par-delà tous ces cieux le Dieu des cieux réside.

Bien loin au-delà des efforts de l'art est la source divine de sa grandeur et de ses miracles ; sa force consiste à s'en approcher , et sa richesse se rencontre dans les voies qui lui sont ouvertes pour le tenter.

Mais ces voies ne se présentent qu'à une certaine profondeur ; et la simple vue des mouvements que produit dans l'âme de l'homme une situation peu compliquée , ne fournit guère à l'art que des effets promptement saisis , mais peu pénétrants, peu capables d'émouvoir fortement notre âme , et de la forcer à cet exercice dont elle a besoin pour produire d'elle-même les pensées qui doivent l'agiter en présence d'un bel ouvrage. Ainsi l'expression de la crainte , du désir , d'une souffrance physique , peut nous frapper de vérité , mais ne nous arrête pas longtemps à un spectacle qui ne nous présente rien au-delà de ce qu'a pu recueillir le premier coup d'œil. Les tableaux de batailles, ou autres de ce genre, n'ont jamais élevé un peintre au premier rang ; Raphaël au contraire s'y serait placé uniquement par ses Saintes-Familles. Ses têtes de Vierge sont devenues le modèle universel, l'original, pour ainsi dire, sur lequel on a tiré les portraits de la mère du Christ, tous conçus dans le même esprit, et cependant tous différents, tous appartenant à des génies divers. Le génie de Raphaël avait révélé l'existence d'un secret que chacun, après lui, a deviné à sa manière; et la belle Vierge de Louis Carrache tient à la famille des Vierges de Raphaël, comme l'enfant à la famille de son père, avec son caractère individuel et particulier.

Raphaël n'avait enseigné à ses élèves qu'une vue plus juste et plus étendue de la nature, une plus profonde connaissance de la vérité. Aussi a-t-on remarqué qu'aucun deux n'avait pris la manière du maître, mais que tous avaient reçu de lui l'art de s'en former une. Jules Romain est le seul dans les ouvrages duquel on lise, pour ainsi dire, écrit le nom de Raphaël, le seul qui ait conservé la trace visible des leçons et des inspirations de l'école ; effet assez naturel de l'intimité qu'avaient établie entre le maître et le disciple la douceur de leurs mœurs et la généreuse élévation de leurs caractères. Presque toujours choisi pour coopérer aux ouvrages du maître qui le chérissait, Jules devait porter sa principale attention à chercher les moyens de se maintenir en harmonie parfaite avec la composition qu'il était destiné à compléter ; et il a réussi au point que Jules Romain ne dépare point les ouvrages de Raphaël, quoiqu'on l'y reconnaisse presque toujours.

Cette conformité qu'il était parvenu à atteindre, et qui se fait sentir même dans plusieurs de ses propres ouvrages, devient d'autant plus remarquable par la différence naturelle qui existait entre le génie des

deux artistes. Moins également, moins profondément
pénétré que son maître des beautés qu'il savait concevoir, Jules se lançait dans les difficultés et les har-
diesses de l'entreprise avec une ardeur que refroidissai
ensuite l'exécution ; porté par son penchant au fier et
au terrible, il le traçait du premier coup avec des
traits vigoureux qui ne laissaient, pour achever, presque rien à faire; mais les formes gracieuses lui demandaient une inspiration trop calme et trop soutenue.
Le noir de ses ombres indique plus d'un lieu où le
travail a suppléé à un sentiment trop promptement
épuisé : mais ce sentiment était toujours vrai, toujours
élevé ; il suffirait, pour le prouver, de la *Sainte-Famille* dont je donne ici la description. La figure, la
pose, l'expression de la Vierge, respirent une simplicité pleine de grâce à la fois et de dignité. Debout,
elle tient un livre dans lequel elle semble montrer
à lire à son fils. Assis devant elle, sur un appui couvert
de coussins, l'enfant, ses deux mains sur le livre,
paraît indiquer le mot qu'il prononce en levant les
yeux sur sa mère avec une expression charmante de
douceur et d'attention. L'expression de la figure de
saint Joseph est celle qui convient au vénérable protecteur de la famille dont l'a chargé la Providence.

LE DOMINIQUIN

ZAMPIERI, Domenico, né à Bologne en 1581; mort à Naples en 1641.

1° LA COMMUNION DE SAINT JÉROME.
2° LE RAVISSEMENT DE SAINT PAUL.
3° LE TRIOMPHE DE L'AMOUR.

11.

I

LA

COMMUNION DE SAINT JÉROME

PAR DOMINIQUE ZAMPIERI, dit LE DOMINIQUIN.

Voici l'une des merveilles de la peinture, un tableau auquel Le Poussin ne pouvait assigner de supérieur ou d'égal que celui de la Transfiguration. Il n'est pas étrange qu'il ait subi les attaques de l'envie, et qu'il en ait triomphé; ce qui est plus singulier, c'est que ces attaques n'étaient pas sans fondement, et que cependant la valeur reconnue de l'œuvre n'en a point souffert : preuve d'un mérite bien extraordinaire, qui réduit à la nullité même un reproche mérité.

On sait de quel dégoût le sage et modeste Zampieri fut abreuvé par ses rivaux, d'autant plus jaloux de ses

talents qu'ils méprisaient ses manières, et qu'ils s'indi-
gnaient de lui voir reprendre, à chaque nouvel ouvrage, la supériorité qu'ils croyaient avoir sur lui dans
le cours de la vie. La supériorité ne se fait pardonner que
par ceux qu'elle subjugue ; tant qu'on croit pouvoir la
combattre, on la regarde en ennemie. Les clameurs et
la jalousie étaient parvenues à étouffer tellement la voix
de la vérité qu'à trente ans, et après avoir déjà donné
plusieurs de ses plus beaux ouvrages, le Dominiquin
ne jouissait presque d'aucune réputation, lorsqu'un
prêtre de ses amis lui fit faire pour 50 écus romains le
tableau de la *Communion de Saint Jérôme*, destiné au
maître-autel de l'église de ce nom. Il n'y avait plus
moyen de disputer au Dominiquin le triomphe; on ne
songea qu'à l'affaiblir. On l'accusa d'avoir copié le tableau
qu'Augustin Carrache, l'un de ses maîtres, avait fait sur
le même sujet, pour la Chartreuse de Bologne. Lanfranc,
le plus violent de ses adversaires, dessina et fit graver
le tableau d'Augustin. On ne saurait le nier, l'imitation est évidente; Le Dominiquin lui-même, avec sa
candeur ordinaire, convint qu'il avait emprunté à son
maître quelques idées qu'il croyait sans importance, et
qui l'étaient en effet pour lui, car ce n'est pas là qu'il
a placé les incomparables beautés de son ouvrage.

C'est dans l'ordonnance du tableau que ces emprunts
se font surtout apercevoir. Dans les deux tableaux,
le saint, presque nu et drapé à peu près de la même

manière, est de même vu de trois quarts, agenouillé
sur les marches de l'autel, retombant de faiblesse assis
sur ses talons, tandis qu'on le soutient par derrière.
L'attitude du prêtre, placé devant lui pour lui admi-
nistrer la communion, est presque entièrement la
même. De même, derrière le saint, les deux peintres
ont placé un spectateur coiffé d'un turban à la juive,
pour désigner que la scène se passe à Bethléem. L'architecture du fond, pareillement composée de colonnes
et de pilastres, est de même au milieu ouverte par
un arceau qui découvre une riche perspective, et à
travers lequel pénètrent, dans l'intérieur de l'église,
de petits anges portés sur des nuages. Il n'y a pas
jusqu'aux traits du saint dans lesquels on ne puisse
trouver, entre les deux tableaux, une véritable ressemblance.

Quelques-unes de ces imitations peuvent avoir été
dictées par un louable respect pour une œuvre déjà clas-
sique, surtout aux yeux de l'élève d'Augustin Carrache.
Quant aux autres, elles se seront présentées au Dominiquin, naturellement peu inventeur, comme une situation donnée, mais d'où il tirait des impressions et des
sentiments d'une tout autre nature. En effet, l'idée
des deux tableaux est entièrement différente. Le tableau
d'Augustin Carrache représente le dernier acte de la
vie de saint Jérôme; celui du Dominiquin est rempli
de sa mort. Augustin, plus poëte, a paru saisir le côté

merveilleux de l'action ; le Dominiquin , plus sensible
et plus réfléchi, en a pris le côté solennel. Le premier
tableau s'anime de toutes les impressions que peut
exciter un événement fait pour émouvoir l'imagination
et la curiosité ; plusieurs personnages, les yeux tournés
vers le ciel, fixent leur attention sur les anges qui
viennent célébrer la dernière communion du saint ;
un autre écrit ce qui se passe ; d'autres, par leur
mouvement et leur disposition , donnent l'idée d'une
foule empressée d'aller raconter ce qu'elle vient de voir.
Le tableau du Dominiquin écarte de l'esprit toute pensée sur ce qui peut suivre, et le concentre sur ce dernier moment accordé à l'âme prête à s'envoler, pour
se manifester encore une fois sur la terre. L'âme seule
vit encore dans ce corps exténué, privé de mouvement ; le Saint Jérôme d'Augustin Carrache a pu,
avec un peu de soutien, croiser ses mains sur sa poitrine ; son corps, languissant plutôt que détruit, paraît
affaibli sous le poids plutôt que sous la faiblesse de
l'âge ; les bras du Saint Jérôme du Dominiquin ont
en vain voulu se relever ; ils tombent le long de son
corps, roides et impuissants ; l'un des deux, soulevé
par une pieuse matrone qui le baise avec respect,
cède au mouvement sans y participer. Quatre hommes,
groupés autour du saint, paraissent occupés de la
crainte de laisser échapper ce corps inerte et incapable
de se prêter à lui-même le moindre secours ; la mai-

greur en a dévoré toutes les parties ; les muscles
desséchés ne soutiennent plus la peau qui, vide et
molle, se ride sous les mains qui la pressent ; la tête
retombe sur la poitrine ; les yeux seuls parlent encore,
et trop faibles pour s'élever jusqu'à l'hostie, ils lui
demandent cependant avec désir un dernier bonheur
vers lequel la vie s'élance tout entière avant de disparaître de la terre pour aller se renouveler dans le
sein des anges, dont plusieurs, placés au-dessus de
la scène, semblent dans l'attente du moment suprême
qui va la terminer. Mais, ni ces anges, ni ce lion
qui pleure abattu aux pieds de son maître avec l'afflic-
tion et la physionomie d'un vieux serviteur, n'attirent
un regard des assistants ; quoique ce qu'ils ont de merveilleux et d'extraordinaire soit bien fait pour ajouter à
l'importance de l'action en indiquant celle du personnage, ils n'ont garde d'en détourner l'attention, ni de
troubler indiscrètement ce religieux silence qui va
nous laisser entendre les paroles sacramentelles près
de sortir de la bouche de l'officiant pour passer dans
l'âme du moribond. L'unique mouvement qui ose se
manifester est celui d'un soin pieux, d'une tendre et
respectueuse pitié confondue dans les âmes avec la
dévotion qui se porte à la fois vers le double sacrifice.

L'idée du Dominiquin, dans ce tableau, est impossible à épuiser ; comme tout ce qui est sublime, elle
participe de l'infini : l'exécution en atteint presque

la perfection possible à concevoir. Le caractère élevé
empreint dans toute la composition y est mêlé à une
telle vérité de nature qu'on ne saurait dire si quelques-
unes de ces figures ne doivent pas la noblesse de leurs
traits uniquement au sentiment qui les anime. L'entente et l'harmonie de la couleur y sont portées
au plus haut degré. Les vêtements blancs, la figure
adolescente, la chevelure blonde d'un jeune clerc à
genoux, reçoivent sur le devant les plus vives lumières. Le corps du saint, quoique entièrement éclairé,
ne se trouve exposé qu'à un éclat déjà assez adouci
pour rendre supportable l'effroyable vérité de ces
teintes où la mort commence à l'emporter sur la vie.
L'ombre portée de l'officiant place les personnages
du fond dans un clair-obscur qui les enfonce à la
fois et les fait ressortir; l'air circule autour de toutes
ces figures rapprochées sans entassement; et rien ne
surpasse la beauté de la perspective et la netteté des
différents plans qui se succèdent et s'enchaînent, sans
qu'il soit possible de les confondre ni de les séparer.

Ce tableau a été gravé par César Testa et Jacques
Frey.

PROPORTIONS.

Hauteur, 4 mètres 19 cent. = 12 pieds 7 pouces.
Largeur, 2 —　　58 —　= 7 —　11 —

II

LE

RAVISSEMENT DE SAINT PAUL

PAR LE DOMINIQUIN.

« Je connais un homme en Christ, qui fut enlevé au
« troisième ciel il y a plus de quatorze ans; si ce fut avec
« son corps ou sans son corps, je ne sais, Dieu le sait; et
« je sais que cet homme (si ce fut avec son corps ou sans
« son corps, je ne sais, Dieu le sait) fut enlevé dans le
« paradis, et qu'il y entendit des secrets qu'il n'est pas
« permis à l'homme de publier. » (Saint Paul, 2ᵉ épître
aux Corinthiens, chap. xii, vers. 2-4.)

Tel est le sujet du tableau du Dominiquin; tel est
aussi celui d'un tableau du Poussin. On conçoit facilement que ce sujet ait tenté deux génies si méditatifs, si

capables de concevoir et de reproduire les miracles de
la pensée. Enivré de contemplation, égaré dans les
espaces infinis qui se sont dévoilés à ses regards, l'a-
pôtre a perdu de vue son existence terrestre; les cieux
s'ouvrent, il les voit, il y pénètre; « si ce fut avec son
corps, dit-il, ou sans son corps, je ne sais, Dieu le sait. »
L'extase est complète; toute conscience de la vie matérielle est écartée dans cette vision, au point de ne pouvoir affirmer si elle y a pris ou si elle n'y a point pris
part, si ce que l'esprit a connu lui a été révélé par les
organes du corps ou sans leur secours. Cependant les
vues de l'esprit ont conservé leur netteté : ce n'est point
le souvenir d'une vague rêverie, d'un sentiment indéterminé, qu'il a rapporté des régions qu'il a parcou-
rues ; il y a entendu des secrets conservés encore dans
sa mémoire au moment où il déclare « qu'il n'est pas
permis à l'homme de les publier. »

C'est dans ces deux circonstances du fait que les
deux artistes ont puisé chacun une inspiration particulière, et totalement différente l'une de l'autre. L'application volontaire de l'esprit à de hautes vérités est
ce qui se fait remarquer dans le tableau du Poussin ;
l'abandon extatique de l'homme tout entier, voilà
ce qui remplit le tableau du Dominiquin. Sur un fond
de ciel, hors de toute vue de la terre, au milieu de l'espace, l'homme de Dieu, livré à l'impulsion qui l'en-
traîne vers son créateur, a dépouillé ce qui le tenait

séparé du lieu céleste où il aspire; on le voit s'y élever
sans obstacle, sans interruption : « si ce fut avec son
corps ou sans son corps, on ne sait, Dieu le sait : » mais
toute pesanteur matérielle a disparu, ou cède, comme
par une obéissance naturelle, à l'infinie puissance morale manifestée dans cette tête, dans ces bras, dans ces
yeux que semble attirer le ciel. C'est devant ce tableau
surtout qu'il faut répéter, avec Bellori, que le Dominiquin a su peindre, ou plutôt même dessiner (*delineare*)
les âmes. L'âme s'y voit, et on n'y voit qu'elle; que le
corps y soit ou n'y soit pas, peu importe; il a subi les
lois de sa souveraine; devenu tout âme, il vole, il s'enlève avec elle; le mouvement de la jambe gauche indique positivement qu'il monte de lui-même; et les
anges, presque enfants, groupés autour de saint Paul,
semblent le suivre plutôt que le porter.

Plus de vigueur se fait remarquer dans le cortége de
messagers célestes dont Le Poussin a environné l'apôtre;
une action plus réelle semble les occuper et paraît avoir
occupé l'attention du peintre. A moitié cachés dans le
tableau du Dominiquin, leurs membres se déploient
dans celui du Poussin, et semblent, par la multi-
plicité des formes, multiplier le nombre des personnages; il en résulte dans le groupe moins de simplicité,
et la pensée du spectateur se concentre moins sur la
scène intellectuelle. On dirait que, trop peu avancés
dans leur route vers le ciel, les personnages tiennent

encore quelque chose de la terre que les pieds du saint
viennent à peine de quitter. Cependant déjà la vision
céleste a commencé; le saint y est attentif; un ange la
lui montre, et Paul regarde; il parle, et Paul écoute;
ses organes matériels sont mis en jeu et dirigés vers
les objets qui leur sont propres; le saint Paul du
Poussin est encore un homme.

Cette manière de considérer le sujet, plus conforme
aux habitudes pensantes du Poussin, l'est peut-être
aussi davantage au caractère général et raisonné des
doctrines de l'apôtre; et il n'est pas difficile de comprendre ce qui a déterminé Le Poussin à la choisir.
L'idée du Dominiquin paraît plus appropriée à l'acte du
moment; c'est l'idéal d'un état, d'un sentiment, ab-
straction faite du personnage qui l'éprouve; c'est la
réalisation de ce que dit sainte Thérèse de cette force de
désir qui l'élevait à plusieurs pieds de terre. Dans le
Ravissement de saint Paul du Poussin, c'est du ciel que
vient le miracle dont l'homme est seulement l'objet;
le Dominiquin a placé le miracle dans l'homme même,
et nous croyons l'y sentir. On demanderait à accompa-
gner le saint Paul du Poussin pour recevoir avec lui
les sublimes vérités dont il commence à entrevoir la
manifestation; on est ravi avec le saint Paul du Dominiquin.

PROPORTIONS.

Hauteur, 51 centim. $=$ 1 pied 6 pouces 11 lignes.
Largeur, 31   — $=$ 1 — 2 —   5

III

LE

TRIOMPHE DE L'AMOUR

PAR LE DOMINIQUIN.

Si le sentiment de la vérité n'était pas dans tous les genres le premier moyen de succès, on pourrait s'étonner que la peinture des fleurs ait dû, en Italie, ses premiers progrès au Caravage. Bellori cite de lui une carafe de fleurs, remarquable par la fraîcheur des fleurs humides de rosée et la transparence du verre et de l'eau où venait se répéter une fenêtre d'appartement[1]. Après lui, Tommaso Salini, vers la fin du seizième siècle ou le commencement du dix-septième, rassembla des fleurs dans des vases, les disposa

---

[1] Bellori, *Vita di Michel-Angelo Merigi di Caravaggio*, p. 202.

avec soin, les entremêlant de leurs feuilles, et y
joignant des insectes et d'autres accessoires. Il paraît
que, comme toutes les jouissances nouvelles, les
tableaux de fleurs furent très recherchés. Les peintres
de fleurs disposaient souvent leurs guirlandes de
manière à en former des cartouches, dans lesquels
d'autres artistes peignaient ensuite de petits sujets.
C'est ainsi que le Dominiquin, selon ce que nous
apprend Bellori, a peint son *Triomphe de l'Amour*
dans le cartouche formé par une guirlande de fleurs
qui avait été donnée au cardinal Ludovisi, neveu de
Grégoire XV, et ami plutôt que protecteur du Dominiquin [1]. Ce genre d'ornements, employé alors par les
peintres flamands comme par les peintres d'Italie,
paraît avoir conservé sa vogue pendant assez longtemps ; car Passeri nous raconte qu'après la mort du
Dominiquin, dont il avait été le disciple et l'ami,
voulant honorer sa mémoire, il prononça son éloge à
Rome, dans une salle de la chancellerie où l'on avait
placé au milieu d'une tenture noire le portrait du
Dominiquin, peint de la main de Passeri, et entouré
d'une guirlande de cyprès dont toutes les baies étaient
en argent ; « Ce qui, dit l'auteur, donnait de l'agrément à cet ornement tel quel » : *Quel qualunque orna-
mento* [2].

---

[1] *Vita di Domenico Zampieri*, p. 353.
[2] Passeri, *Domenico Zampieri*, p. 46.

Un goût bien pur ne présidait pas toujours, dans ces sortes de tableaux, à l'assortiment du sujet avec le genre d'entourage qu'on lui avait choisi. Ainsi, parmi plusieurs ouvrages de peinture qui périrent dans l'incendie de l'église des jésuites à Anvers, on citait un *Saint-Ignace de Loyola*, peint par Rubens, et entouré, couronné de guirlandes de fleurs par Daniel Seghers, l'un des plus célèbres peintres de fleurs de cette époque, et connu sous le nom du Jésuite d'Anvers [1]. Quelques autres sujets, tels que des Saintes-Familles, une entre autres de Rubens, un petit Faiseur de bulles de savon de Teniers, ont pu se placer, sans aucune bizarrerie, au milieu des guirlandes de Daniel Seghers, de Breughel de Velours etc. Cependant le goût demande en général, dans la composition d'un tableau, une unité d'intention qui ne se rencontre pas dans ceux-ci, et à laquelle ne pouvait manquer un esprit aussi réfléchi, aussi profond dans son art que celui du Dominiquin. L'Amour, aux premiers jours de son enfance, est assis sur un char fait à sa taille et à la taille des jeunes colombes qui l'emportent sur un léger nuage ; au-dessus de sa tête, deux autres enfants ailés répandent sur lui les fleurs qu'ils viennent de cueillir à la guirlande qui les enferme ; voilà ce que le Dominiquin a senti qu'il pouvait placer sans inconvenance au milieu de ces

[1] Vies des peintres flamands, par Descamps ; *Daniel Seghers*, t. I, p. 393.

fleurs ; et ces fleurs même il les fait participer au sujet
du tableau, au lieu de les en laisser séparées comme
un ornement postiche. La scène est purement allégo-
rique : ainsi rien n'a contraint le peintre de soumettre
ses personnages aux conditions matérielles qu'est
obligé de subir tout être, même mythologique, lorsqu'il fait partie d'une action épique. L'Amour, mari
de Psyché, doit raisonnablement revêtir une taille et
des formes déterminées ; mais l'Amour avec son arc
et ses flèches, traversant dans les airs un cerceau de
fleurs, n'est plus un être assujetti aux lois de la nature;
il peut se montrer sous l'aspect qui convient au peintre
ou au poëte : peu nous importe la disproportion qui
existe entre ces enfants ailés et cette guirlande dont
leur main ne peut saisir que les plus petites fleurs.
Ces enfants sont des dieux, et qui peut prononcer
sur la stature des dieux? L'Amour d'Anacréon ne
s'est-il pas caché dans un calice de rose ?

On a attribué la guirlande, les uns à Seghers qui vint
à Rome du temps de Dominiquin, les autres à Nuzzi
Mario, dit *Mario de' Fiori*, le plus célèbre des peintres de
fleurs italiens de cette époque. Les couleurs de Mario
ont eu l'inconvénient de passer très-vite, et c'est ce
qui pourrait faire pencher vers cette dernière opinion ;
car la guirlande qui environne le *Triomphe de l'Amour*
est assez effacée pour contraster beaucoup avec la fraîcheur des chairs, singulièrement conservées et peintes

avec une suavité de teintes bien remarquable chez le Dominiquin, et qui semble lui avoir été inspirée par ce sujet. Du reste, en attribuant ces fleurs à *Mario de' Fiori,* il faudrait supposer qu'il les a peintes assez jeune, car il naquit en 1603, et le Dominiquin quitta Rome en 1629.

PROPORTIONS.

Hauteur, 48 centim. $=$ 1 pied 6 pouces » lignes.
Largeur, 40 — $=$ 1 — 2 — 6 —

LOUIS CARRACHE

Né à Bologne en 1555; mort à Bologne en 1619.

LA VIERGE ET L'ENFANT JÉSUS.

LA VIERGE ET L'ENFANT JÉSUS

PAR LOUIS CARRACHE.

Le mouvement qu'imprime aux arts un homme de génie est suivi quelquefois d'une sorte de stagnation qui provient de l'excessive admiration dont il a frappé les esprits; les yeux uniquement fixés sur lui, on s'endort dans l'imitation d'un si grand modèle; on oublie qu'il puisse exister ailleurs des beautés capables d'enrichir encore son art; et l'art, qui cesse de s'enrichir, s'appauvrit; car, en négligeant de chercher dans la nature les beautés dont il pourrait orner son domaine, il perd de vue celles que déjà il avait su en obtenir.

Après Michel-Ange, la peinture était tombée, en

12.

Italie, et surtout à Florence, dans la langueur et le déclin ; on ne savait plus qu'imiter et même copier ; une manière toute de pratique avait pris la place de l'invention et de l'observation de la nature ; une réforme, ou plutôt une révolution était indispensable. Le Cigoli l'essayait à Florence, lorsque Louis Carrache l'entreprit et l'acheva à Bologne, d'où ses effets se répandirent ensuite dans toute l'Italie.

Un esprit droit, observateur et réfléchi, et un profond sentiment de la vérité rendaient Louis Carrache peu capable de progrès dans une école où l'art ne reposait plus, pour ainsi dire, que sur des données traditionnelles, toujours plus fausses à mesure qu'elles s'éloignaient davantage de leur source ; il parut d'abord profiter si peu de ses études que ses maîtres, Fontana et ensuite le Tintoret, lui conseillèrent de renoncer à la peinture ; et ses camarades, se moquant de sa lenteur, comparée à la facilité avec laquelle ils se pliaient eux-mêmes aux leçons de leurs maîtres, ne l'appelaient entre eux que le bœuf. Mais le bœuf faisait son sillon, et il y recueillit enfin le fruit de sa patiente application.

Louis Carrache avait examiné les préceptes en les comparant à la nature ; il s'était attaché à se rendre compte de tout, rejetant courageusement tout ce qui lui paraissait contraire à la vérité, et s'imposant la loi de ne rien faire que de bien ; car il était persuadé que la véritable facilité ne s'acquiert que par l'habitude de bien faire. Il partit ensuite : il alla étudier, dans les ouvrages des grands maîtres, les diverses beautés qu'ils avaient su découvrir dans cette nature, leur modèle commun, et il revint dans son pays, riche des trésors de l'observation et de ceux de l'imagination. Cependant il ne pouvait lutter à lui seul contre l'autorité et l'habitude qui avaient envahi toutes les écoles ; il sentit qu'il lui fallait un parti dans la jeunesse, et il commença par former et s'associer les talents de ses deux cousins, Augustin et Annibal Carrache. Ce fut de ces travaux réunis que naquit cette école où ils brillent les premiers, et d'où sont sortis le Guide, le Dominiquin, l'Albane, etc.; école distincte de beaucoup d'autres, précisément en ce qu'elle ne se distingue par aucune manière, par aucun système particulier ; car, fondée uniquement sur le beau et le vrai, elle laisse à ses élèves toute liberté de choix dans l'infinie variété des formes sous lesquelles le beau et le vrai peuvent se reproduire ; en sorte que l'école de Carrache offre autant de styles différents qu'elle a formé d'hommes de génie.

Cependant, un caractère commun à tous, c'est la noblesse et la décence, bornes utiles aux écarts du talent, et conservatrices de la vérité qui se perd souvent dans les excès où l'imagination échauffée croit trouver la liberté de la nature. Le coloris, presque éteint entre les mains des copistes de Michel-Ange, se retrouve, dès cette époque, dans les fresques des Carrache ; et, bien que leurs ouvrages à l'huile soient, à cet égard, un peu inférieurs à leurs fresques, ils sont exempts de sécheresse et de froideur. Le tableau que je décris se fait particulièrement remarquer par le moelleux du pinceau, la vigueur et l'harmonie des teintes. Quant à la correction du dessin et à la noblesse du style, cette composition est digne des plus grands maîtres. La Vierge, la main droite appuyée sur un livre, soutient de la gauche son fils debout ; ces deux figures sont admirables par les grâces de la pose et de l'expression ; dans la tête de l'Enfant Jésus, un air d'empire qui n'exclut pas la douceur, dans celle de la Vierge, une modestie pleine à la fois de dignité et de soumission, annoncent et le maître de l'univers et la mère bienheureuse qui, choisie pour « le porter dans ses flancs, » répondit à l'ange chargé de lui annoncer cette haute mission : « Seigneur, qu'il soit fait de votre servante suivant votre volonté ! »

Ce tableau, peint sur bois et de forme ronde, est sans contredit un des plus beaux ouvrages de ce maître parmi ceux que possède le Musée royal.

PROPORTIONS.

Diamètre 82 centim. = 2 pieds 6 pouces.

ANNIBAL CARRACHE

Né à Bologne en 1560; mort a Rome en 1609.

1º LE SILENCE DE LA VIERGE.
2º LA NATIVITÉ.

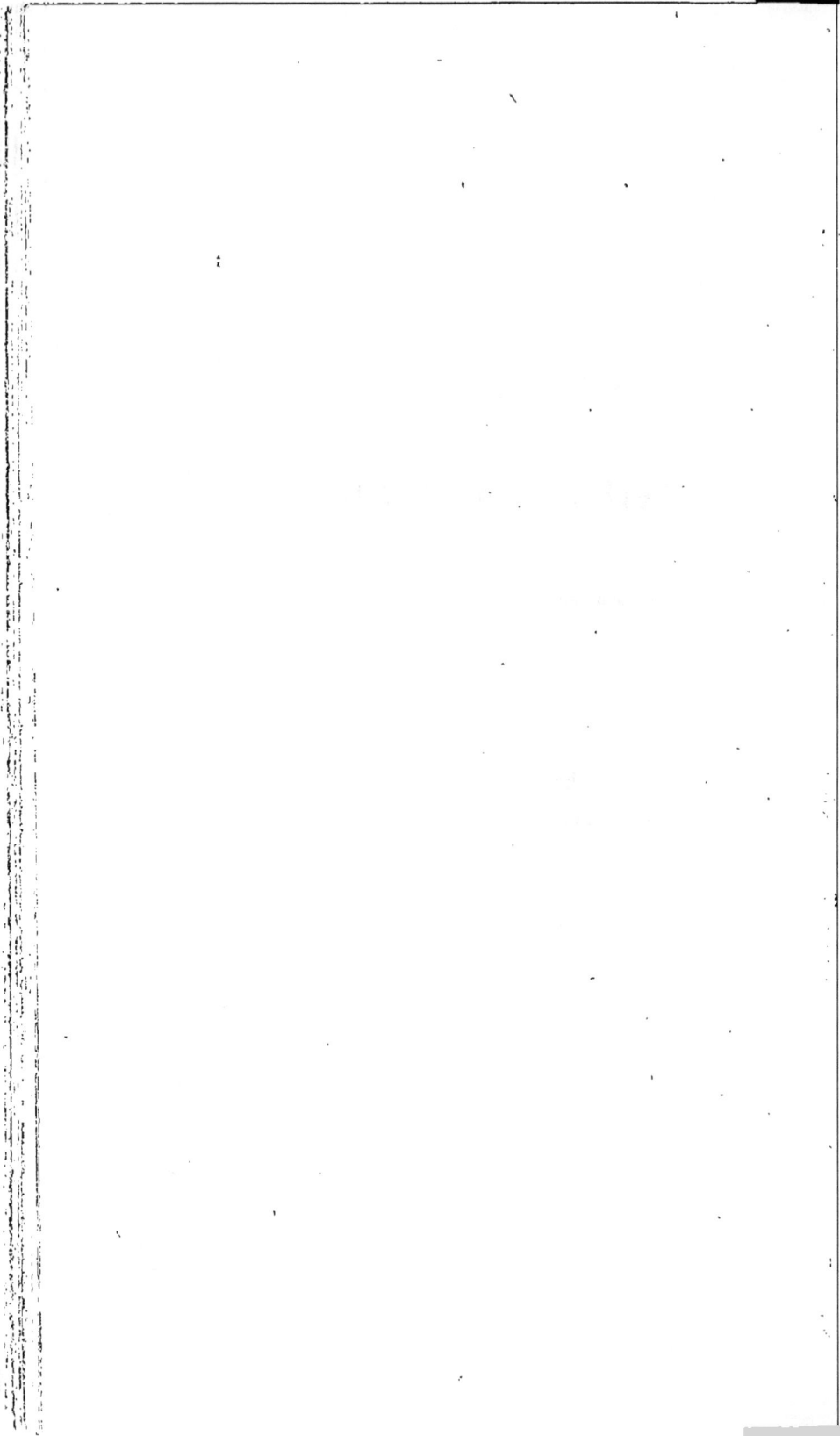

I

LE

SILENCE DE LA VIERGE

PAR ANNIBAL CARRACHE.

Un poëte anglais moderne, dans une pièce de vers adressée à un enfant endormi, s'écrie :

> *Art thou a thing of mortal birth,*
> *Whose happy home is on our earth ?*
> *Does human blood with life embue*
> *Those wandering veins of heavenly blue*
> *That stray along thy forehead fair*
> *Lost' mid a gleam of golden hair ?*
> *Oh ! can that light and airy breath*
> *Steal from a being doomed to death ?*
> *Those features to the grave be sent,*
> *In sleep thus mutely eloquent ?*
> *Or art thou what thy form would seem,*
> *The phantom of a blessed dream ?*

Oh ! that my spirit's eye could see
Whence burst those gleams of extasy !
That light of dreaming soul appears
To play from thoughts above thy years;
Thou smilest as if thy soul were soaring
To heaven and heaven's God adoring :
And who can tell what visions high
May bless an infant's sleeping eye [1] *?*

« Es-tu un être de naissance mortelle, dont notre « terre soit l'heureuse demeure? Est-ce le sang de « l'homme qui remplit de vie ces veines d'un bleu cé- « leste qui serpentent avec grâce sur ton front et se « perdent sous l'éclat de ta chevelure dorée? Cette ha- « leine douce et légère peut-elle sortir du sein d'une « créature condamnée à la mort? Ces traits, qui con- « servent dans le sommeil une éloquence muette, se- « ront-ils ensevelis dans la tombe? N'es-tu pas plutôt, « comme semble le dire ta beauté, un fantôme divin, « fruit d'un songe béni du ciel?

« Ah! si l'œil de mon esprit pouvait voir d'où jail- « lissent ces rayons d'une extase céleste! Ton âme, dans « ses rêves lumineux, paraît s'occuper de pensées au- « dessus de ton âge; tu souris comme si ton cœur s'éle- « vait vers le ciel et adorait le Dieu des cieux. Qui osera « dire les hautes visions qui peuvent bénir le sommeil « d'un enfant? »

1 John Wilson, *The isle of Palms and other poems*, in-8°, London and Edinburgh, 1812.

Ces vers semblent faits pour le Christ enfant et pour le tableau du Carrache. Jésus dort; le calme le plus profond est répandu sur ses traits, dans son attitude, dans tous ses membres; la grâce et la fraîcheur de l'enfance donnent à la figure une douceur et une naïveté parfaites : seulement les proportions sont un peu plus fortes qu'il ne convient à son âge et à la taille de sa mère; mais cette inexactitude, si souvent reprochée à l'artiste, ne laisse pas de prêter à l'enfant divin un caractère de grandeur qui se retrouve au plus haut degré dans l'expression de la tête : cette expression, véritablement imposante, semble indiquer, comme le dit le poëte, que dans ses rêves il s'occupe de pensées au-dessus de son âge; et cette seule indication, réveillant en nous le souvenir de la vie entière du Christ, de ses mœurs si graves et si douces, de ses préceptes si profonds et si simples, nous fait ajouter au charme du tableau tout le charme de cette auguste histoire.

La Vierge est ici d'une beauté qui se fait admirer même à côté des Vierges de Raphaël. Elle n'a peut-être pas autant de naïveté que la *Belle jardinière*, ni autant de grâce que la *Madonna della Sedia;* mais son expression est pleine de sérénité et de douceur, et son action est parfaitement d'accord avec cette expression; elle n'écarte pas le petit saint Jean qui touche la jambe de Jésus et va troubler son sommeil; elle se contente de lui faire signe de se tenir tranquille, en mettant le doigt sur la bouche ; elle semble craindre de remuer elle-même. Quant au petit saint Jean, c'est une des plus charmantes figures qui aient jamais été peintes ; finesse, naturel, grâce enfantine, tout s'y trouve ; il a grande envie de toucher le petit Jésus : il regarde la Vierge avec une attention inquiète, comme pour savoir jusqu'où il peut aller et si la défense est bien positive. Cependant il se soumet, il n'avance plus ; mais il reste où il était lorsque Marie lui a fait signe ; il ne se retire pas encore. Peu d'artistes ont réussi aussi bien à réunir dans une tête d'enfant tous les petits sentiments vifs, malins et cependant timides, qui se combinent à cet âge avec tant de facilité, de promptitude et de naïveté.

Annibal Carrache a traité fort souvent des sujets de ce genre, composés des mêmes personnages : on les retrouve dans trois gravures de sa main, deux à l'eau forte et la troisième au burin [1].

PROPORTIONS.

Hauteur, 36 centim. $=$ 1 pied 1 pouce 3 lig. 585.
Largeur, 44   — $=$ 1 — 4 — 3 — 48.

[1] Bellori, *Vite de' pittori*, p. 88.

LA NATIVITÉ

PAR ANNIBAL CARRACHE.

On a peine à comprendre, surtout en considérant ce tableau, comment il est possible que Mengs ait refusé à Annibal Carrache la réflexion philosophique (*riflessione filosofica*). La réflexion fut précisément le caractère de l'école des Carrache ; c'était en appliquant à leur art les vues de l'esprit et les préceptes de la raison qu'ils avaient su le ramener à la nature écartée par des préjugés d'école. Ce fut dans les sentiments réfléchis, dans les émotions intérieures de l'âme qu'ils cherchèrent la source de cette expression pure et sage, opposée par eux avec tant de succès à l'exagération des imitateurs mal-

adroits de Michel-Ange. Sans doute, entrés tous les trois
dans la même voie, ils la suivirent avec des facultés
diverses. L'expression est peut-être plus pénétrante
dans les tableaux de Louis Carrache, et la conception
plus ingénieuse dans ceux d'Augustin, qu'Annibal a
surpassés tous les deux pour la pureté du style et la
grâce des formes. Mais presque toutes les productions
de ces trois grands maîtres contiennent une profonde
pensée; l'attention s'y arrête d'abord, involontairement
saisie par le naturel et l'apparente simplicité de l'expression; cette simplicité est celle de la richesse; elle
révèle l'ordre et invite la réflexion à pénétrer dans les
trésors de vérité qui se déploient devant elle à mesure
qu'elle pénètre et s'enfonce plus avant.

Ici le premier effet est celui d'un grand mouvement,
effet assez rare chez les Carrache; ils ne font guère
entrer d'ordinaire dans leurs tableaux plus d'une dou-
zaine de figures; mais ici il s'agissait de représenter un
événement pour ainsi dire universel. Le Christ vient
de naître; tout s'est ému sur la terre et dans le ciel; le
firmament s'est ouvert, et sur les nuées peuplées de
chérubins se montrent à nous les chœurs des anges
(*minstrelsy of heaven*). Les uns, revêtus des formes de
l'adolescence, célèbrent par des hymnes et au son des
instruments la venue du Rédempteur; des voix d'anges
enfants les accompagnent; et l'un d'eux, au milieu du
tableau, élève une banderole sur laquelle se lisent en

lettres d'or les paroles triomphales : *Gloria in excelsis*.
Au-dessous, quelques autres se balancent sur leurs ailes,
parfumant d'une pluie de fleurs le groupe terrestre
auquel se sont unis d'autres anges qui complètent ainsi
la chaîne d'actions de grâces que vient de former, entre
le ciel et la terre, le grand avénement du fils de
l'homme. Le groupe inférieur se compose de trois bergers, de la Vierge, de saint Joseph et de trois anges,
tous agenouillés autour de l'Enfant, qui, couché au milieu d'eux sur la paille de la crèche, y forme comme un
point lumineux où viennent se confondre les regards
et les sentiments des divers personnages.

Cette belle composition est remarquable à la fois par
la richesse et l'harmonie, l'unité et la variété. Le groupe
d'en haut, d'une ordonnance presque symétrique,
composé d'êtres de la même nature, du même âge, du
même sexe, tous charmants, tous animés du même sentiment, offre surtout un exemple frappant de l'art de
disposer et d'accorder les lignes sans confusion et sans
monotonie, et du talent de diversifier les formes et le
caractère de la beauté; sur leurs physionomies, variées
comme leurs traits, règne cependant une même expression d'amour et de désintéressement céleste, de joie
sans étonnement et sans aucun mouvement qui paraisse
les faire sortir de leur état habituel. On ne saurait dire
si ce moment n'est pas semblable à tous ceux de leur
existence.

Chez les bergers, l'attendrissement, la surprise, l'admiration se manifestent avec une vivacité qui les distingue parfaitement des anges mêlés avec eux. La figure
de l'enfant est intelligente et majestueuse; et au milieu
du groupe, la Vierge, les mains sur la poitrine, l'âme
élevée vers le ciel et les yeux sur son enfant, paraît
remplie d'un sentiment qui n'appartient qu'à elle,
comme à elle seule appartient la dignité des hautes destinées auxquelles elle va se dévouer avec la plus profonde tendresse d'une mère.

PROPORTIONS.

Hauteur, 1 mètre 2 centim. 9 mill. $=$ 3 pieds 2 pouces.
Largeur, » — 83 — 9 — $=$ 2 — 7 —

LE CORRÈGE

ALLEGRI, Antonio, né à Corregio en 1494; mort à Corregio en 1534.

1° LE MARIAGE DE SAINTE CATHERINE D'ALEXANDRIE.
2° SAINT JÉROME.

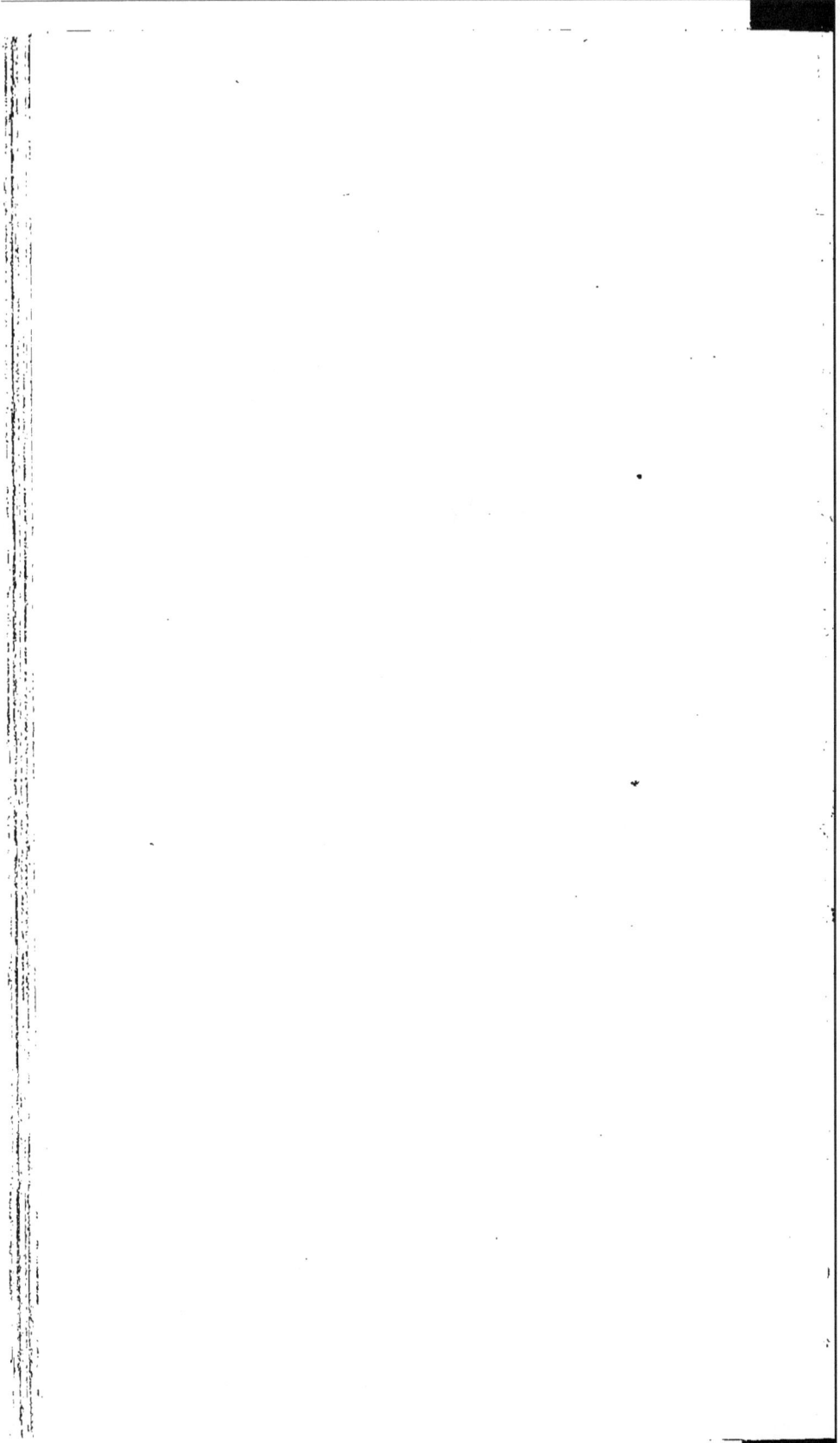

I

LE MARIAGE

DE

SAINTE CATHERINE D'ALEXANDRIE

PAR LE CORRÈGE.

Catherine, dit son historien, fille d'un « roi d'Alexandrie » belle, fière et instruite dans les doctrines des philosophes, dédaignait le mariage, et ne voulait pas entendre parler du christianisme. Un ermite parvint cependant à exciter sa curiosité en lui promettant un époux supérieur à elle en toutes choses, supérieur même à toutes les autres créatures. Désirant le voir, elle consentit, pour y parvenir, à prier devant une image de la Vierge tenant son fils sur ses genoux. Après sa prière, elle s'endormit et vit en songe le Christ, beau par delà toute beauté (*ultra omnem pulchri-*

13.

tudinem speciosum). Sa mère lui offrit Catherine pour épouse; il la refusa, et dit « qu'elle n'était point belle. Catherine s'éveilla éprise d'amour, et s'attrista jusqu'à la mort. » L'ermite consulté prit cette occasion pour l'instruire dans la foi chrétienne et lui donner le baptême. La nuit suivante, après de nouvelles prières, Catherine, endormie de nouveau, revit en songe le Christ environné d'anges et plus éclatant que le soleil; sa mère lui conduisit Catherine; il l'accepta pour épouse, et lui mit au doigt un anneau divin qu'elle y retrouva à son réveil.

Ce n'est pas l'Amour enfant que les peintres ont donné à Psyché pour époux; c'est toujours le Christ enfant qu'ils ont représenté mettant au doigt de sainte Catherine l'anneau divin, gage de leur union. Rien cependant dans le récit de l'évêque de Jasolo, historien de Catherine, ne les empêchait de choisir une autre époque de la vie du Christ. Ils auraient pu le montrer un peu au-dessus de l'âge où il parut dans le temple, au milieu des docteurs étonnés de sa beauté autant que de sa sagesse; et cette divine adolescence s'unissant, sous les auspices d'une mère, à la pureté virginale, eût offert sans doute le tableau le plus gracieux que l'imagination fût capable de concevoir; ils auraient pu le représenter dans sa gloire, tel qu'il est assis auprès du trône de son père, et, à la prière de Marie, abaissant ses regards sur son humble épouse. Telle paraît même avoir été l'idée du légendaire ; mais le génie des peintres les a mieux inspirés ; ils ont senti que dans un pareil sujet, la condition la plus nécessaire était d'écarter tout ce qui pouvait arrêter l'esprit sur l'idée d'une union terrestre ; et l'enfance du Christ a conservé à l'amour de Catherine tout ce qu'il a de mystique , en lui laissant son caractère indéterminé entre l'impression causée par l'objet sensible et le désir d'une possession purement intellectuelle.

Dans le charmant tableau du Corrège, l'expression des traits de la jeune fille est celle d'une dévotion ingénue. Quoique le tableau ne présente que la partie supérieure de sa figure, on juge qu'elle est agenouillée devant la Vierge ; celle-ci, assise, tient son fils sur ses genoux. Les yeux de Catherine, timidement baissés, se fixent sur la main de l'enfant qui, de l'air d'une attention enfantine, tient le doigt de la jeune fille, très-occupé d'y placer l'anneau. Ces deux mains sont mises dans une de celles de la Vierge ; de l'autre, elle semble diriger l'action de son fils. Catherine s'appuie sur une roue dans laquelle est passée une épée, instrument de son double martyre. Derrière elle, saint Sébastien, quelques flèches à la main, contemple ce spectacle d'un air de joie et de complaisance. Les légendes font mourir saint Sébastien sous Dioclétien, et convertissent sainte Catherine sous Maxence. Dans un sujet historique, les réunir serait un anachronisme; mais le sujet mystique confond les temps comme les natures; et quelles que soient les raisons qui aient engagé le Corrège à rassembler ces deux saints dans le même tableau, rien dans un pareil assemblage ne blesse les convenances du sujet; et il a pu également, sans manquer à la vraisemblance historique qui n'entre ici pour rien, anticiper l'avenir, non-seulement en plaçant sous la main de Catherine, au moment de son mariage, les instruments de son martyre, mais encore en laissant entrevoir, dans le lointain du vaste paysage qui sert de fond à son tableau, d'un côté le martyre de saint Sébastien, de l'autre celui de sainte Catherine.

Ce tableau est peint sur bois.

PROPORTIONS.

Hauteur, 1 mètre 22 cent. = 3 pieds 8 pouces.
Largeur, 1   —   22   —   = 3 — 8   —

SAINT JÉROME

PAR LE CORRÈGE.

« Des ouvrages du Corrège, dit Mengs, celui-ci es presque le plus beau »; Algarotti lui donne la préférence, non-seulement sur tous les autres tableaux de ce grand peintre, mais encore sur tous ceux qu'il connaît. Annibal Carrache n'en parlait qu'avec transport, et après l'avoir vu, il voulait abandonner tout autre modèle pour ne plus étudier que le Corrège

L'histoire de ce tableau a été suivie avec soin depuis son origine. Il fut fait en 1524, pour la signora Briséis

Colla, veuve d'Ottaviano Bergonzi, gentilhomme parme-
san. Elle le lui paya quarante-sept ducats, et la dépense
des six mois durant lesquels il y avait travaillé, mais sans
s'y consacrer entièrement, car c'était à cette époque
même qu'il exécutait les grands travaux de l'église de
Saint-Jean de Parme. On ajoute que, le tableau fini, la
signora Briséis voulut, au prix convenu, joindre une
gratification qui consista en deux voitures de bois, un
cochon gras, et plusieurs mesures de froment : présent
modique, mais conforme à l'usage du temps et à la
modération de ce grand maître. Car, si la fortune du
Corrège ne fut pas aussi mauvaise qu'on l'a cru généralement, du moins paraît-il que la modestie et la simplicité de son caractère le tinrent toute sa vie dans cette
situation médiocre d'où le talent et le génie ne suffisent
pas à faire sortir celui qui n'est pas doué d'une sorte
de hardiesse nécessaire, s'il est permis de le dire,
pour imposer à la fortune.

Le Saint Jérôme fut donné par la signora Briséis aux
religieux du couvent de Saint-Antoine de Parme; en
1749, l'infant Dom Philippe l'acheta, pour empêcher
que les religieux ne le vendissent au roi de Portugal, qui
en offrait, dit-on, 460,000 francs; il le fit ensuite
placer dans une des salles de l'Académie des Beaux-
Arts qu'il venait de fonder.

Le sujet du Saint Jérôme est, comme un grand
nombre de tableaux de ce temps-là, le produit de

quelque dévotion particulière qui, sans s'arrêter à
l'ordre des temps, aimait à réunir dans un même
cadre les objets de sa vénération. Saint Jérôme n'y
joue pas un rôle plus important qu'aucun des autres
personnages. Debout, à la gauche du tableau, les
genoux seulement un peu pliés, comme pour dissimuler quelque chose de sa haute taille, ce saint,
accompagné de son lion, et dans la nudité presque
sauvage de son désert, offre, par l'intermédiaire
d'un ange, ses ouvrages à l'Enfant Jésus, assis au
milieu du tableau sur les genoux de sa mère. A droite,
la Madeleine à genoux, la tête et le bras appuyés sur
la Vierge, prend le pied de l'enfant et l'approche de
sa joue pour le caresser; derrière elle, un petit
ange tient et paraît vouloir sentir le vase de parfums qu'elle doit un jour répandre sur les pieds du
Christ.

. Admirable par l'expression des sentiments doux, tendres et gracieux, le Corrège a porté au plus haut degré
dans cette célèbre composition le caractère qui lui était
propre. Toute cette scène est occupée et remplie par le
charme que répand autour de lui un Enfant adoré.
L'ange qui, le doigt sur un endroit du livre, lui ouvre
les œuvres de saint Jérôme, sourit avec cette complaisance d'un enfant déjà grand pour l'enfant plus petit dont
il est accoutumé à faire l'objet de ses soins, et « avec
un rire si naturel, dit Vasari, qu'il contraint de rire avec

lui[1]. » Le petit Jésus, d'un air spirituel et gai, étend sa main comme s'il comprenait; et dans le regard maternel de la Vierge perce aussi la nuance de gaîté d'une mère amusée des jeux de son enfant. Le sévère saint Jérôme paraît absorbé dans cette douce contemplation; et l'expression mélancolique répandue sur la ravissante figure de la Madeleine indique moins peut-être un pressentiment sur la destinée de l'enfant qu'elle caresse avec tant d'amour et d'abandon, que cet excès, cette défaillance d'une tendresse qui succombe à l'impossibilité de se manifester envers un petit être encore incapable de la comprendre. L'ange placé derrière la Madeleine est charmant; la grâce de toutes ces figures est telle qu'il appartient au Corrège, et n'en contraste que mieux avec la mâle figure de saint Jérôme, auquel on peut à peine reprocher de demeurer, dans sa pose, un peu trop soumis à la ligne ondoyante qu'affectait presque exclusivement ce grand peintre.

Accoutumés au pinceau du Corrège, les amateurs cependant traitent de prodige la peinture de Saint Jérôme, où la couleur, plus empâtée que dans aucun de ses tableaux, conserve pourtant une incroyable transparence, et des teintes tellement moelleuses « qu'elles ne semblent pas, dit Mengs, appliquées avec

[1] T. VII, p. 150, édit. de 1809.

le pinceau, mais fondues ensemble, comme de la cire sur le feu [1]. »

Ce tableau a été gravé plusieurs fois ; mais Augustin Carrache lui-même n'en a pu rendre toute la grâce. Il est peint sur bois.

PROPORTIONS.

Hauteur, 2 mètres 9 centim. $=$ 6 pieds 4 pouces ρ lignes.
Largeur, 1 — 42 — $=$ 4 — 4 — 6 —

---

[1] T. II, p. 157.

ANDRÉ DEL SARTO

VANNUCHI, né à Florence en 1448; mort à Florence en 1530.

LA CHARITÉ.

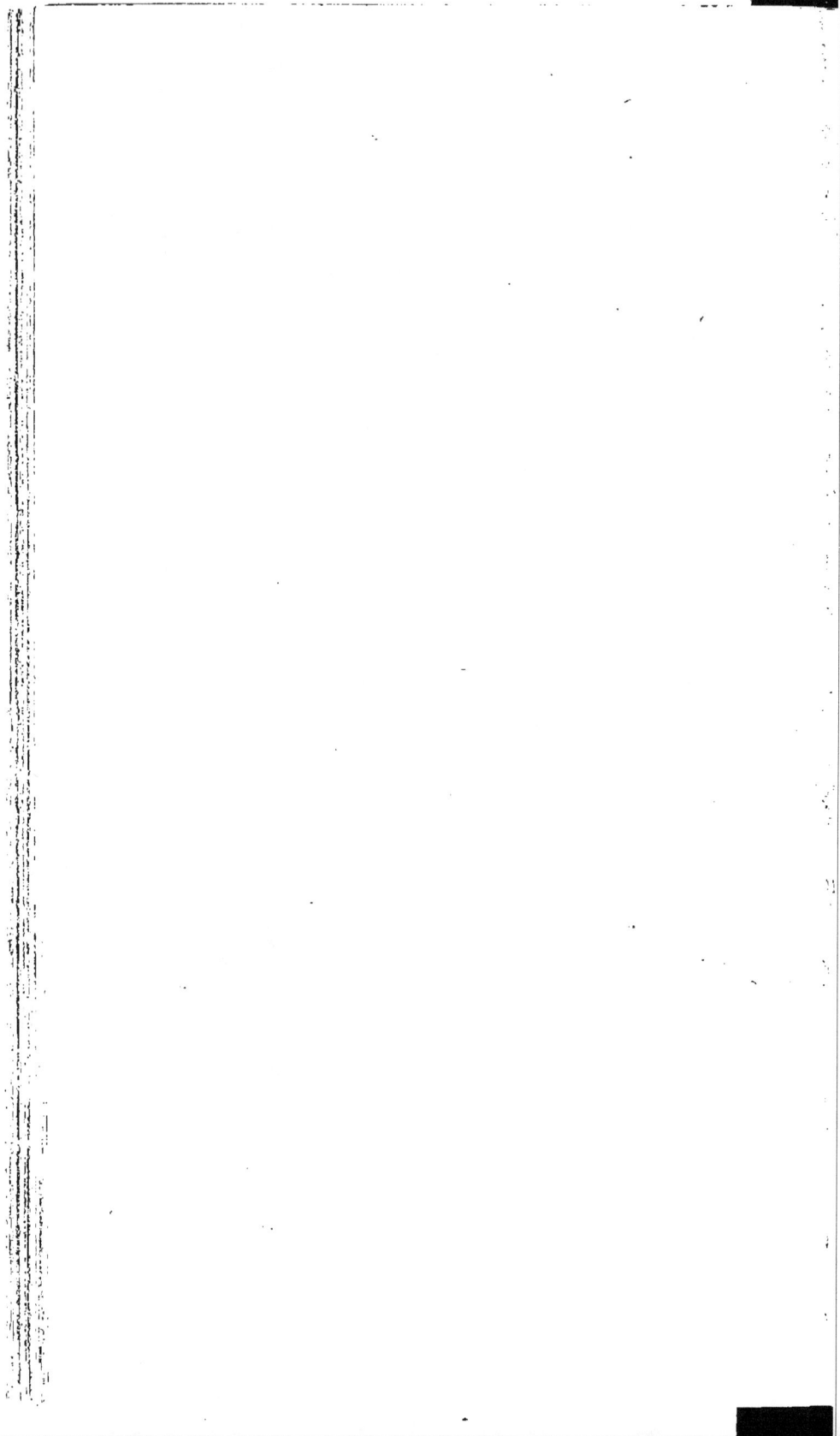

LA CHARITÉ

PAR ANDRÉ DEL SARTO.

A peine François Ier fut-il monté sur le trône qu'il
s'efforça d'attirer à sa cour tous les hommes qui pouvaient l'honorer et l'embellir ; philosophes, savants,
poëtes, architectes, sculpteurs, peintres, tous les talents avaient droit à sa protection et à sa bienveillance.
Les rois de France sont les souverains qui ont attaché
le plus de prix à ce genre de gloire, et qui ont donné,
aux arts comme aux lettres, les marques de l'intérêt le
plus vif et le plus généreux. Cet intérêt ne s'est pas
borné aux hommes distingués parmi leurs sujets ; il
s'est étendu au delà des préjugés du temps, des rivali-

tés nationales, et François Ier en particulier se plaisait
à prodiguer aux grands hommes de tous les pays les
témoignages de son estime. André del Sarto en fut
comblé ; appelé vers l'an 1518 à Paris, où il était déjà
connu par plusieurs tableaux qu'il y avait envoyés, il
y fit d'abord le portrait du dauphin qui venait de naître ; il y peignit ensuite cette *Charité* qui, en ajoutant
à sa réputation, lui valut de nouvelles faveurs du monarque [1]. Ce tableau était peint sur bois, comme tous
ceux d'André ; les vers ne tardèrent pas à s'y mettre
ainsi qu'à celui du dauphin. Picault essaya de transporter celui-ci sur toile, et cet essai réussit si bien que
la même opération fut faite sur la *Charité*, que l'on
exposa en 1750 dans la galerie du Luxembourg, et
qui, ainsi conservée, a passé du cabinet du roi dans le
Musée royal.

Lomazzo regarde ce tableau comme un des chefs-
d'œuvre de ce maître : le sujet convenait à son génie,
naturellement simple, doux et sensible ; la manière
dont il l'a conçu est d'accord avec ce que nous savons
du caractère de ce génie. Une grande et belle femme
assise, vêtue de draperies rouges et bleues, tient dans
ses bras deux enfants nus ; elle donne à téter à l'un, et
le second lui montre avec une joie enfantine des noisettes qu'il vient de ramasser à ses pieds ; un troisième

---

[1] Voyez Vasari, *Vite de' Pitt.*, t. IX, p. 63, éd. de Milan, 1810, et
Lomazzo, *Trattato della pittura*, liv. II, c. 15.

enfant repose à côté d'elle, endormi sur un des pans de sa robe. La Charité ne le regarde pas; mais le doux recueillement de ses regards annonce qu'elle jouit profondément du bien qu'elle leur fait : il y a dans cette expression quelque chose de fort remarquable ; le peintre n'y a point mis la tendresse d'une mère heureuse au milieu de ses enfants ; une sorte de gravité religieuse semble indiquer que la Charité remplit un devoir, et l'air de méditation, qui s'allie dans ses traits au sentiment de satisfaction que donne un devoir rempli, fait croire qu'elle réfléchit à d'autres devoirs du même genre, à d'autres enfants qui ont besoin d'elle comme ceux qu'elle soulage, et aux moyens par lesquels elle pourra étendre sur eux sa bienfaisante influence. De là résulte, dans cette figure, une dignité sérieuse et calme qui, en complétant l'idée de la Charité, ajoute beaucoup à ce que son action a de touchant. On voit qu'André del Sarto a cherché à rendre, non-seulement cette action, mais le caractère tout entier de la Charité religieuse : la personnification ne montre qu'une femme nourrissant et soignant trois enfants ; l'imagination du peintre a vu davantage : elle a saisi tous les sentiments qui devaient occuper une âme vouée au pieux exercice d'un devoir sans bornes, et il a voulu que l'expression de la figure, destinée à représenter, non une femme charitable, mais la Charité personnifiée, en rappelât le souvenir. Il y a réussi par le seul effet de l'expression, et sans charger son ouvrage de symboles et d'allégories. Ainsi procède le vrai talent : ses moyens sont simples ; il les prend dans son sujet même, non dans des amplifications presque toujours froides, parce que leurs rapports avec ce sujet ne frappent point au premier coup d'œil, et que, même quand on les a comprises, elles se lient mal au sentiment que l'ensemble doit inspirer.

La coiffure de la Charité est peu agréable : les cheveux retroussés jusqu'à la racine n'ont point l'effet d'une belle chevelure, et nuisent même à la beauté du visage ; cependant tous les traits de la Charité sont beaux, et la tête est la partie où la couleur s'est le mieux conservée. Le cou est fort noirci ; les draperies, distribuées à merveille et jetées à grands plis majestueux et souples, ont perdu un peu de leur éclat : les enfants sont beaux ; celui qui tète a un air d'empressement et d'avidité qui indique le besoin qu'il doit avoir de ce secours ; celui qui, avec une joie naïve, présente à la Charité des noisettes, semble, par sa confiante gaîté, remercier sa bienfaitrice ; et la pose de celui qui dort est pleine de naturel et de grâce. Quelques fruits semés aux pieds de la Charité sont ses seuls attributs, et un paysage bien exécuté remplit le fond du tableau, dont l'effet est aussi complet que la composition en est simple.

PROPORTIONS.

Hauteur, 1 mètre 82 centim. = 5 pieds 7 pouces 2 lignes 797.
Largeur, 1 — 35 — = 4 — 4 — 10 — 449.

LE CARAVAGE

AMERIGHI, Michel-Ange, né à Caravaggio en 1569; mort *ibid*. en 1609.

LA MORT DE LA VIERGE.

14

LA MORT DE LA VIERGE

PAR MICHEL-ANGE AMERIGHI, dit LE CARAVAGE.

Un talent original et vrai fait pardonner bien des
défauts ; le Caravage en est une preuve. Né en 1569,
à Caravaggio, en Lombardie, fils d'un maçon, et
d'abord manœuvre lui-même, l'impulsion qui le pous-
sait vers la peinture triompha des obstacles que lui
opposaient la misère, le manque de temps et de leçons ;
il se rendit à Venise, de là à Rome, travailla dans
l'atelier de plusieurs peintres, entre autres dans celui
du cavalier Joseph d'Arpino, dit le Josepin, devint bientôt célèbre, forma une école connue en Italie sous le
nom d'école *de' Naturalisti,* influa sur le talent de

deux des plus grands peintres de son temps, le Guerchin et le Guide, et aurait pu jouir longtemps d'une
gloire heureuse si un caractère violent, prodigue et
déréglé ne l'avait empêché d'en recueillir paisiblement
les fruits ; forcé presque toujours de quitter en fugitif
les villes où il s'était fixé, il s'éloigna de Rome où il
avait tué un de ses amis à la suite d'une querelle de
jeu, alla à Naples et de là à Malte, où il désirait obtenir la croix, l'obtint après avoir fait le portrait du
grand-maître de l'ordre, Alphonse de Vignacourt[1],
et un beau tableau représentant la décollation de
saint Jean-Baptiste, se querella de nouveau avec un
chevalier, fut mis en prison, s'en échappa, passa en
Sicile, et de là en Italie, où à peine débarqué il fut
arrêté par une garde espagnole qui le prit pour un
autre prévenu ; relâché peu après, mais ne pouvant
rejoindre la felouque où étaient restés ses habits et
tous ses effets, il erra désespéré sur le rivage, par un
soleil ardent, fut saisi d'une fièvre maligne, et mourut
à Porto-Ercole, en 1609 ; année funeste à la peinture,

[1] Ce portrait est maintenant au musée Royal.

On lit dans Bellori, qu'outre la croix et une chaîne d'or, le Grand-
Maître donna au Caravage deux esclaves. On sait qu'il y avait à
Malte un marché public où se vendaient comme esclaves les prisonniers que les chevaliers avaient faits sur les Musulmans. Combattre
les Infidèles était le devoir, les vendre était le profit. (Bellori, *Vite
de' Pittori*, etc., p. 209.)

dit Bellori, car elle perdit en même temps Annibal Carrache et Frédéric Zuccaro.

Il est impossible, en lisant la vie du Caravage, de ne pas trouver entre son caractère et son talent une grande analogie. Son talent, comme son caractère, fut chaud, bouillant, plein de verve et de vérité, mais peu correct, peu noble, peu soigneux des convenances et de l'ensemble ; il ne cherchait que la nature sans s'appliquer à la choisir ni à l'embellir ; c'est la nature des rues, des places publiques, cette nature simple et grossière, dont les formes sont lourdes, les sentiments peu compliqués, les passions violentes, les expressions franches et fortes, dont la peau est rude, le maintien un peu courbé. C'était là que le Caravage prenait ses modèles ; la tête d'une jeune femme du peuple était pour lui celle de la Vierge ; ses saints lui venaient des cabarets ; et si, entraîné par la situation, il anime quelquefois ses figures de sentiments plus relevés, on aperçoit toujours à travers cet élan vrai, mais momentané, cette trivialité hors de laquelle il ne voyait point de vérité, parce que c'est là en effet la vérité qu'on rencontre le plus souvent [1].

« Cette manière de peindre du Caravage, dit Bellori, était aussi d'accord avec sa physionomie et sa figure : il était fort brun ; il avait les yeux bruns, les sourcils

[1] Bellori, *Vite de' Pittori*, p. 21.

et les cheveux noirs; cette apparence sombre et animée fut celle de ses tableaux [1]. »

Malgré la vogue qu'il obtint, il eut quelquefois des dégoûts à essuyer; chargé de plusieurs tableaux d'église, il les vit enlever de dessus l'autel, parcequ'on en trouvait les expressions et les attitudes inconvenantes. Son évangéliste saint Matthieu fut aussi banni de l'église de Saint-Louis-des-Français, et il en repeignit un second. *Sa mort de la Vierge* ne put rester non plus dans l'église *della Scala*, parce qu'il avait trop imité, disait-on, une femme morte hydropique [2]. Cette critique de la figure de la Vierge n'était peut-être pas sans fondement; mais quand on examine le reste du tableau, elle paraît un peu dure; des poses faciles et naturelles, une douleur simple et profonde, une couleur chaude et vraie rendent les amis des arts moins sévères que les religieux.

PROPORTIONS.

Hauteur, 3 mètres 68 centim. = 11 pieds 3 pouces 11 lig. 326.
Largeur, 2 — 38 — = 7 — 3 — 11 — 041.

[1] Bellori, *Vite de' Pittori*, p. 214.
[2] Bellori, *Ibid.*, p. 205-213. — Lanzi, *stor. pitt. della Italia*, t. II, p. 162.

LE GUIDE

RENI, Guido, né à Bologne en 1575; mort à Rome en 1642.

JÉSUS ET LA SAMARITAINE

JÉSUS ET LA SAMARITAINE

PAR GUIDO RENI, dit LE GUIDE.

« Jésus quitta la Judée et s'en retourna en Galilée;
or il fallait qu'il passât par la Samarie. Il arriva donc à
une ville de Samarie, nommée Sichar, près du fonds de
terre que Jacob donna à son fils Joseph. Là était la fontaine de Jacob, et Jésus, étant fatigué du chemin, s'assit
auprès de cette fontaine; il était environ la sixième
heure du jour. Une femme samaritaine étant venue
puiser de l'eau, Jésus lui dit :—Donnez-moi à boire...—
Mais cette femme samaritaine lui répondit :—Comment
vous, qui êtes juif, me demandez-vous à boire, à moi,
qui suis samaritaine?—Car les juifs n'ont point de liaison

avec les samaritains. Jésus lui répondit :—Si vous con-
naissiez la grâce que Dieu vous fait, et quel est celui
qui vous dit : Donnez-moi à| boire, vous lui en auriez
demandé vous-même, et il vous aurait donné une eau
vive.—Seigneur, lui dit cette femme, vous n'avez rien
pour puiser, et le puits est profond; d'où auriez-vous
donc cette eau vive?... Jésus lui répondit :—Quiconque
boit de cette eau aura encore soif; mais celui qui boira
de l'eau que je lui donnerai n'aura jamais soif, et l'eau
que je lui donnerai deviendra en lui une source d'eau
qui jaillira jusque dans la vie éternelle.—La femme lui
dit:—Seigneur, donnez-moi de cette eau, afin que je n'aie
plus soif, et que je ne vienne plus puiser de celle-ci [1].»

C'est là une de ces scènes simples dont un artiste
médiocre ne sait rien tirer, parce qu'elles n'offrent
rien d'animé, ni de matériellement intéressant. La
représentation d'un martyre, d'un combat, de tout
grand événement, porte en elle-même de quoi exciter
notre curiosité et fixer notre attention : ici, point d'action : deux figures, l'une assise, l'autre debout; si le
peintre ne trouve pas dans son âme les moyens d'établir
entre elles des rapports vrais et frappants, s'il ne sait
pas rendre, par l'expression, le dialogue qui les lie, son
ouvrage demeure insignifiant. Tout est dans ce dialogue, dans le caractère de celui qui parle et dans l'im-

---

[1] *Évangile selon saint Jean*, ch. IV, v. 3-16.

pression que produisent ses paroles sur celle qui écoute.
Il faut que le peintre nous représente en quelque sorte
ces paroles dans l'expression de Jésus qui les prononce,
et de la samaritaine à qui elles s'adressent : de là dépend tout l'intérêt, car c'est là le seul nœud qui unisse
les deux personnages ; ce n'est pas une action à faire
voir, c'est une conversation à faire entendre; conversation touchante et auguste, mais où rien de vif ni d'énergique ne peut amener ces mouvements forts et pronon-
cés qui attirent promptement nos regards en nous
annonçant une situation extraordinaire.

Le Guide avait trop d'esprit et de sensibilité pour
rester au-dessous d'un sujet qui en exigeait tant : la
scène était rigoureusement donnée ; il n'y a rien ajouté,
mais il y a mis tout ce qui pouvait y entrer. La pose de
Jésus est simple et naturelle ; sa tête, pleine de douceur,
de calme, de conviction et de noblesse, se tourne vers
la Samaritaine qui écoute avec l'incertitude d'un étonnement où percent déjà son plaisir à entendre et sa
disposition à croire; malgré le seau qu'elle tient, on
voit clairement que c'est à elle qu'on va donner, et que
Jésus ne demande point, mais qu'il offre. Les regards de
Jésus sont animés de cette compassion sérieuse et
tendre, caractère de sa mission et de sa doctrine. L'artiste semble avoir choisi le moment où Jésus cesse de
parler, et où la femme le prie de lui indiquer cette
source de vie qui doit couler éternellement : c'est en effet

celui où les deux figures sont dans le rapport le plus intime et le plus immédiat. Le Guide n'a pas cherché à élever la tête de la samaritaine à une beauté ni à une noblesse peu communes ; elle est belle sans être remarquable, et je crois que cela convenait au sujet.

Les draperies sont du plus bel effet ; les plis en sont larges, souples, disposés avec une facilité pleine d'art. Le paysage qui remplit le fond est riche. Enfin, quoique ce charmant petit tableau ait noirci, et qu'il faille l'examiner avec soin pour en reconnaître tout le mérite, il offre, ce me semble, une preuve sensible de ce qu'un homme de génie peut faire de la scène la plus simple, quand il s'est bien pénétré de toutes les idées et de tous les sentiments qui se rattachent au souvenir de cette scène, et que son ouvrage doit réveiller.

PROPORTIONS.

Hauteur, 57 centim. $=$ 1 pied 9 pouces 0 lig. 677.
Largeur, 80   — $=$ 2   —   5   —   6 — 636.

LE GUERCHIN

BARBIERI, Gian-Francesco, né à Cento, près Bologne, en 1590 ;
mort à Cento en 1666.

LA MAGICIENNE CIRCÉ.

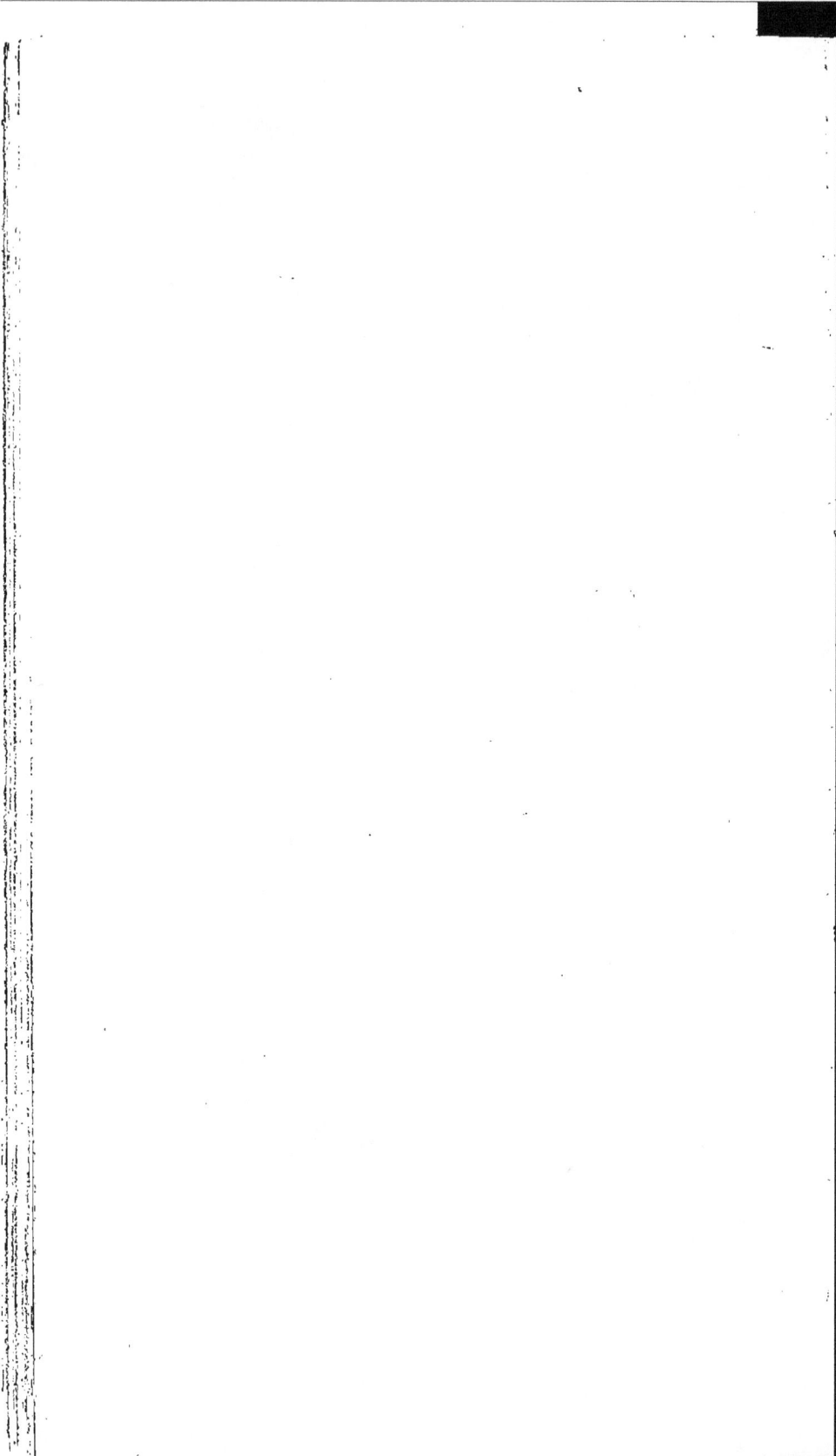

LA MAGICIENNE CIRCÉ

PAR LE GUERCHIN.

Jamais peintre n'eut plus de verve, de fécondité, de flexibilité que Jean-François Barbieri, dit le Guerchin; ses fresques du dôme de Plaisance, de la villa Ludovisi, à Rome, du palais Zampieri, à Bologne, lui ont valu une des premières places parmi les artistes qui ont excellé en ce genre; elles sont même supérieures à ce qu'il a peint à l'huile. On a de lui deux cent cinquante tableaux, dont cent six tableaux d'autel, et cent quarante-quatre grandes compositions; et dans ce nombre ne sont point compris les portraits, les paysages, les madones et les demi-figures. A Cento, sa ville natale, on ne peut faire

un pas sans le rencontrer ; les églises, les palais, les
maisons y sont pleins de ses ouvrages. Il changea trois
fois de manière, et si l'on découvre dans toutes le caractère particulier de son génie, on y voit en même
temps une facilité, une souplesse de pinceau très-rares :
« Sa première manière, dit Lanzi, est la moins connue;
« elle est pleine d'ombres très-fortes, de lumières très-
« vives ; les traits du visage et les extrémités y sont
« moins soignés, les chairs plus jaunâtres, la couleur
« moins agréable que dans ses tableaux postérieurs ;
« c'est dans le Saint Guillaume qu'on voit à Bologne
« qu'il faut l'étudier. »

S'étant lié ensuite avec le Caravage, et porté par la
nature même de son talent à ce genre de peinture
hardi, chaud, toujours plein d'effet en dépit d'une sorte
de trivialité, le Guerchin s'y livra avec d'autant plus
d'abandon qu'il pouvait ainsi laisser aller librement
son imagination et son pinceau, sans s'arrêter à de longues méditations ni à de laborieuses études; ses compositions furent animées, ses figures vivantes, ses chairs bien
nourries, sa lumière concentrée et forte, ses expressions énergiques et vraies : il mérita ainsi le surnom de
Magicien que lui ont donné depuis les Anglais[1]. Plus
tard, voyant le succès de la grâce, de la fraîcheur, de la
suavité du pinceau du Guide, il tenta d'en approcher,

---

[1] Algarotti, *Lettere sopra la pittura*, t. VIII, p. 141.

de donner à ses figures quelque chose de moins robuste
et de plus léger, de varier davantage les têtes, d'en
rendre l'expression plus fine : ce fut sa troisième manière. On avait appliqué aux deux artistes ce mot d'un
ancien que les figures de l'un étaient nourries de chair,
et celles de l'autre de roses : le Guerchin voulut essayer
de mettre quelques roses dans ses chairs. Ce change-
ment, a-t-on dit, arriva à la mort du Guide, « quand
« le Guerchin quitta Cento pour aller s'établir à Bo-
« logne, où il espérait alors tenir le premier rang ; mais
« plusieurs tableaux peints dans ce style, pendant que
« le Guide vivait encore, réfutent pleinement cette
« opinion. On dit même que le Guide remarqua cette
« révolution dans le talent du Guerchin, et qu'il s'en
« vantait en disant que celui-ci cherchait à se rappro-
« cher de sa manière, tandis qu'il faisait, lui, tout ce
« qu'il pouvait pour s'éloigner de la sienne [1]. »

Je serais tenté d'attribuer *la Circé* au temps de cette
troisième manière ; aucun sujet ne se prêtait davantage à la magie du Guerchin que le portrait de cette
magicienne ; il pouvait la faire belle d'une beauté
chaude et forte, l'entourer de cette lumière moitié
sombre, moitié ardente, dont le Caravage et lui ont si
bien connu les secrets ; il pouvait donner à la tête un
caractère énergique . Circé tient sa dangereuse ba-

[1] Lanzi, *Stor. pitt. dell. Ital.*, t. V p. 128

guette et porte un vase rempli de poisons; son livre mys-
térieux est à côté d'elle : notre imagination est disposée
à supposer là des passions, du clair-obscur, une puissance irritée qui va produire d'effrayants sortiléges. Le
Guerchin n'a cherché que la grâce : sa Circé est plus
séduisante qu'entraînée; son expression est douce et
calme; elle porte sa baguette et ses poisons comme elle
porterait une baguette insignifiante, un vase ordinaire :
on dit qu'elle prépare un meurtre, mais rien ne l'annonce; et la tête est charmante sans que rien y indique
une femme plus passionnée ou plus redoutable qu'une
autre.

Le costume est celui des femmes sarmates, confor-
mément à une tradition de l'antiquité qui dit que Circé
avait épousé un roi sarmate et qu'elle l'empoisonna.
Il est probable que cette prétendue Sarmatie était la
Colchide, ou quelque pays situé sur les rives de la mer
Noire, contrée où les anciens ont placé longtemps les
magiciennes et la magie [1].

PROPORTIONS.

Hauteur, 1 mètre 15 centim. = 3 pieds 6 pouces 5 lign. 789.
Largeur, »   —   93   —   = 2 — 4 —   4 — 263.

[1] Voyez Mythologie der Griechen von M. G. Herrmann, t. II, p. 676.

CHRISTOPHE ALLORI

Né à Florence en 1577 ; mort à Florence en 1619.

JUDITH EMPORTANT LA TÊTE D'HOLOPHERNE.

JUDITH

EMPORTANT LA TÈTE D'HOLOPHERNE.

PAR CHRISTOPHE ALLORI.

Christophe Allori, né à Florence en 1577, et mort en 1619, était fils d'Alexandre Allori, et reçut de son père les premières leçons de son art. Mais Alexandre Allori, élève du Bronzino, appartenait à cette école qui, après la mort de Michel-Ange, semblait s'être vouée à l'imitation des ouvrages et du style de ce grand maître ; il était fort savant en anatomie, avait de la verve, de l'expression, et manquait de souplesse, d'harmonie et de couleur. A l'époque où son fils Christophe commençait à pouvoir juger par lui-même, et chercher une manière qui lui fût propre, une révolution se déclarait dans l'école florentine. Louis Cigoli, Grégoire Pagani, et Dominique *de*

15.

Passignani avaient vu quelques tableaux du Baroccio ;
ce riche et suave empâtement de couleurs, ce faire
moelleux les avaient charmés ; ils se mirent à étudier
dans les ouvrages de ce peintre, et plus encore dans
ceux du Corrège, la science du coloris et du clair-
obscur, et abandonnèrent pour cette séduisante manière
la vigueur un peu sèche des successeurs de Michel-
Ange. « S'ils se fussent appliqués, dit Lanzi, à donner
aux formes quelque chose de l'élégance grecque, et un
peu plus de finesse aux expressions, la réforme de la
peinture, qui eut lieu en Italie vers cette même époque,
appartiendrait à Florence autant qu'à Bologne. »

Christophe Allori se rangea du parti des réformateurs,
et fut peut être le plus distingué de tous. « Quand je
considère, dit Lanzi, la perfection à laquelle il parvint
dans une vie assez courte, me paraît le Cantarini de
son école. Il lui ressemble par la beauté, la grâce, le
fini des peintures ; seulement, dans les ouvrages du
Cantarini, il y plus de beau idéal, et dans ceux de
Christophe Allori, la couleur des chairs est plus heu
reuse. Ce qui le rend encore plus remarquable, c'est
qu'il ne connut ni les Carrache, ni le Guide ; il sup-
pléa à tout par un discernement plein de délica
tesse et par l'application la plus opiniâtre ; jamais son
pinceau ne quittait la toile tant que sa main n'avait

---

[1] Lanzi, *Stor. pitt. dell' Ital.*, t. 1, p. 227.

pas fidèlement rendu ce qu'avait conçu son esprit [1].»

Alexandre Allori ne pardonna jamais à son fils d'avoir abandonné sa manière pour en adopter une nouvelle : cette innovation fut entre eux le sujet de querelles interminables. La vieillesse voit tout dans le passé et ne veut rien perdre de ses souvenirs; la jeunesse voit tout dans l'avenir et ne veut rien sacrifier de ses espérances. Alexandre Allori tenait à l'énergie un peu dure de son style, comme Caton à l'âpreté des formes de l'ancienne constitution romaine; mais, comme dit Montaigne, la jeunesse a le vent pour elle; l'école du Cigoli, du Passignano, de Christophe Allori l'emporta, et elle fait époque dans l'histoire de la peinture à Florence.

La Judith est un des plus beaux ouvrages de ce maître; ce n'est pas qu'on y trouve une expression spécialement appropriée au sujet; le peintre ne s'est point attaché à rendre cet enthousiasme singulier d'une femme juive, au milieu d'une action qu'un siècle et un peuple barbares ont pu appeler héroïque, puisqu'elle était le fruit d'un patriotisme plein de dévouement: on ne voit rien de barbare dans la tête de Judith; rien n'y rappelle une joie fanatique; elle est noble, calme, d'une beauté sévère: peut-être la légère nuance de tristesse qui s'y laisse entrevoir contribue-t-elle à adoucir ce que, sans cela, ces yeux noirs, ces cheveux noirs, cette

[1] Lanzi, *Stor. pitt. dell' Italia*, t. I, p. 236.

bouche dure et froide, ce maintien grave et tranquille, au milieu d'une action si terrible, auraient pu avoir de repoussant. Judith ne montre aucune sensibilité, aucune émotion ; elle emporte la tête d'Holopherne, comme Catherine de Médicis reçut celle de Coligny :

> Médicis la reçut avec indifférence,
> Sans paraître jouir du fruit de sa vengeance,
> Sans remords, sans plaisir, maîtresse de ses sens... [1]

L'exécution est admirable, les chairs sont pleines, moelleuses, veloutées ; tous les traits sont peints avec ce fini qui ajoute à la vérité sans dégénérer en détails minutieux. Les cheveux, en particulier, sont d'une extrême souplesse et du plus bel effet.

On a conservé sur ce tableau une singulière anecdote. On raconte qu'Allori, amoureux de la Mazzafirra et tourmenté par les caprices de cette femme, laissa croître sa barbe, se peignit en Holopherne, et fit, dans sa Judith, le portrait de sa maîtresse : singulière vengeance qui rappelle la vie licencieuse de ce peintre. « Ses vices, dit Lanzi, le dérangeaient fort souvent de son travail ; c'est pour cela que ses tableaux sont rares et qu'il n'est pas très connu [2]. »

PROPORTIONS.

Hauteur, 1 mètre 39 centim. = 4 pieds 3 pouces 4 lig. 179.
Largeur, 1 — 11 — = 3 — 5 — » — 057.

[1] *Henriade*, chant II.
[2] *Storia pitt. dell' Italia*, t. I, p. 236.

GENTILESCHI

LOMI, Orazio. dit DE' GENTILESCHI, né à Florence en ...., mort à Rome en 1647.

L'ANNONCIATION.

L'ANNONCIATION

PAR ORAZIO LOMI, dit DE' GENTILESCHI.

———————

La révolution qu'opérèrent dans l'école florentine, vers la fin du seizième siècle, le Cigoli, le Pagani et le Passignano, s'étendit rapidement dans les écoles particulières des villes dépendantes ou voisines de Florence, telles que Pise, Lucques, etc. A Pise, Aurelio Lomi, élève d'abord du Bronzino et ensuite du Cigoli, fut le principal fondateur de cette nouvelle manière par laquelle la grâce et le moelleux du coloris, la richesse des costumes et des ornements, et le fini des détails remplacèrent la hardiesse correcte et fière, mais souvent sèche et peu naturelle, des imitateurs de

Michel-Ange. Les tableaux dont il orna le dôme de Pise, et son *Saint Jérôme* dans le Campo-Santo de cette ville sont les plus estimés de ses ouvrages. Il eut pour frère et pour élève Orazio Lomi, né à Pise en 1563, et qui prit d'un de ses oncles maternels le nom de Gentileschi. Orazio Lomi, après avoir commencé à étudier à Pise sous son frère, se rendit à Rome, où il reçut les leçons d'Augustin Tassi, avec lequel il contracta une étroite amitié, et dont il partagea les travaux. Les premiers tableaux qu'il peignit à Rome, pour le palais Quirinal et l'église de la Paix, n'offrent pas cette brillante suavité de coloris qu'il acquit plus tard. Après avoir orné de ses ouvrages le palais Borghèse et surtout la collection du roi de Sardaigne à Turin, il passa en Angleterre, où il vécut jusqu'à l'âge de 84 ans, aimé et estimé de Van Dyk, qui le plaça dans sa galerie des portraits de cent hommes illustres. Sa fille, Artémise Gentileschi, suivit les traces de son père et se distingua surtout dans le portrait; elle vécut presque constamment à Naples, où elle devint amie et disciple du Guide [1].

Le tableau de l'*Annonciation* est un de ceux qu'Orazio Lomi peignit pour le roi de Sardaigne. L'ange Gabriel à genoux, et tenant à la main une branche de lis, annonce à la Vierge ses hautes destinées, et lui

[1] Lanzi, *Stor. pitt. dell' Ital.*, t. 1, p. 255.

indique du doigt le Saint-Esprit qui, sous la forme d'une colombe, pénètre dans l'appartement par un panneau ouvert de la croisée. La Vierge reçoit le divin messager avec un humble étonnement et une pieuse modestie ; sa tête inclinée, ses yeux baissés et recueillis, le geste de sa main droite, tout dans son attitude et dans son expression est plein de réserve et de charme ; elle semble à la fois pénétrée et confuse de la mission sublime à laquelle l'ange vient l'appeler ; et l'on dirait que, mortelle faible et timide, elle n'accepte qu'en tremblant l'honneur dont la rendent digne l'élévation et la pureté de son âme.

La Vierge est drapée avec beaucoup de naturel et de grâce ; son manteau est bleu et sa robe rouge ; derrière elle est placé un lit de forme antique, surmonté d'un grand rideau de couleur pourpre foncée, qui remplit avec richesse le fond du tableau.

La figure de l'ange offre moins de beautés que celle de la Vierge ; cependant l'expression en est simple et noble, et l'attitude ne manque point de grâce, bien qu'elle ait, dans la partie supérieure du dos, quelque chose de gêné et de contraint ; inconvénient presque inséparable d'une grande figure ailée vue de profil ; le haut de la draperie de l'ange est mêlé de violet foncé et d'aurore ; la tunique est jaune.

Malgré quelques incorrections de dessin qui se font remarquer surtout dans les pieds et les mains des figures, ce tableau est d'un coloris si élégant et si chaud, il y a dans les ornements et les fonds un ton si brillant, les têtes ont une expression si gracieuse qu'il est impossible de ne pas l'admirer. Les ouvrages de ce maître sont d'ailleurs rares en France ; on n'y en a vu que deux, celui que je décris et une *Sainte-Famille :* l'intérêt qu'ils doivent inspirer tient non-seulement à leur mérite propre, mais encore à ce qu'ils appartiennent à une école qui, sans avoir produit des artistes du premier ordre, a opéré dans la peinture florentine une révolution dont l'histoire de l'art doit tenir compte.

PROPORTIONS.

Hauteur, 2 mètres 90 centim. $=$ 9 pieds 1 pouce.
Largeur, 2 —   5   — $=$ 6 — 2 —

LE BASSAN

DA PONTE, Jacques, dit LE BASSAN, né à Bassano en 1510; mort à Bassano en 1592.

LE CHRIST DÉPOSÉ DE LA CROIX.

LE CHRIST DÉPOSÉ DE LA CROIX

PAR JACQUES DA PONTE, dit LE BASSAN.

La beauté du coloris, l'entente de la lumière, une heureuse liberté de pinceau, l'étonnante vérité des figures et des attitudes, tels sont les principaux caractères de l'École vénitienne. A ces caractères généraux, les différents maîtres dont elle se compose ont plus ou moins ajouté les divers mérites qui leur étaient propres : le Bassan a surtout porté au plus haut degré ceux qu'on remarque dans l'école; il y a joint une grâce simple et sans étude, telle qu'il en pouvait trouver les modèles dans une nature assez ordinaire, la seule qu'il fût à portée de consulter.

Son premier guide fut François da Ponte son père, peintre dont les productions ne se sont pas élevées au-dessus de son temps. Jacques prit ensuite, selon quel-ques-uns, des leçons du Titien, dont il a reproduit la manière dans ses premiers tableaux; mais il étudia surtout à Venise, chez un peintre nommé Boniface, si peu disposé à communiquer à ses élèves le secret de son art que le Bassan ne put jamais le voir peindre que par le trou de la serrure de son atelier.

La mort de son père et les affaires de sa famille le contraignirent de retourner à Bassano, lieu de sa nais-sance, d'où le défaut de fortune ne lui permit pas en-suite de sortir; là, au milieu d'un pays riche d'une fécondité naturelle, mais peu avancé dans les jouis-sances et les occupations de la société perfectionnée, les yeux ni le goût du jeune artiste ne purent contracter ces habitudes de noblesse et d'élégance qu'il eût peut-être acquises au milieu d'une nature plus choisie et plus cultivée; les modèles des arts, la fréquentation des artistes lui manquèrent également, et son imagination ne fut point excitée à s'élever au-dessus des réalités dont il était environné; mais il porta tout son talent à les bien reproduire : les sujets de ses nombreuses com-positions sont peu variés; ce sont presque toujours des marchés, des foires, et, dans les sujets saints, le Retour de Jacob, l'Arche de Noé, le Repas chez Marthe ou chez le Pharisien, l'Adoration des Mages, ou l'Arrivée de la

reine de Saba, et quelques autres du même genre. Tout
ce qui lui donnait occasion de représenter un grand
nombre d'animaux, ou de riches ornements, ou une
grande quantité de vases d'airain, qu'il savait rendre
avec un éclat surprenant, était l'objet de sa préférence ;
dans quelques autres sujets qu'il a aussi traités fort souvent, comme Notre Seigneur sur la montagne des Oli-
viers ou déposé de la croix, il a généralement employé
la lumière des torches et des flambeaux, d'où il tire les
effets les plus frappants par le contraste des teintes qu'il
sait opposer entre elles sans rompre l'harmonie ; de manière, dit Algarotti, qu'il parvient à les faire véritablement reluire et briller. Il a aussi cherché dans ses compositions à faire contraster les attitudes ; ce qui lui était
peut-être nécessaire pour déguiser la ressemblance de
ses figures, dont il a très-habituellement pris les modèles dans sa propre famille. C'est ainsi qu'il a su tirer,
d'un très-petit nombre d'objets d'imitation, tout ce que
ces objets étaient susceptibles de produire ; car le feu
du talent ne se laisse point étouffer, mais se fait jour
par différentes voies.

On a reproché au Bassan quelques défauts de perspective, défauts bien rares dans l'École vénitienne ; on
a prétendu aussi que, ne sachant pas bien faire les pieds
et les mains, il avait soin d'ordinaire de les cacher :
quelques-uns de ses tableaux prouvent du moins ce
qu'il a pu en ce genre ; mais il est certain qu'il ne fit

pas toujours ce qu'il pouvait; pressé de peindre et de vendre, il envoyait ses ouvrages aux foires les plus fréquentées; leur nombre ne nuisit point à leur réputation; les cours s'empressèrent de faire travailler le Bassan, et Paul Véronèse lui donna son fils pour élève.

Le tableau que je décris est un Christ mort, représenté à la lueur d'une torche, comme le sont, dans les ouvrages du Bassan, presque tous les sujets de ce genre; la torche jette une vive lumière sur les genoux et la poitrine du Christ, ainsi que sur quelques-uns des traits de son visage vu en dessous, parce qu'il a la tête renversée dans les bras de Joseph d'Arimathie : le front chauve, la barbe blanche, et le vêtement rouge de ce vieillard, les cheveux blonds de Madeleine et le voile blanc de Marie, ont de même un éclat singulier, quoique naturel; les trois femmes sont aux pieds du corps; dans l'enfoncement, on voit saint Jean qui paraît arriver, et, de l'autre côté, un homme qui a aidé à descendre le Christ, et tient encore l'échelle. La douleur est peinte sur toutes les figures; l'expression en est tranquille et silencieuse, mais vraie; les détails sont d'une grande beauté, et le coloris est d'une chaleur admirable.

PROPORTIONS.

Hauteur, 1 mètre 64 centim. = 4 pieds 10 pouces 6 lignes
Largeur, 2   —   33   —   = 7   —   »   —   »

PALMA JEUNE

Né à Venise en 1544; mort . . . .

VÉNUS JOUANT AVEC L'AMOUR.

16

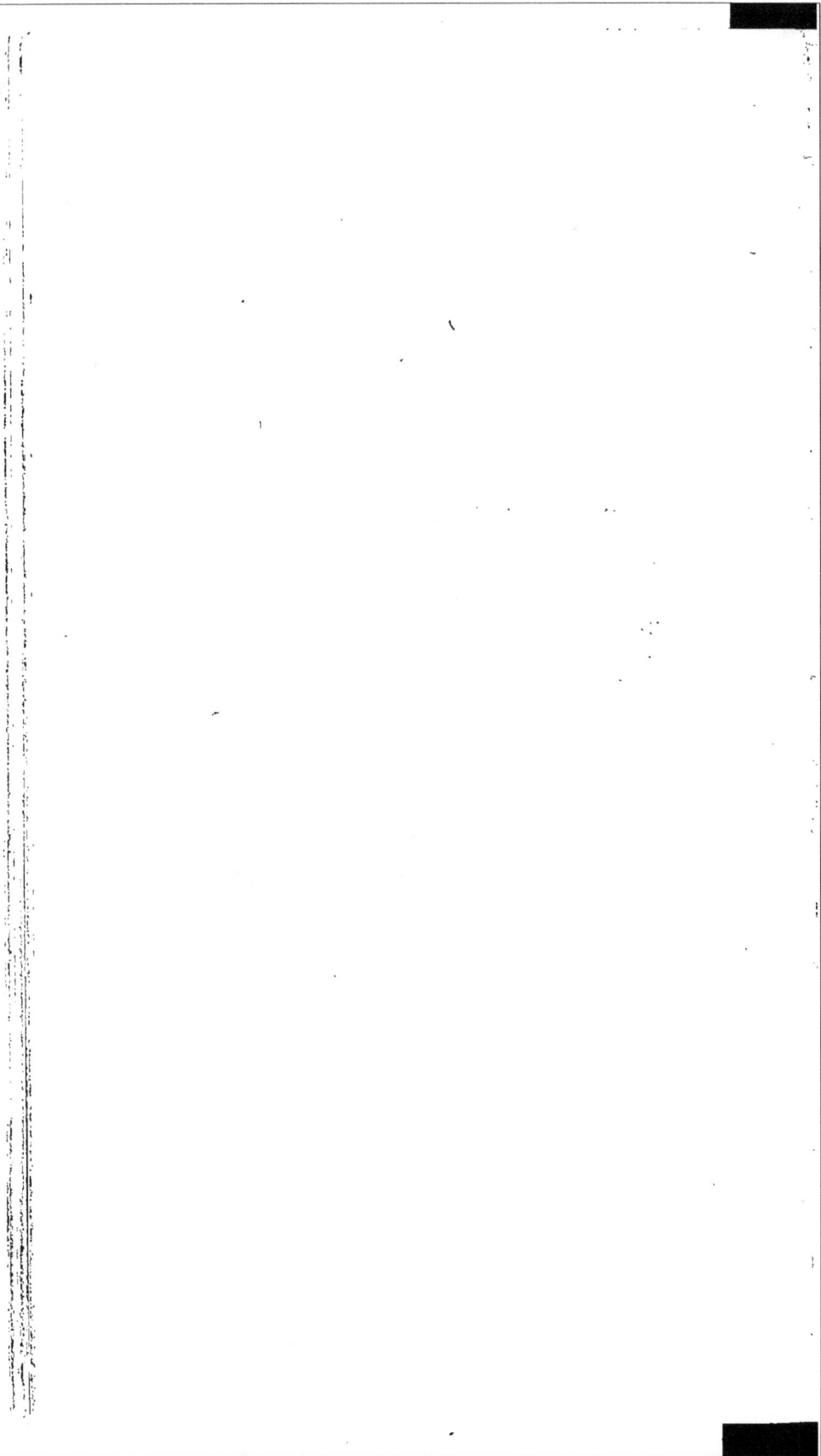

VÉNUS

JOUANT AVEC L'AMOUR.

PAR PALMA JEUNE.

Le goût du public, dans un siècle ami des arts, est le plus utile comme le plus noble encouragement qu'ils puissent recevoir ; mais le public n'est pas dans le nombre des amateurs, il est dans leur ensemble. C'est sur l'assentiment général que se forme le goût des artistes ; c'est de la réunion des suffrages que se compose leur gloire. Un grand nombre de goûts divers, de suffrages isolés, peuvent produire beaucoup d'artistes et d'ouvrages, mais rarement un talent supérieur en sera fécondé ; et toutes les fois que l'art servira aux plaisirs ou à l'amour-propre des particuliers plutôt qu'aux

jouissances et à la gloire du public, l'art deviendra
bientôt un métier où l'émulation du talent sera rem-
placée par l'émulation du travail, et l'ambition de se
surpasser par celle de se supplanter.

Les Grecs consacrèrent presque uniquement à la
magnificence publique les merveilles du génie de leurs
artistes : le luxe des particuliers eût à peine osé se les
approprier; la patrie seule en était jugée digne; et sous
l'influence féconde d'un public passionné pour le beau
et délicat sur le vrai, les arts de la Grèce ont laissé des
modèles au monde.

De nos jours, les arts ont presque toujours dû à la
protection de princes éclairés le mouvement rapide
qui les a poussés vers la perfection. C'est qu'un prince
emprunte du public l'éclat qu'il répand sur les arts;
c'est que sa protection leur est d'autant plus avantageuse qu'elle s'attache aux artistes que le public a ho-
norés de son suffrage.

Enfin on a cherché, par des expositions de peinture
et de sculpture, à faire rentrer pour ainsi dire dans le
domaine du public, en les soumettant à son inspection,
les ouvrages destinés à satisfaire le goût ou le louable
amour-propre des particuliers ; et l'effet de ces expositions a prouvé la réalité et la puissance du principe
qui les avait fait instituer.

Ce principe de vie parut s'affaiblir dans l'École vénitienne vers le commencement du XVIIe siècle. Après la

mort de Paul Véronèse et du Tintoret, le goût de la peinture, répandu chez une foule d'amateurs, manqua d'un point central capable de réunir et de diriger les jugements; et les peintres, plus pressés de demandes que stimulés par les critiques, éprouvèrent le besoin de produire plus que celui de se perfectionner. Jacques Palma (dit le Jeune, pour le distinguer de son grand oncle, Palma le vieux, contemporain et élève du Giorgion), fut en partie accusé de ce commencement de décadence.

Né en 1544, il vécut avec les plus grands peintres de son école; et Lanzi croit pouvoir le regarder également comme le dernier du bon siècle, ou le premier du mauvais. Ses études et ses talents lui permettaient d'aspirer à un rang moins équivoque. Habile dessinateur, bon coloriste, doué d'une rare facilité et d'une grande hardiesse de pinceau, il y joignit, dans le commencement, beaucoup de soins et d'application à bien faire. Cependant alors Palma était peu employé. Paul Véronèse et le Tintoret, en possession du premier rang, retenaient presque seuls les commissions importantes et lucratives. A force de souplesse, Palma gagna l'affection de Vittoria, architecte et sculpteur très-accrédité, chargé de la plupart des grandes constructions de la ville et du pays, et mécontent du peu d'égards que lui témoignaient Paul Véronèse et le Tintoret. Aidé des conseils de Vittoria, et soutenu par sa protection, Palma enfin

16.

obtint une part dans les travaux ; et, après la mort de
ses redoutables concurrents, il en hérita tout-à-fait.
Alors, occupé seulement à multiplier le nombre de ses
ouvrages, il songea peu à leur perfection. Pour en obtenir qui fussent dignes de lui, il fallait se soumettre
à des prix exorbitants, en sorte que, dans la multitude
des tableaux de Palma jeune, un certain nombre seulement a contribué à sa réputation.

Celui dont je donne ici la description est de ce
nombre. Sur un fond de draperies destinées sans doute
à la dérober aux regards curieux, Vénus vient d'interrompre sa toilette commencée pour jouer avec l'Amour
qui voltige au-dessus de sa tête. A demi assise, de sa
main droite elle semble vouloir le retenir, tandis que
la gauche s'appuie sur une table couverte d'un tapis, et
sur laquelle on voit un miroir et un vase de parfums.
A ses pieds, sur une riche cassette, est écrit le nom du
peintre. Le corps de Vénus est beau et gracieux ; la couleur est chaude et vraie, et les accessoires sont exécutés
avec soin.

SALVATOR ROSA

Né à l'Arenella, près de Naples, en 1615; mort à Rome en 16:3.

LA PYTHONISSE D'ENDOR.

LA PYTHONISSE D'ENDOR

PAR SALVATOR ROSA.

Saül, attaqué par les Philistins, consulta le Seigneur, qui refusa de lui répondre. « Alors il dit à ses servi- « teurs : Cherchez-moi une femme qui ait évoqué les « esprits, et j'irai la consulter. Ses serviteurs lui dirent : « Il y a à Endor une femme qui évoque les esprits. Saül « donc se déguisa, prit d'autres habits, et partit accom- « pagné seulement de deux hommes. Ils arrivèrent de « nuit chez cette femme, et Saül lui dit : Évoquez pour « moi les esprits, et faites paraître devant moi celui que « je vous dirai.» Cette femme, s'excusant sur l'ordre de Saül, qui avait chassé les devins du pays, il jura par le

Dieu vivant qu'il ne lui serait fait aucun mal. « La
« femme lui dit alors : Qui voulez-vous que je fasse
« paraître? Il lui répondit : Faites paraître devant moi
« Samuel. Dès que la femme eut aperçu Samuel, elle
« jeta un grand cri, et dit à Saül : Pourquoi m'avez-
« vous trompée? vous êtes Saül. Ne craignez point, dit
« le roi, mais qu'avez-vous vu? J'ai vu, dit-elle, un
« personnage vénérable qui sortait de la terre. Il lui
« dit encore : Comment est-il fait? C'est, dit-elle, un
« vieillard qui monte couvert d'un manteau. Saül
« jugeant que c'était Samuel, se baissa et se prosterna
« le visage contre terre. Samuel dit alors à Saül : Pour-
« quoi avez-vous troublé mon repos? » Il est clair, par
ce passage, que Samuel, aperçu de la Pythonisse, est
demeuré invisible pour Saül, auquel seulement il a
fait entendre sa voix; mais il paraît également que le
peintre a négligé, ou plutôt omis à dessein cette circonstance qui ne pouvait se rendre sans ôter à son
tableau toute apparence de vérité, puisqu'il eût alors
fallu nous représenter Saül comme ne voyant pas ce
qui est devant ses yeux et parfaitement visible aux
nôtres. Saül voit Samuel, car il le regarde. Prosterné
à terre, il vient de lever la tête, non avec l'incertitude
d'un homme qui cherche à démêler d'où vient le son
qui l'a frappé, mais avec un saisissement attentif, et
tel que le produit la vue d'un objet effrayant et connu.
D'ailleurs, Samuel n'a point encore parlé à Saül, il

arrive, et quoique entièrement sorti de terre, il monte, pour ainsi dire, enveloppé dans son manteau blanc. A l'expression de sa figure, on pressent déjà ces effrayantes paroles qu'il va prononcer sur Saül : « Demain, vous et vos fils serez avec moi. » Mais, comme pour annoncer à Saül sa réprobation, les premiers regards de Samuel sont fixés sur la Pythonisse, qui n'a pas fini le travail de l'évocation, ainsi qu'on le voit par la violente contraction de ses traits et de ses membres, et par la branche de verveine qu'elle continue d'agiter de la main gauche au-dessus de la flamme placée sur un autel, tandis que de la droite elle anime cette flamme en y jetant de nouveaux ingrédients. Il y a donc lieu de croire que le peintre a saisi le moment de l'apparition, et l'a voulu rendre également sensible aux deux principaux assistants ; mais il semble qu'il ait cherché à conserver, dans les serviteurs de Saül, quelque chose de la circonstance indiquée par l'Écriture ; ils ne regardent point Samuel, qui, s'ils pouvaient le voir, devrait être certainement le principal objet de leur curiosité ; placés à quelque distance, dans un lieu bas, au-dessus duquel ils ne se montrent qu'à mi-corps, mais d'où toute la scène se déploie devant eux, ils n'ont d'attention que pour la Pythonisse, et ne paraissent pas même apercevoir les spectres qui remplissent le fond du tableau, confondus dans la nuit et dans la fumée.

Ces spectres, ainsi que l'armure dont le peintre a

revêtu les trois guerriers, appartiennent plutôt au temps d'Armide qu'à celui de Saül. A l'époque où peignait Salvator Rosa, les idées de magie échauffaient les imaginations, et la peinture se plaisait à inventer et à multiplier des monstres. Du moins, ici, Salvator Rosa les a placés dans un sujet auquel ils paraissent convenir, quoiqu'ils en interrompent un peu trop le religieux silence. Au reste, on retrouve dans cette composition l'ardeur et la terrible énergie du peintre ; sa couleur forte et sombre s'adapte admirablement au sujet, et contribue beaucoup à l'effet singulier et frappant de ce beau tableau.

ANDRÉ SGUAZZELLA

JÉSUS-CHRIST DÉPOSÉ DE LA CROIX.

JÉSUS-CHRIST

DÉPOSÉ DE LA CROIX

PAR ANDRÉ SGUAZELLA.

André Sguazzella était élève d'André del Sarto. Il
le suivit en France, sous le règne de François Ier, et
ne retourna plus en Italie. Aucun détail sur sa vie ne
nous a été transmis par l'histoire. Nous savons seulement que son pinceau ne demeura point oisif, et que
le Cellini, à son voyage en France, travailla assez longtemps dans son atelier. La difficulté de se procurer des
tableaux de la main du maître engagea plusieurs amis
des arts à s'adresser à l'élève ; et Sguazzella fut ainsi
souvent appelé, soit à concourir aux ouvrages d'André
del Sarto, soit même à le suppléer. A la demande du

malheureux Semblançay, il peignit plusieurs tableaux pour le château de ce nom, près de Troyes. On y voyait entre autres une *Manne dans le désert* et un *Frappement du rocher* qui, plus tard, furent transportés dans la maison professe des Jésuites, rue Saint-Antoine. Sa manière avait assez de rapports avec celle de son maître pour que les ouvrages de l'un aient été plus d'une fois attribués à l'autre. Cette incertitude tient encore les connaisseurs en suspens pour le tableau que je décris. Ceux qui ont prétendu reconnaître Florence dans la ville située au fond, sur la droite, s'en s'ont prévalus pour l'attribuer à Sguazzella, dont Florence était la patrie. Mais ce motif est de peu de valeur, car André del Sarto, né au bourg de San-Sepolcro, éloigné de Florence seulement de trois milles, vécut habituellement dans cette ville, et aurait pu, tout aussi bien que Sguazzella, avoir la fantaisie de la placer dans le coin d'un tableau. Un autre connaisseur fort distingué a cru retrouver dans cette composition quelques traces du pinceau d'Otto Venius, maître de Rubens. Mais cette conjecture, qui ne s'appuie sur aucune tradition historique, me paraît peu probable. Le caractère des têtes, le genre des expressions, la disposition et l'attitude des figures, dénotent clairement, à mon avis, l'école d'André del Sarto. Il est plus difficile de décider entre le maître et l'élève. Cependant l'exécution un peu sèche et la pose un peu arrangée, quoique très-gracieuse, des figures, me portent à penser que Sguazzella est le véritable auteur de ce tableau, admirable d'ailleurs par la bonne entente de la composition, la sensibilité des expressions, la noblesse du style, et la convenance du rôle assigné, dans cette douloureuse scène, à chacun des personnages. Tous sont agenouillés, à l'exception d'un apôtre qui soutient la sainte Vierge à peu-près évanouie ; et dans toutes ces poses uniformes le peintre a su introduire une variété pleine de grâce et d'effet. La Madeleine s'est précipitée, la face contre terre, aux pieds de son divin Maître, qu'elle couvre de ses longs cheveux et baigne de ses pleurs. Saint Jean la regarde avec cette émotion recueillie que cause la vue d'une douleur qu'on partage. Dans les têtes de l'apôtre et de la sainte femme qui soutiennent la Vierge, la pitié qu'inspire le spectacle de l'abattement désespéré d'une mère s'unit merveilleusement à leurs propres regrets. Le corps du Christ étendu se développe tout entier, non sans quelque apprêt, mais avec une beauté peu commune ; et les trois têtes de femmes sont des modèles de grâce dans l'expression de la douleur. Les draperies sont larges et bien distribuées, surtout celles qui enveloppent la sainte Vierge.

Ce tableau, peint sur bois, appartenait, avant la révolution, à l'église de Notre-Dame-de-Villeneuve-sur-Yonne qui l'avait acquis de la famille More-le-Menu, à laquelle

il était arrivé dans l'héritage de M. Belostier, colonel
du régiment de Picardie. Le gouvernement l'acheta
pour le Musée, en donnant en échange une *Adoration
des Bergers*, de M. Ménageot.

Il a été gravé par Æneas Vicus, avec quelques changements, sous le nom de Raphaël.

PROPORTIONS.

Hauteur, 1 mètre 57 centim. = 4 pieds 9 pouces.
Largeur, 2 —   »   — = 6 — 1 —

SOLARI (ANDRÉ)

DIT DEL GOBBO.

LA VIERGE ET L'ENFANT JÉSUS.

LA VIERGE ET L'ENFANT JÉSUS

PAR ANDRÉ SOLARI, DIT DEL GOBBO.

Del Gobbo fut le surnom commun des deux frères Christophe et André Solari, l'un sculpteur et l'autre peintre ; il serait assez singulier qu'un même sobriquet leur eût été mérité par une même difformité ; mais le génitif *del* donne plutôt lieu de soupçonner qu'ils pouvaient le tenir de leur père. Tous deux vécurent à Milan, dans la première partie du seizième siècle ; tous deux paraissent avoir été assez célèbres, du moins dans leur patrie. Vasari rapporte que des Lombards, dont probablement les connaissances ne s'étendaient pas fort loin hors de leur pays, visitant à Rome l'église de Saint-

17.

Pierre, se demandaient de qui était la Mère de Douleur, placée dans la chapelle de la Vierge ; «de notre Gobbo,» répondit l'un d'eux, comme si lui seul eût été capable d'exécuter une si belle œuvre. Michel-Ange était présent : il ne se nomma point ; mais peu de temps après, il revint une nuit inscrire son nom sur la ceinture de la Vierge, ce qu'il n'a jamais fait, dit Vasari, pour aucun autre de ses ouvrages.

André, le peintre, fut l'un des meilleurs élèves de Gaudenzio Ferrari, artiste qui n'a pas, dit Lanzi, hors de l'Italie, toute la réputation qu'il mérite, Vasari, dont les ouvrages sont presque seuls consultés au-delà des monts, ayant négligé de lui rendre justice. Ferrari était un élève de l'ancienne école de Milan, qui commençait alors à se rapprcher de celle de Léonard de Vinci, avec laquelle cependant elle ne s'est jamais entièrement confondue. Il joignit, aux avantages que l'école milanaise avait tirés des exemples ainsi que du commerce aimable et généreux de Léonard, les avantages particuliers du commerce et des instructions de Raphaël. Dans un voyage qu'il fit à Rome, il avait pris les leçons de ce grand peintre, et avait même travaillé à plusieurs de ses tableaux, particulièrement à celui de la *Fable de Psyché*. Il rapporta de Rome un plus beau style et un dessin plus large et plus gracieux à la fois que celui de l'ancienne école milanaise ; mais ce qu'il eut en propre, ce qu'il étudia, à ce qu'il paraît, par-dessus tout,

ce fut l'expression ; « il peignit mieux encore, dit Lanzi,
« les âmes que les corps. »

Parmi les mérites qu'André Solari avait hérités de
son maître, le charmant tableau dont nous donnons
ici la description peut faire juger à quel point il possède
ceux de l'expression et de la grâce. Une espèce de balcon
qui occupe le devant du tableau soutient un coussin
d'étoffe verte sur lequel est couché l'Enfant Jésus. La
Vierge, penchée vers lui, le soulève de la main droite ;
la gauche presse son sein pour en faire sortir le lait.
L'enfant, la bouche ouverte, le pied dans sa main,
tourne vers sa mère ce regard qu'un enfant n'a jamais
eu que pour la mère qui le nourrit ; les yeux de la
Vierge y répondent avec l'expression de la tendresse
maternelle concentrée dans sa plus douce occupation.
Jamais visages n'ont été plus parlants, comme le dit
Lanzi de ceux de Ferrari ; jamais un ensemble d'attitudes et d'expressions n'a rien offert de plus gracieux
et de plus naïf à la fois. La figure de la Vierge est d'un
beau style ; celle de l'Enfant Jésus est charmante ; la
robe rouge, le voile blanc, et le manteau bleu de
la Vierge sont richement drapés ; la couleur, belle
encore, surtout dans la partie inférieure du corps de
l'enfant, et la perfection des cheveux, justifient l'opinion de Vasari sur André Solari, qu'il représente
comme un peintre et un coloriste rempli d'agrément
(vago), et ne négligeant rien pour la perfection de son

travail (*amatore delle fatiche dell'arte*) ; la perspective est très-bien observée, comme dans tous les tableaux de l'école milanaise ; les divers plans, soigneusement marqués par des lignes à peu près parallèles, indiquent cet état de l'art où, satisfait d'avoir atteint son but, il ne songe pas encore à déguiser ses moyens. Un des plus beaux et des plus grands ouvrages de Solari est une Assomption qu'il fit pour la chartreuse de Pavie, et que cependant la mort ne lui a pas permis de terminer entièrement.

Ce tableau est peint sur bois.

PROPORTIONS.

Hauteur, 59 centim. $=$ 1 pied 10 pouces 0 lignes.
Largeur, 48 — $=$ 1 — 5 — 6 —

PAUL VÉRONÈSE

CALIARI, Paul, né à Vérone en 1528; mort à Vérone en 1588.

UNE SAINTE-FAMILLE.

UNE SAINTE-FAMILLE

PAR PAUL VÉRONÈSE.

Paul Véronèse a laissé, écrites de sa main, plusieurs notes sur les diverses manières dont il conçoit que l'on puisse traiter le sujet de la *Sainte-Famille*, sujet si souvent reproduit, et que Paul Véronèse devait chercher à varier par d'autres moyens que ceux qui ont appartenu à Raphaël.

« Si j'ai jamais le temps, dit-il, je veux représenter
« un repas somptueux dans une superbe galerie, où
« l'on verra la Vierge, le Sauveur, et Joseph. Je les
« ferai servir par le plus brillant cortége d'anges qui
« se puisse imaginer, occupés à leur présenter, dans
« des plats d'argent et d'or, des viandes exquises et une

« abondance de fruits magnifiques. D'autres seront
« empressés à leur offrir, dans des cristaux transparents
« et des coupes brillantes d'or, des liqueurs précieuses,
« pour montrer le zèle des esprits bienheureux à
« servir leur Dieu. » Ailleurs ce sera Jésus enfant,
endormi par le concert des anges ; ou bien, comme
dans un tableau décrit par lui-même, et qu'il a, dit-il
exécuté pour sa propre maison, on verra, autour du
Sauveur et parmi les groupes des anges, les étoiles, le
soleil, la lune, couvrant la terre des fruits de toutes les
saisons[1].

Cette magnificence d'imagination, qui se fait remarquer dans toutes les compositions de Paul Véronèse,
fut pour ses contemporains un grand sujet d'admiration et d'éloges. Dans une pièce de vers de Zuccari,
on voit la Peinture exprimer sa reconnaissance envers
ce grand peintre qui lui « a mis au cou dit-elle, un
collier des plus riches pierreries de l'Orient, et un grand
pendant de blanches perles » :

E di candide perle un gran pendente.

Mais, dirigée par un goût plus pur et plus élevé que
celui qui a dicté les éloges de Zuccari, la magnificence
de Paul Véronèse fut toujours de la dignité. Ces vases
brillants, ces vêtements somptueux, ces édifices superbes dont il a décoré la plupart de ses tableaux, ne sont

[1] Ridolfi, *Maraviglie dell' arte.* Part. 1, p. 307.—Venezia, 1648.

pour lui que les accessoires indispensables d'une idée ;
la grandeur de son génie est beaucoup plus encore
dans l'espace qu'il embrasse et dans le sujet qu'il conçoit, que dans la manière dont il le remplit ; et cette
grandeur s'augmente singulièrement du peu qu'elle
lui a coûté. Il semble en effet que, pour prodiguer
tant de richesses, il n'ait eu qu'à les concevoir par la
pensée, tant elles s'ordonnent facilement et naturellement dans sa composition, tant elles se produisent
rapidement sous son pinceau, tant l'harmonie de
toutes ces parties si nombreuses, si brillantes, si har-
dies, semble attester un seul jet, comme elle saisit en
un seul coup-d'œil. Un bonheur si particulier est un
de ces dons de la nature, une de ces propriétés du génie
qui ne se transmettent point ; et l'on peut dire avec
Zannetti que « quiconque n'est pas sûr que son génie
« soit sorti de la même étoile que celui de Paul, ne
« doit pas se risquer à imiter sa manière.[1] »

Destinée surtout à produire d'admirables effets dans
les grands tableaux et les vastes perspectives, cette
manière de Paul Véronèse a su cependant s'approprier
aussi à des ouvrages de moindre dimension, où sa
hardiesse paraît d'autant plus étonnante qu'elle s'applique à des objets qui sembleraient ne pouvoir être
rendus que par une grande finesse de pinceau. On

[1] *Della Pittura Veneziana*, p. 164.

raconte que des religieuses pour qui il avait fait un
petit tableau du paradis, choquées du défaut de fini
qu'elles croyaient remarquer dans cet ouvrage, s'em
pressèrent de le céder à un peintre flamand, qui leur
offrit en échange un des siens, et qui alla aussitôt
vendre celui de Paul Véronèse, dont il tira un prix
considérable[1]. La même chose eût pu arriver au tableau
dont je donne ici la description, s'il fût tombé
entre les mêmes mains ; il semble que quelques
touches aient suffi au peintre pour terminer son
ouvrage, où brillent cependant tous les détails de
magnificence dont il aimait à enrichir ses sujets. Il
pouvait ici les prodiguer sans inconvenance. L'Enfant
Jésus sur les genoux de sa mère, donnant sa main
à baiser à une religieuse que lui présente saint Joseph,
n'est plus l'enfant né dans la crèche ; c'est le Dieu des
chrétiens, l'objet d'une pensée mystique, que l'on peut,
que l'on doit représenter avec les attributs de la gloire,
et non ceux de la pauvreté. Cette religieuse, destinée
probablement à représenter quelque sainte fondatrice,
tient la palme, symbole du martyre ; sainte Elisabeth
lui tresse une couronne, et la Madeleine lui présente
la main de l'Enfant.

PROPORTIONS.

Hauteur, 51 centim. $=$ 18 pouces 9 lignes.
Largeur, 41   — $=$ 16 —   » —

---

[1] Ridolfi, Part. 1, p. 345.

CARLO DOLCI

Né à Florence en 1616 ; mort à Florence en 1686.

LE SOMMEIL DU PETIT SAINT JEAN.

LE

SOMMEIL DU PETIT SAINT JEAN

PAR CARLO DOLCI.

La réforme de la peinture, au seizième siècle, s'opérait à Florence par le Cigoli, en même temps que les Carrache l'entreprenaient à Bologne; mais la distance qui existait entre les réformateurs en laissa une bien grande entre les résultats de leur entreprise. La réforme des Carrache fut féconde comme une création; celle du Cigoli ne fut qu'une réforme. Elle substitua au mauvais goût, qui tombait par son propre excès et entraînait l'art avec lui, un goût plus juste et plus sain, et sauva la peinture, qui périssait, en la ramenant à la nature et à la vérité; la peinture dut aux Carrache et à leur école une jeunesse nouvelle, un second jet, dont la vigueur égale presque celle des premiers. C'est qu'en attaquant l'idéal de convention et de pratique, ils avaient senti qu'ils ne devaient recourir à la nature que pour se remettre sur la trace de l'idéal véritable, de celui qui consiste, non dans l'imitation ou l'exagération de certaines formes, mais dans le sentiment vrai de la perfection, telle que chacun la conçoit, d'après le modèle qu'il s'en est formé. De cette idée, base de leur école, sont sortis tous les grands peintres qui l'ont illustrée, et dont les divers génies, appliqués à la nature, l'ont reproduite dans ses plus nobles variétés.

De même que les Carrache, le Cigoli chercha d'abord dans les anciennes écoles des secours contre le faux goût qui envahissait alors la sienne ; mais il y joignit moins d'originalité et d'invention, une moins profonde observation des mouvements de l'âme, et surtout moins de cette étude de l'antique, qui n'est que l'étude des formes les plus générales et par conséquent les plus fécondes de la beauté. Il en est résulté que son style, toujours beau, mais divers, parce qu'il ne lui appartenait pas toujours entièrement, n'offrait pas à ses élèves cette source d'inspiration qui sort d'un principe unique et d'une idée fondamentale. Ainsi l'école dont il a été suivi, plutôt encore qu'il ne l'a formée, ramenée par lui dans la bonne route, ne s'y fait cependant remarquer par aucun de ces hommes du premier ordre que produisit en si grand nombre l'école des Carrache.

Roselli, l'un des plus distingués de cette école, sinon comme peintre, du moins comme professeur, a pourtant fixé l'attention par le caractère particulier de grâce, de calme et de douceur empreint dans ses compositions, presque toutes consacrées à des sujets de religion. Il fut surpassé en ce genre par Carlo Dolci, élève de Vignali, l'un des moins remarquables de tous ceux qui reçurent des leçons de Roselli, mais cependant capable, à ce qu'il paraît, d'en faire profiter un plus habile. On retrouve dans Carlo Dolci, dit Lanzi, la manière de Roselli perfectionnée, «comme l'est quelquefois la ressemblance du grand-père dans les traits du petit-fils.»

De même que son maître, Dolci fut ce que les Italiens appellent *naturalista;* ainsi la nature qu'il imite peut n'être pas toujours assez choisie, mais elle s'ennoblit sous son pinceau par le genre des affections dont il l'anime, par cette expression de sainteté, de dévouement, de piété tendre et profonde qui brille sur les visages de ses saints et de ses martyrs. Dans ce sommeil du petit saint Jean, les yeux de sainte Élisabeth, levés vers le ciel, lui adressent la plus fervente action de grâces; sa bouche entr'ouverte en prononce les paroles. De la main gauche elle a soulevé le voile qui couvrait son fils endormi devant elle; la droite s'appuie sur son cœur gonflé d'affection. La tête et les mains de l'enfant couché posent sur une croix autour de laquelle s'enlace une banderole portant ces mots : *Ecce Agnus Dei;* ses traits sont d'une grande beauté de formes et de caractère. La figure de Zacharie est belle aussi ; mais, occupé d'une lecture et le dos tourné à Élisabeth, il semble peut-être trop étranger à la scène. Trois jolis chérubins remplissent l'angle opposé du tableau.

Les ouvrages de Dolci, très-beaux d'expression, de couleur et de fini, sont fort recherchés en Italie comme tableaux d'oratoire. Sa fille, Agnese Dolci, en a fait de fort bonnes copies; elle a aussi reproduit heureusement dans ses tableaux originaux la manière de son père.

PROPORTIONS.

Hauteur, 40 centim. $=$ 1 pied 2 pouces 6 lignes.
Largeur, 58   — $=$ 1 — 6 — » —

LANA

Né à Modène en 1597; mort à Modène en 1646.

LA MORT DE CLORINDE.

LA
MORT DE CLORINDE

PAR LANA.

La vide e la conobbe; e resto senza
E voce e moto. Ahi vista ! ahi conoscenza !

« Il la vit, il la reconnut, et demeura sans voix et
« sans mouvement. Oh! quelle vue! quelle reconnais-
« sance! » Tancrède vient de découvrir, dans le guerrier auquel il a porté le coup mortel, Clorinde, l'objet
de son constant et malheureux amour. Élevée parmi
les Infidèles, Clorinde sait seulement depuis quelques
heures que, née de parents chrétiens, elle fut destinée
au baptême. Le ciel, qui déjà l'a avertie par des songes,
vient de l'éclairer d'une lumière soudaine. Ses der-

nières paroles ont été pour implorer l'eau sainte qui doit laver toutes ses fautes. Empressé de se rendre à ses vœux, c'est pour remplir ce pieux devoir que Tancrède vient de détacher le casque qui lui dérobait les traits de celle qu'il aime : *Ahi vista! ahi conoscenza!*

> *Non morì già, che sue virtù raccolse*
> *Tutte in quel punto, e in guardia al cor le mise,*
> *E premendo il suo affanno a dar si volse*
> *Vita con l'acqua a chi col ferro uccise.*
> *Mentre egli il suon de' sacri detti sciolse,*
> *Colei di gioia transmutossi, e rise :*
> *E in atto di morir, lieta e vivace*
> *Dir parea : s'apre il cielo; io vado in pace.*

« Cependant il ne mourut point : il rassembla sur ce « moment unique toutes ses vertus, et leur prescrivit « la garde de son cœur; et comprimant sa douleur, il « s'appliqua tout entier au soin de donner la vie du « baptême à celle dont son épée venait de trancher les « jours. A mesure que s'échappait de ses lèvres le son « des paroles sacrées, comme transformée par la joie, « Clorinde souriait ; et, s'élançant dans la mort, ani- « mée et pleine d'allégresse, elle semblait dire : Le ciel « s'ouvre, j'y vais en paix. »

Dans les vers du Tasse se trouve tout entière la description du tableau de Lana. Les yeux de Clorinde se tournent vers le ciel, *gli occhi al cielo affisa*, et à la langueur de la mort s'y mêle un sentiment doux et exalté :

E la man nuda e fredda alzando verso
Il cavaliere, in vece di parole
Gli da pegno di pace.

« Elle ne peut parler; mais elle lève vers le chevalier
« sa main nue et froide, et la lui donne en signe de
« paix. »

C'est ainsi qu'elle meurt; et elle semble s'endormir,
e par che dorma. Cet affaissement, qui précède l'instant
d'une mort tranquille, est exprimé dans toute sa contenance. Tancrède, à genoux, soutient d'une de ses mains
celle que lui a abandonnée Clorinde; de l'autre il lui
verse sur la tête l'eau qu'il a été puiser dans son casque.
Tout entier à cette action, sur laquelle il a rassemblé
ses pensées et ses forces, il ne laisse presque apercevoir
dans sa contenance qu'une pénible inquiétude de ne la
pouvoir terminer assez tôt. On voit qu'il se hâte; il
semble craindre de se laisser gagner par une douleur
qui pourrait le faire mourir. Cette expression de Tancrède est profondément sentie; sa tête est d'un beau
caractère; celle de Clorinde offre des traits agréables
et une expression douce. Les deux figures, surtout celle
de la guerrière, appartiennent, par la vigueur des formes, à l'école du Guerchin, dont Lana fut, sinon l'élève,
du moins l'un des imitateurs les plus heureux et les
plus originaux.

Ce fut, à ce qu'il paraît, vers l'an 1597 que Lana prit
naissance, selon les uns, à Codigore dans le Ferrarais;

18.

selon les autres, dans le duché de Modène. Il reçut à Ferrare les leçons de Scarsellini, et s'établit à Modène, où il ouvrit une académie célèbre de son temps. Cette ville est pleine encore de son nom et de ses tableaux. On en trouve aussi dans plusieurs autres villes de l'Italie, particulièrement à Bologne. On y remarque en général un dessin correct, un beau coloris, une grande hardiesse de pinceau, et une certaine chaleur d'imagination qui tantôt le rapproche des peintres célèbres en ce genre, comme le Tintoret, tantôt lui donne un caractère d'originalité, particulièrement, dit Lanzi, *nell' idee de' volti*, dans l'invention des têtes.

Il mourut en 1646.

PROPORTIONS.

Hauteur, 1 mètre 37 centim. = 4 pieds 3 pouces.
Largeur, 1 — 62 — = 5 — » —

PIERRE DE CORTONE

BERRETINI, Pierre, né à Cortone en 1609; mort à Cortone en 1669.

FAUSTULUS APPORTANT RÉMUS ET ROMULUS.

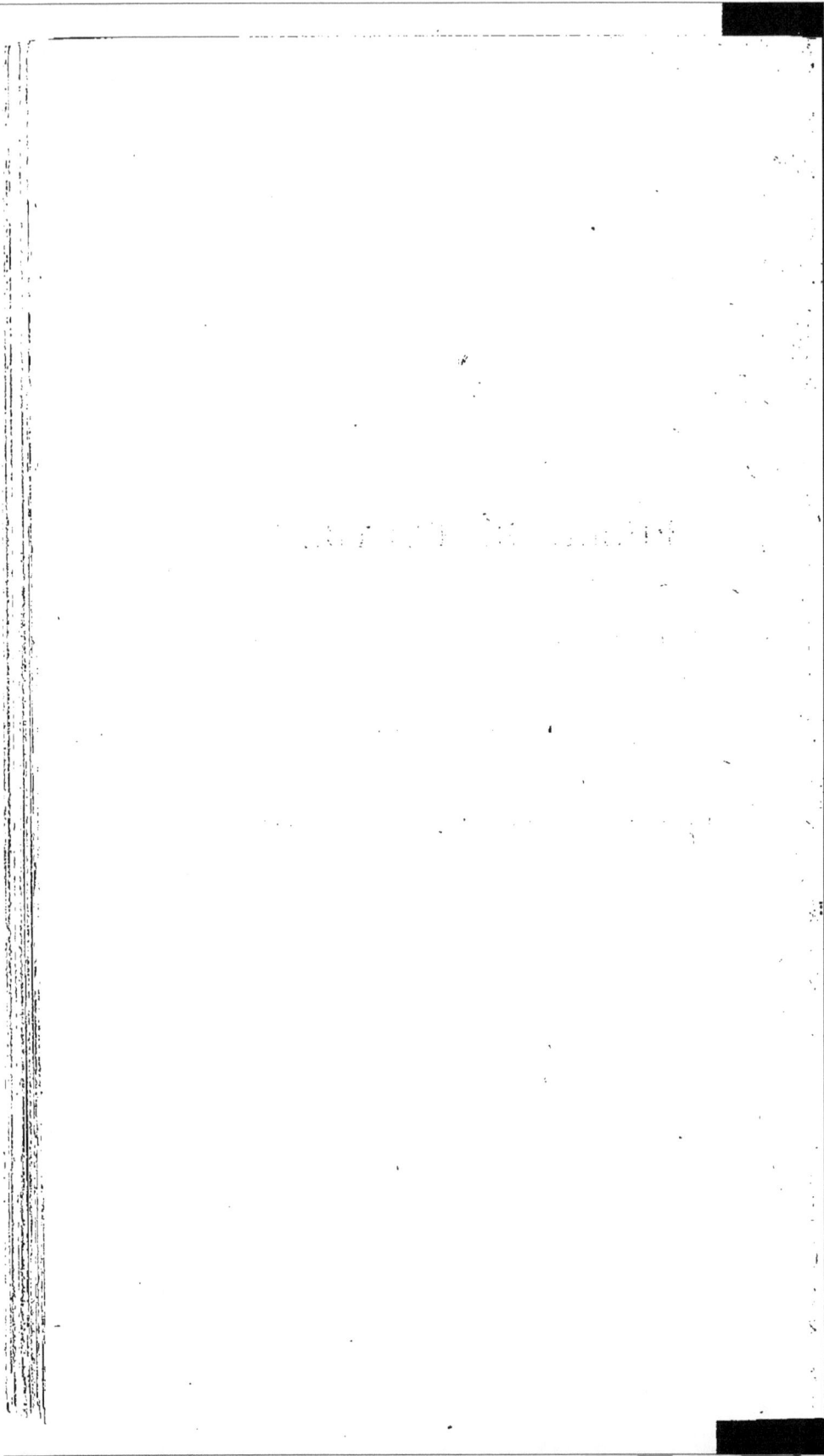

FAUSTULUS

APPORTANT RÉMUS ET ROMULUS

PAR PIERRE DE CORTONE.

Pierre de Cortone fut un de ces grands artistes à qui il est arrivé de fonder une mauvaise école. Il n'est point de défaut dans l'homme supérieur qui ne soit en rapport avec quelque qualité, et ne serve même très-souvent à la faire ressortir. S'il tombe dans le faux, c'est presque toujours pour n'avoir considéré qu'un côté du vrai; mais cette portion de vérité dont il se préoccupe acquiert dans ses ouvrages une évidence et un éclat qui éblouit les yeux et ne leur permet pas de réclamer avec sévérité ce qui manque : « Il y a, « dit Mengs, deux sortes de compositions; celle de

« Raphaël est la composition expressive....: la seconde
« s'applique seulement à l'effet, et met sa principale
« attention à remplir agréablement de figures un
« grand tableau. » Lanfranc a été l'inventeur de ce
genre ; Pierre de Cortone en a été le maître ; il passa
en France vers la fin du dix-septième siècle, avec l'exagération que portent les imitateurs dans les défauts de
leur modèle. Des poses théâtrales, des expressions
tout extérieures, des compositions tout à l'effet, tels
sont les défauts qu'on remarque particulièrement dans
les tableaux de Jouvenet. Pierre de Cortone leur avait
donné la vogue ; mais par combien de beautés ne sont-
ils pas dissimulés dans ses tableaux, dans ses fresques
dans ses plafonds surtout ! « Cette exacte distribution
« qu'à l'aide de l'architecture il sait faire des diffé-
« rentes parties de sa composition, cette gradation
« pleine d'art au moyen de laquelle, par-delà les
« nuages, il nous révèle l'immensité des espaces
« aériens, cette entière possession de toutes les faces
« de l'objet du dessous (*quel possesso del sotto in sù*),
« ce jeu d'une lumière presque céleste, cette disposi-
« tion symétrique des figures, est quelque chose
« qui enchante l'œil et enlève l'esprit hors de lui-
« même [1]. » On retrouve une partie de ces effets
dans son beau tableau de Sainte Martine ; celui dont je

[1] Lanzi, t. II, p. 273.

m'occupe ici ne prêtait qu'à une composition pleine de
grâce, et d'aménité. Faustulus, pasteur des troupeaux
d'Amulius, apporte à sa femme un des fils de Rhéa
qu'il vient de trouver allaités par une louve qui leur
sert de nourrice. Il le porte d'une main dans un vêtement, tandis que de l'autre main il indique le second
enfant, qu'on aperçoit de loin sur les bords du Tibre,
tettant l'animal qui le caresse, entre deux bergers occupés à considérer ce prodige. Laurentia, femme de Faustulus, vient de quitter le panier de jonc qu'elle tressait, et
s'avance sur son siége, les mains étendues pour recevoir l'enfant qu'elle accueille avec ce sourire presque
maternel que fait naître, sur les lèvres de toute femme
élevée dans les habitudes de la nature, la vue d'un
enfant nouveau-né. Son fils, âgé d'environ trois ou
quatre ans, crie et lève la main pour s'emparer de celui
qu'il regarde déjà comme le compagnon de ses jeux.
Derrière Laurentia, une jeune fille de treize à quatorze
ans s'avance pour considérer avec la joie de son âge le
nouvel hôte qui va égayer l'intérieur de la famille; un
toit de roseaux mal en ordre, soutenu sur une charpente grossière, forme au-dessus de leur tête un abri
plutôt qu'un logement; un bel arbre l'ombrage, et sur
ce toit reposent deux colombes; des fleurs sur le devant
paraissent cultivées avec un soin rustique. Le vêtement
simple de la femme n'annonce point la pauvreté; on voit
une rose dans les cheveux de la jeune fille. L'impression

de ce tableau est douce et en harmonie avec le sujet.
Il ne demandait point ces expressions pénétrantes et
réfléchies qui ont manqué à Pierre de Cortone; les
formes un peu robustes qu'il a particulièrement affec-
tionnées conviennent ici à l'état des personnages. Cette
belle campagne, ce beau ciel de Rome appelaient toute
la magie de sa couleur; et il semble que la simplicité
de l'action lui ait fait oublier tout artifice; on n'y voit
point de ces figures inutiles que Lanzi lui reproche
d'avoir employées pour arrondir l'ensemble de sa composition, ni de ces figures que l'action la plus pacifique
n'empêche pas de se montrer en attitude de lutte ou
de bataille [1]. Ce n'est certainement pas dans ce joli
tableau que ses imitateurs auront pris l'exemple de
l'exagération; mais le grand inconvénient d'un exemple trop séduisant est moins dans ce qu'il apprend que
dans ce qu'il fait oublier. Les succès de Pierre de Cortone avaient eu tant d'éclat que le soin d'obtenir de
pareils effets détourna du soin d'étudier la nature, fit
dédaigner la modeste imitation de Raphaël, et jeta les
peintres dans une habitude de fracas qui leur parut
avantageuse pour voiler souvent l'insuffisance de la
science et du talent. Enivrés des facilités que leur pré-
sentait un tel genre, ils oubliaient que la facilité de
Pierre de Cortone lui servait aussi à ne pas craindre

[1] Lanzi, t. II, p. 274.

de se corriger lui-même, et que, suivant son admira-
teur Baldinucci, il lui arrivait souvent « d'effacer ces
« nobles ouvrages jusqu'à ce qu'il les eût rendus
« exempts de ce qui choquait l'extrême délicatesse de
« son goût [1]. »

PROPORTIONS.

Hauteur, 2 mètres 54 cent. = 7 pieds 8 pouces 6 lignes.
Largeur, 2 — 65 — = 8 — 3 — » —

[1] Baldinucci, *Notizie de' professori del disegno*, t. 1, p. 106.

19

GENNARI

GENNARI, César, né à Cento en 1641; mort à Bologne en 1688.

LA MADELEINE AU DÉSERT.

LA MADELEINE AU DÉSERT

PAR GENNARI.

Un grand artiste ne se perpétue pas simplement
dans ses propres œuvres ; autour de lui se rassemblent
presque toujours des hommes capables de recevoir son
inspiration, de se pénétrer de son esprit. Ils ne sont pas
uniquement ni absolument copistes du maître ; ils
n'apportent pas, il est vrai, à son école ce génie original que les leçons peuvent seulement développer et
diriger ; mais ils ne se bornent pas non plus à une
adoption sans discernement des préceptes qui leur
sont enseignés, à une imitation servile des modèles
qui leur sont offerts. Doués d'une nature capable de

recevoir l'impulsion qu'ils n'auraient pas su se donner eux-mêmes, ils suivent avec exactitude, bien qu'avec choix, celle à laquelle ils se sont livrés ; et sans agrandir beaucoup leur école, qui ne compte guère au nombre de ses richesses que les génies originaux qui ont consenti à recevoir son empreinte, ils forment un noble cortége à leur maître, dont ils augmentent la gloire en rattachant à un plus grand nombre d'ouvrages distingués sa manière, son nom, et son souvenir.

Telle fut pour le Guerchin toute la famille des Gennari ; élève d'abord, puis émule, puis guide de Benoît Gennari, il le conduisit sur ses traces à la recherche de ces grands principes de la peinture que le Guerchin a saisis avec tant de bonheur. Hercule Gennari, fils de Benoît, épousa la sœur du Guerchin, et paraît avoir réussi surtout à copier les tableaux de son beau-frère. Mais Benoît et César, tous deux fils d'Hercule, habiles et laborieux copistes des ouvrages de leur oncle, furent en même temps les imitateurs heureux et assidus de sa manière. Cependant Benoît, encore plus disposé que son frère, à ce qu'il paraît, à se pénétrer facilement des divers styles qu'il voulait étudier, après un long séjour en Angleterre, rapporta en Italie le fini, l'exactitude, et toutes les qualités d'un peintre du nord. Cette nouveauté lui valut une grande vogue, surtout pour le portrait, auquel alors il s'attacha particulièrement.

César, plus fidèle à ses premiers errements, demeura toute sa vie la créature du génie de son oncle, le répétant peut-être même un peu trop, jusque dans les traits de ses figures, et laissant seulement à désirer quelquefois ce que ne peut donner aucun maître ni aucun modèle, cette chaleur de verve qui n'est accordée qu'au génie original, et qui fut un des grands caractères du Guerchin : les Gennari n'ont pas même pu toujours parvenir à reproduire la vigueur de leur oncle dans les copies de ses tableaux. Lanzi en a vu une au palais Ercolani, à côté de l'original : c'était une Bersabée : « Celle du Guerchin, dit-il, paraissait peinte de la veille (*d'allora*), et l'autre avait l'air d'être faite depuis un grand nombre d'années [1]. »

Par la nature de son talent, César dut s'attacher surtout à imiter la troisième manière du Guerchin ; car bien qu'ordinairement on n'en attribue que deux à ce grand peintre, Lanzi lui en reconnaît trois : la première offrant, bien qu'avec plus de noblesse de style, quelque chose des effets du Caravage ; la seconde adoucie sur les exemples et les conseils des Carrache ; ce qui fait qu'on l'a communément rangée dans leur école, et que Joseph Piacenza [2] s'excuse de ne l'y pas comprendre au premier rang « parce que rigoureu-

[1] Lanzi, t. V, p. 130.
[2] Éditeur des œuvres de Baldinucci.

« sement parlant, dit-il, il n'appartient point à cette
« école, bien que, ainsi qu'il l'affirmait lui-même, il
« se soit modelé sur les exemples du grand Louis
« (*Il gran Lodovico*) [1]. » Dans sa troisième manière,
moins austère encore, mais moins originale, le Guerchin a cherché à se rapprocher du Guide : c'est à
l'imitation de cette dernière époque du talent du maître
que doit probablement se rapporter la *Madeleine* de
Gennari. La figure de la femme, pleine de grâce et de
noblesse, a bien les traits de celle du Guerchin, mais
son caractère est la douceur plutôt que la force; ses
formes, surtout celles du haut du corps, montrent
une délicatesse tout-à-fait conforme à la dernière
manière de ce grand peintre, et qui est heureusement
exprimée par la suavité des teintes, plus en rapport
avec ces formes adoucies qu'elle ne le serait avec des
contours plus hardis. Ceux de l'enfant sont plus pro-
noncés; sa pose, ainsi que celle de la Madeleine, est
gracieuse et naturelle. Les deux portions de rocher,
qui encadrent pour ainsi dire la figure principale, la
font bien ressortir. Ce tableau est en tout d'un bel
effet.

---

[1] *Notizie de' professori del disegno, da Cimabue in qua. Opere di
Filippo Baldinucci*, t. I, p. 82 ; *Terza disertazion di Giuseppe Piacenza.*

ÉCOLE FRANÇAISE

———o—o———

LE POUSSIN	(trois tableaux).
LESUEUR (Eustache)	(un tableau).
SANTERRE (Jean-Baptiste)	(un tableau).
LA HYRE .	(un tableau).
CARLE VANLOO	(un tableau).

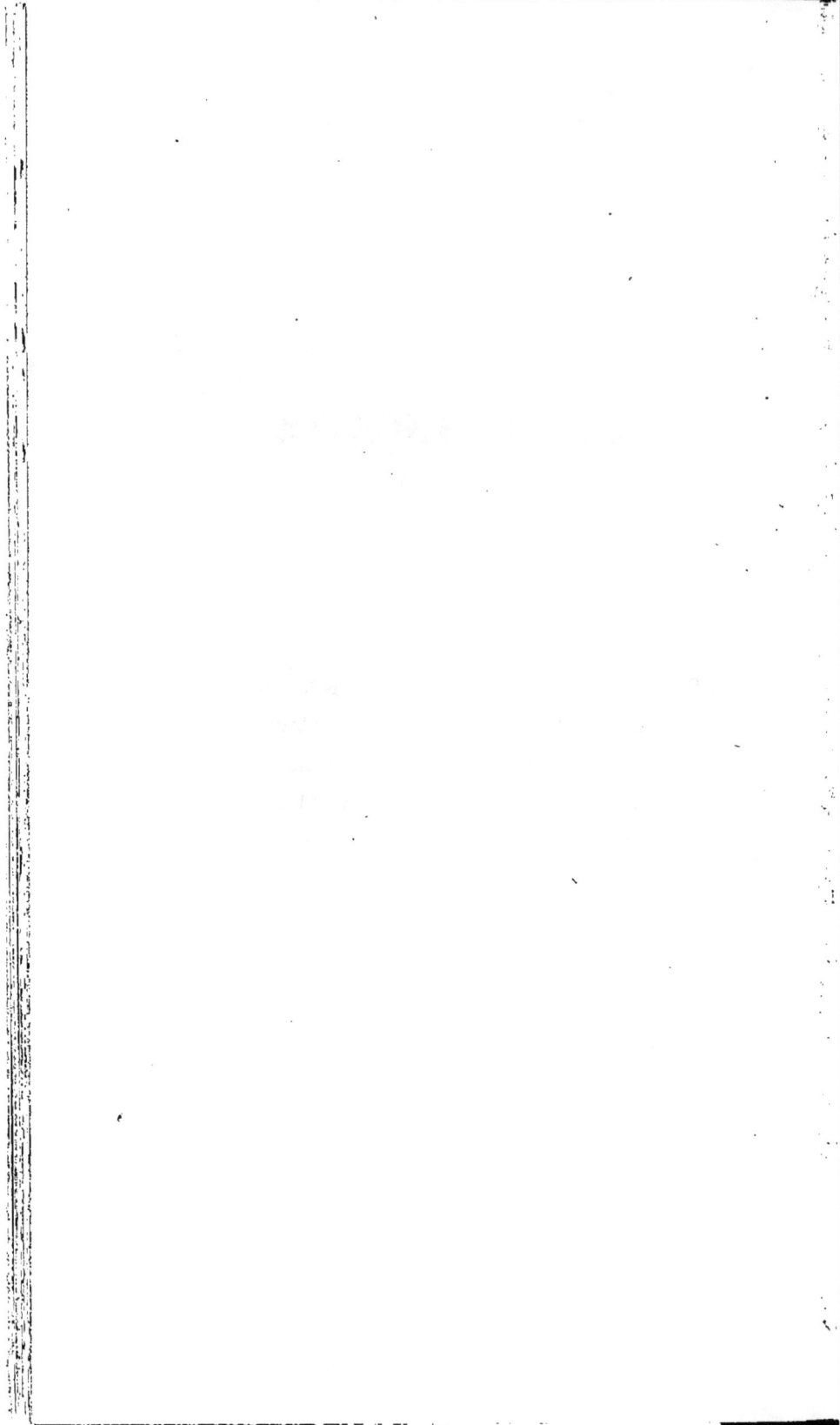

LE POUSSIN

POUSSIN, Nicolas, né aux Andelys en 1594; mort à Rome en 1665.

1º L'ARCADIE;
2º MORT DE SAPPHIRE;
3º VOYAGE DE FAUNES, DE SATYRES ET D'HAMA-
    DRYADES.

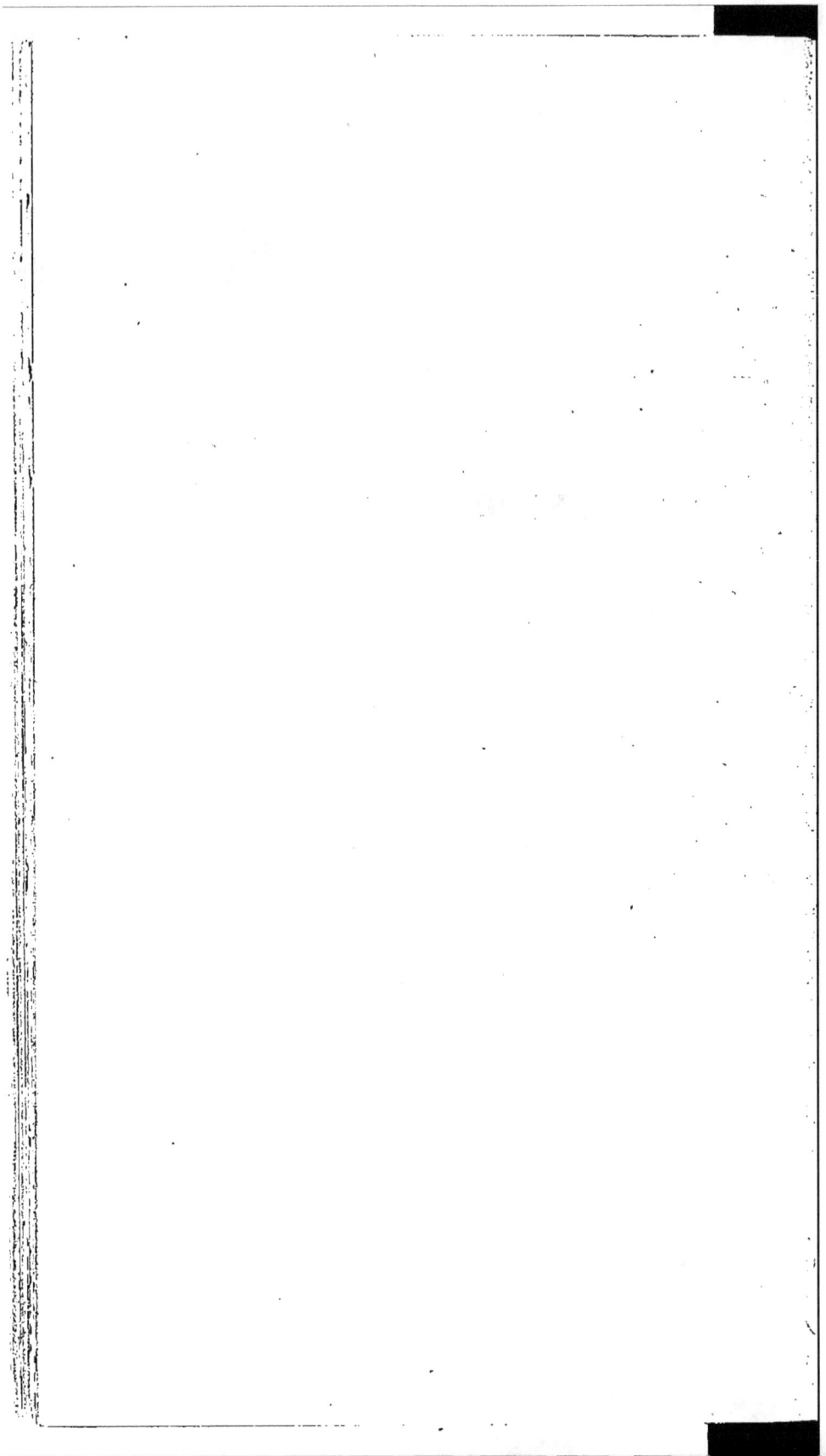

I.

L'ARCADIE

PAR LE POUSSIN.

« S'il arrive à un peintre, disait Diderot, de placer
« un tombeau dans un paysage riant, croyez qu'il ne
« manquera pas, s'il a quelque goût, de me le dérober
« en partie par des arbres touffus. Ce n'est qu'en regar-
« dant avec attention que je découvrirai sur le marbre
« quelques caractères à demi tracés et que je lirai : —
« Et moi aussi je vivais dans la délicieuse Arcadie;
« *et in Arcadia ego* [1]. »

M. Delille a dit aussi :

> Imitez Le Poussin ; aux fêtes bocagères,
> Il nous peint des bergers et de jeunes bergères

[1] *OEuvres complètes de Diderot*, t. XV, p. 406. — *Voyez* aussi
t. XIV, p. 285.

Les bras entrelacés, dansant sous des ormeaux,
Et près d'eux une tombe où sont écrits ces mots :
« Et moi je fus aussi pasteur dans l'Arcadie. »

Diderot et Delille n'avaient certainement pas vu notre
Arcadie, car elle ne ressemble en rien à leurs descriptions, et leur sentiment n'est pas celui qui a inspiré
le peintre. Le Poussin voulait réaliser sur la toile une
idée morale. Naturellement simple et grave, les vicissi-
tudes de la vie, la triste nécessité de la mort avaient
souvent occupé son imagination ; le pape Clément IX,
alors cardinal, lui demanda des tableaux qui expri-
massent un sens moral et philosophique ; il lui indiqua
même des sujets : le Poussin peignit le Branle de la vie
humaine, la Vérité découverte par le Temps, et l'Arcadie [1]. Son but, dans cette dernière composition, était
d'associer à l'idée riante de cette Arcadie, du bonheur
et des amours des bergers, l'idée mélancolique de la
mort : cette dernière idée devait dominer ; à elle devait
se rapporter toute l'action ; c'était du souvenir de l'inévitable mort que le peintre voulait frapper l'esprit des
spectateurs. Il peignit un paysage simple, peu riche,
et y plaça un tombeau qui en occupe le milieu. La
beauté de l'Arcadie et le bonheur de ses habitants nous
sont familiers : la lecture des poëtes anciens nous en a
pénétrés dès l'enfance ; qu'on nous nomme l'Arcadie,

[1] Bellori, *Vite de' Pittori*, édit. de 1672, p. 448.

et tous les charmes de la nature champêtre, de la vie
pastorale se présentent à notre pensée. Si le Poussin
nous les eût offerts sur la toile, nous nous serions empressés d'en jouir ; toute notre attention se serait portée
sur ces beaux lieux, sur les plaisirs des bergers: ce
n'était pas là ce que se proposait l'artiste. — Vous con-
naissez l'Arcadie, semble-t-il nous dire ; vous vous la
représentez toujours riante et toujours heureuse; ve-
nez-y voir la mort; la mort, comme ailleurs, avec sa
froide monotonie et sa morne solitude.—C'est du contraste établi entre les souvenirs que réveille le nom de
l'Arcadie et l'aspect même du tableau, que le Poussin
en a tiré tout l'effet. On n'y voit point une fête. « Elle
nuirait à l'effet de solitude et de silence qui rend l'idée
de la mort si frappante. Le paysage est désert; il est
même stérile. Point d'habitations, point de troupeaux ;
quelques arbres autour de la tombe; ailleurs, rien qui
attire la vue, aucun mouvement qui distraie l'attention.
Avant que les bergers arrivassent, ce tombeau était
abandonné, peut-être même ignoré; eux du moins n'en
avaient jamais entendu parler, puisqu'il faut qu'on leur
en explique l'inscription : et cet être oublié, effacé de
la terre, fut berger comme eux, comme eux il fut jeune,
comme eux peut-être heureux et aimé. »

Ce ne sont point là de vaines idées qu'on ne saurait
attribuer au Poussin; quand même on conviendrait
qu'il ne s'est pas rendu compte de tous ces détails, il

n'en serait pas moins vrai qu'ils rentrent tous dans son intention générale ; cette intention est connue ; un des amis du Poussin nous apprend que c'était la triste mort et non la belle Arcadie qu'il voulait offrir à l'imagination du spectateur : ce but est atteint ; rien dans le tableau ne s'en écarte ou ne le contrarie ; tel était le grand sens du Poussin ; le critique en reconnaît partout les preuves.

Trois bergers et une bergère forment toute la scène. « L'un d'eux, homme d'un âge mûr, un genou en terre, le doigt sur l'inscription, l'explique à ses jeunes compagnons et leur raconte probablement l'histoire de celui à la mémoire de qui elle fut consacrée. » Le berger placé à la gauche, debout et appuyé sur le tombeau, écoute avec un profond recueillement ; l'expression d'une pitié tendre est empreinte sur son visage ; à la droite, le troisième berger incliné tourne la tête vers la bergère debout, appuyée sur lui, et lui montre l'inscription. On a prétendu que le premier jeune homme, placé derrière le vieux berger, était l'amant de la bergère ; c'est bien plutôt celui sur lequel elle s'appuie. « Le premier, uniquement occupé de l'histoire qu'on lui raconte, n'écoute que pour lui ; l'autre, au contraire, ne s'occupe que de sa compagne ; il songe moins à écouter l'histoire qu'à la lui faire entendre ; il ne regarde pas l'inscription, il la lui montre. D'ailleurs il n'est pas allé se placer de l'autre côté du monument ;

il est demeuré à côté de la bergère; c'est sur lui qu'elle s'appuie, avec l'air de la confiance et de l'habitude; près de son amant, s'appuierait-elle ainsi sur un autre? »

Cette description et la gravure qui l'accompagne font voir combien Diderot et Delille se sont écartés de l'idée et de l'ouvrage du Poussin. L'abbé Dubos en a parlé aussi et d'une manière presque aussi inexacte. « Ce tableau représente, dit-il, le paysage d'une contrée riante; au milieu l'on voit le monument d'une jeune fille morte à la fleur de l'âge; c'est ce qu'on connaît par la statue de cette jeune fille placée sur le tombeau à la manière des anciens. L'inscription sépulcrale n'est que de quatre mots latins.... Mais cette inscription si courte fait faire les réflexions les plus sérieuses à deux jeunes garçons et deux jeunes filles parées de guirlandes de fleurs, etc. [1]. »

Point de paysage riant, point de statue de jeune fille couchée sur le tombeau; trois bergers et une bergère, au lieu de deux jeunes garçons et de deux jeunes filles. L'abbé Dubos n'avait pas vu ou avait singulièrement oublié notre tableau.

Il l'a probablement confondu et mêlé avec une autre Arcadie, ouvrage aussi du Poussin qui souvent, comme

[1] *Réflexions critiques sur la peinture et la poésie,* 7e édition, t. I, page 55.

on sait, peignait plusieurs fois le même sujet; Bellori
dit, en parlant de notre tableau : *In altro simile sog-
getto, figurò il fiume Alfeo* (dans un autre sujet pareil, il
représenta le fleuve Alphée [1]); en effet, cette seconde
Arcadie offre, comme la première, un tombeau, la
même inscription et des bergers. Ce qui la distingue,
c'est que la tombe est dans un coin du tableau, qu'il
n'y a que deux bergers et une bergère, tous debout, et
que le fleuve Alphée paraît couché sur le devant. Du
reste, cette composition, que je ne connais que par une
gravure au trait [2], m'a paru moins bien entendue et de
moins d'effet que le premier travail du maître. Le paysage n'en est pas plus riche.

Des méprises occasionnées par ces deux tableaux ont
pu contribuer à l'infidélité de descriptions qui du reste
ne s'appliquent bien à aucun des deux.

Je reviens à notre Arcadie. Tel est le privilége de l'association d'une action simple à un sentiment profond
et à une grande idée, que mille sentiments, mille idées
se réveillent à sa vue et pénètrent l'âme du spectateur :
on s'étonne de tout ce que fait penser et sentir une
scène si bornée en apparence. Les expressions sont parfaitement en harmonie avec l'action; elles sont de
même simples, calmes et touchantes; la figure de la

[1] Bellori, *Vite de' Pittori*. p. 448.
[2] Voyez l'*OEuvre du Poussin*, par M. Landon, t. II.

femme est d'une rare beauté, mais d'une beauté facile et naïve, dont le charme est aussi doux que pénétrant; les draperies offrent de beaux développements; et malgré quelques incorrections de dessin, en particulier dans les jambes du berger debout sur la gauche, le style est partout pur, gracieux et noble.

Ce tableau, gravé plusieurs fois, se trouve maintenant dans la galerie du palais de Trianon; il a été restauré dernièrement et avec soin; cependant la couleur en est devenue noire et monotone : c'est le sort de la plupart des ouvrages du Poussin.

PROPORTIONS.

Hauteur, » mètre 85 centim. = 2 pieds 7 pouces 4 lignes 801.
Largeur, 1 — 60 — = 4 — 11 — 1 — 273.

II

LA
MORT DE SAPPHIRE

PAR LE POUSSIN.

« Personne n'était pauvre parmi les Chrétiens, parce
que tous ceux qui possédaient des fonds de terre ou des
maisons les vendaient et en apportaient le prix, qu'ils
mettaient aux pieds des apôtres, et on le distribuait
ensuite à chacun, selon qu'il en avait besoin.... Alors
un homme nommé Ananias, avec Sapphira, sa femme,
vendit un fonds de terre ; et ayant retenu, de concert
avec sa femme, une portion du prix qu'il en avait reçu,
il apporta le reste aux pieds des apôtres ; sur quoi
Pierre lui dit : — Ananias, comment se peut-il que
Satan se soit tellement emparé de votre cœur que

vous ayez menti au Saint-Esprit, et que vous ayez détourné une partie du prix de ce fonds? Si vous ne l'eussiez point vendu, ne vous serait-il pas demeuré, et après l'avoir vendu, n'étiez-vous pas le maître de ce que vous en aviez reçu? Comment donc un tel dessein vous est-il venu dans l'esprit? Ce n'est pas aux hommes que vous avez menti, c'est à Dieu. — A l'ouïe de ces paroles, Ananias tomba, et rendit l'esprit, et tous ceux qui en entendirent parler furent saisis d'une grande crainte. Aussitôt quelques jeunes gens l'enveloppèrent, et, l'ayant emporté, ils l'ensevelirent. Environ trois heures après, sa femme rentra, ne sachant rien de ce qui était arrivé. Pierre lui parla ainsi : — Dites-moi, avez-vous vendu ce fonds de terre pour ce prix-là? — Elle répondit : — Oui, nous l'avons vendu autant. — Alors Pierre lui dit : — Comment vous êtes vous accordés ensemble pour tenter l'esprit du Seigneur? Voici que ceux qui viennent d'ensevelir votre mari sont à la porte, et ils vous emporteront aussi. — Au même instant, elle tomba à ses pieds, et elle expira [1]. »

Cette imposante scène est devenue, entre les mains de Raphaël et du Poussin, le sujet de deux chefs-d'œuvre. Raphaël a choisi le moment de la mort d'Ananias, Le Poussin celui de la mort de Sapphire. Raphaël a embrassé le sujet dans toute son étendue; neuf des

---

[1] *Actes des Apôtres*, ch. IV, V.

apôtres sont placés sur une sorte d'estrade au milieu du tableau ; à la gauche du spectateur, arrive une foule de nouveaux chrétiens qui apportent le prix des biens qu'ils ont vendus; à la droite, des chrétiens pauvres reçoivent de la main de deux apôtres les secours qu'ils doivent à la charité de leurs frères; sur le devant, au pied de l'estrade, tombe et expire Ananias, à qui saint Pierre vient de reprocher son mensonge ; sa mort attire l'attention de quelques-uns des assistants, qui le contemplent avec étonnement et avec frayeur, mais sans paraître affligés de la sévérité de l'apôtre : le récit de l'écrivain sacré est ainsi reproduit tout entier ; Ananias reçoit le châtiment de son hypocrisie au milieu des chrétiens, à l'instruction desquels ce châtiment est destiné, et au moment même où se font ces offrandes et ces aumônes dont il a voulu partager l'honneur sans faire le sacrifice complet de sa fortune, et en détruisant par sa dissimulation le mérite de ses dons [1].

La mort de Sapphire, au contraire, est l'unique scène qui soit retracée dans le tableau du Poussin; on n'y voit ni tous les apôtres réunis, ni les chrétiens riches accourant pour déposer à leurs pieds le prix des

---

[1] Ce tableau a été gravé par Dorigny et Gérard Audran ; on en trouve un dessin au trait dans les *Vies et OEuvres des peintres les plus célèbres,* publiées par M. Landon. Voyez *OEuvre de Raphaël,* no 1, p. 7.

biens qu'ils ont vendus, ni les chrétiens pauvres recevant de leurs mains les secours que réclamait leur indigence. Cinq personnes sont témoins de la mort de Sapphire, et elles ne paraissent ressentir qu'une profonde pitié et une sorte d'horreur à la vue d'un châtiment dont il semble qu'elles ne comprennent point la cause ou qu'elles blâment la sévérité. On reconnaît dans cette composition le caractère particulier du génie du Poussin, qui cherchait par-dessus tout l'unité et la simplicité ; ce besoin de simplicité lui a fait oublier ici le sens de l'événement qu'il retraçait ; ce n'est point, comme dans le tableau de Raphaël, une grande leçon donnée à une nombreuse réunion de fidèles, qu'elle doit remplir d'une terreur morale et salutaire. Ce n'est que le spectacle d'une mort subite qui excite la compassion, l'étonnement, et peut-être l'aversion des assistants. Ces trois figures qui se précipitent vers Sapphire avec l'expression de la douleur ; cet homme et cette femme qui s'éloignent avec l'air de l'effroi, du reproche et presque de l'indignation : tout cela est peu en rapport avec le fond du sujet, l'intention de l'apôtre, et le but moral de l'événement.

Considéré comme composition pittoresque, ce tableau est admirable : les figures sont groupées avec une simplicité pleine de naturel et d'effet ; la tête de saint Pierre est animée d'une indignation forte et auguste ; enfin, le fond du tableau est disposé avec beaucoup d'art. Les couleurs ont souffert de l'action du temps.

Ce tableau avait été peint, à ce qu'on croit, pour M. de Fromont de Veynes, célèbre amateur, sous le règne de Louis XIV. Il faisait partie de la collection du roi.

PROPORTIONS.

Hauteur, 1 mètre 18 centim. = 3 pieds 6 pouces 9 lignes.
Largeur, 1 — 95 — = 5 — 9 — 6 —

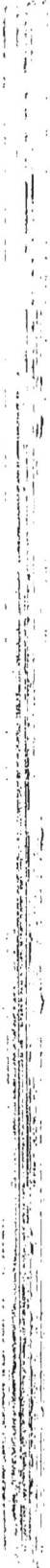

III

VOYAGE DE FAUNES

DE SATYRES ET D'HAMADRYADES

PAR LE POUSSIN.

On sait que le Poussin, pendant le triste séjour qu'il fit à Paris avant de pouvoir parvenir à faire le voyage de Rome, se lia d'amitié avec le cavalier Marino, qui s'y trouvait alors, et composa même, sous les yeux de son ami, une série de dessins dont les sujets étaient puisés dans les ouvrages de ce poëte, et particulièrement dans son poëme d'Adonis. C'est à cette époque que les biographes du Poussin rapportent l'origine de son goût pour les compositions poétiques dont les Nymphes, les Satyres, et les Faunes sont les principaux acteurs. Si cela est, les amis des arts ne sauraient trop se féliciter d'une liaison qui a ouvert au Poussin une mine dont il a tiré tant de richesses. Ce génie non moins fécond que sévère ne pouvait manquer de comprendre quel vaste champ lui offrait ce monde de la fable, si gracieux, si brillant, si animé, qui laisse à l'artiste, pour le choix et l'ordonnance des sujets, la plus grande latitude ; qui, en lui donnant les personnages, ne lui inspire aucune gêne de costume, ne le renferme dans les limites d'aucune action déterminée, et permet à son imagination de se déployer avec autant de liberté et de facilité qu'en ont possédé les poëtes anciens pour la composition de leurs pastorales mythologiques. Si des circonstances particulières n'avaient appelé l'attention du Poussin sur ce genre de sujets, peut-être serions-nous privés d'une multitude d'admirables tableaux qu'il lui a fournis ; de ce nombre sont les *Bacchanales*, *l'enfance*, *l'éducation et les travaux d'Hercule*, *les métamorphoses de Daphné et de Narcisse*, et toutes ces brillantes compositions dans lesquelles l'alliance des Nymphes, des Faunes et des Satyres produit des scènes si variées et si vives. Le charmant tableau que je décris appartient à cette dernière catégorie ; un Satyre, un Faune, une Hamadryade et deux Amours voyagent ensemble; ils se rendent probablement à l'une de ces fêtes où ces divinités rustiques se réunissent pour se livrer à leurs danses et à leurs jeux : le petit Amour qui marche devant porte des pipeaux ; le Satyre un genou en terre, reçoit sur son dos l'Hamadryade qui indique du doigt le chemin ; derrière lui sont placés un autre Amour et le Faune chargé d'une corbeille de raisins et d'un vase plein sans doute ou destiné à se remplir de la liqueur de Bacchus, Dieu protecteur des Faunes et des Satyres : c'est à travers un riche paysage et sous l'ombrage d'arbres touffus que s'avance ce groupe joyeux, dont les figures nues sont disposées avec une simplicité facile et animée qui fait pressentir à l'imagination du spectateur leurs ébats et leurs plaisirs. Quand les voyageurs seront arrivés au lieu du rendez-vous, quand ils se seron rejoints aux autres groupes qui les attendent, alors commenceront ces danses vives, ces jeux bruyants qu'échauffera une turbulente ivresse. Ouvrez l'œuvre du Poussin ; l'artiste les a suivis, et toutes les scènes de leur douce vie deviennent pour lui autant de chefs-d'œuvre [1].

C'est ce même peintre à qui l'Histoire sainte a fourni tant de compositions pures et graves, et qui a puisé dans l'Histoire grecque et romaine tant de tableaux du style le plus noble et le plus sévère ; il sait pénétrer dans les héroïques douleurs d'un saint martyr comme dans les folles gaîtés d'une Bacchanale, dans

---

[1] Voyez une danse de Faunes, de Satyres et de Bacchantes, dans les *Vies et OEuvres des peintres les plus célèbres*, *OEuvre du Poussin*, pl. CLXXIII.

20.

les mystères sacrés comme dans les fêtes de la mythologie païenne; et sa raison forte, son imagination
flexible, devinent et reproduisent avec la même
vérité les derniers sentiments d'Eudamidas mourant,
le pieux ravissement de saint Paul et les joies profanes
d'un Satyre.

On trouve dans l'ordonnance de ce groupe une nouvelle preuve de la justesse d'esprit et de goût qui
caractérise ce grand peintre; et, ce qui est digne de
remarque, c'est que cette preuve se rencontre dans la
plupart de ses tableaux de ce genre. Il a soigneusement
évité de mettre ses Satyres debout; il les a presque
toujours représentés à genoux, assis ou couchés : il
savait que des figures où les formes de l'animal s'unissent aux formes humaines ne pouvaient manquer de
produire un effet désagréable si elles étaient offertes
dans tout leur développement; ainsi, sans se priver
de la vivacité de mouvement et d'expression que les
Satyres pouvaient apporter dans les scènes auxquelles
ils prenaient part, il les a placés de la manière la
plus convenable à l'effet de l'ensemble, et la plus conforme à ce caractère d'élégance et de beauté dont il
ne voulait jamais se départir [1].

---

[1] Voyez les Bacchanales : une Nymphe avec un Satyre; danse de
Faunes, de Satyres et de Bacchantes; des Satyres surprenant une
Nymphe endormie, etc., dans les *Vies et OEuvres des peintres*, etc.,
par Landon, pl. CLXIX, CLXXI, CLXXII, CLXXIII.

EUSTACHE LESUEUR

Né à Paris en 1617; mort à Paris en 1655.

LA MESSE DE SAINT MARTIN.

LA MESSE DE SAINT MARTIN

PAR EUSTACHE LESUEUR.

« Trois religieux, un prêtre, une sainte fille, aper-
çurent un globe de feu sur la tête de saint Martin, un
jour que le saint célébrait la messe, après avoir donné
sa tunique à un pauvre, et s'être contenté pour vêtement d'une mauvaise robe noire. Le Seigneur, disent
les légendaires, opéra ce miracle pour faire voir combien la charité de Martin lui était agréable. »

Saint Martin était accoutumé à faire des actes de charité et à les voir récompensés par des miracles. Sul-
pice-Sévère en raconte un à peu près semblable à celui

qui a fourni à Lesueur le sujet de son tableau, et dont les détails sont touchants. Le saint, âgé alors de dix-huit ans, était encore soldat et simple catéchumène : « Comme il n'avait que ses armes et son habit militaire, au milieu d'un hiver plus rigoureux que de coutume et pendant leque. plusieurs personnes étaient mortes de froid, il rencontra un jour devant la porte d'Amiens un pauvre complétement nu; le pauvre priait les passants d'avoir pitié de lui, et les passants suivaient leur chemin : l'homme animé de l'esprit de Dieu sentit que c'était à lui que ce pauvre était réservé, puisque les autres n'en avaient pas compassion. Que faire? il n'avait que la tunique dont il était revêtu; il avait déjà employé à des œuvres semblables le reste de ses vêtements; il tira son épée, coupa sa robe en deux, en donna la moitié au pauvre et s'en alla couvert de l'autre moitié. Cependant quelques-uns se moquaient de lui parce qu'il avait ainsi un air hideux et portait un habit déchiré; d'autres, plus sages, gémissaient de n'en avoir pas fait autant, car ils avaient plus que lui, et ils auraient pu vêtir le pauvre sans se dépouiller eux-mêmes. La nuit suivante, Martin, s'étant endormi, vit le Christ revêtu de cette moitié de tunique dont il avait couvert le auvre : il s'entendit commander de regarder le eigneur et la robe qu'il avait donnée : et bientôt, au milieu d'une multitude d'anges, il entendit Jésus dire à haute voix : « C'est Martin, encore

« catéchumène, qui m'a revêtu de cette tunique [1]. »

Ce dévouement simple des vertus chrétiennes, dans un temps où la corruption de Rome et la férocité des Barbares occupaient la scène du monde, inspire un respect qu'aucune fable ne saurait détruire, et méritait d'être consacré par le génie de Lesueur. Ce génie simple, grave et plein d'une sensibilité profonde, s'élevait sans effort à la hauteur des souvenirs les plus augustes et des sentiments les plus touchants. Peu de tableaux sont, aussi parfaitement que celui qui nous occupe, en harmonie avec leur sujet et les idées qui s'y rattachent. Le saint, debout devant l'autel, s'occupe exclusivement des fonctions qu'il vient de remplir; rien ne le distrait et ne le trouble; tout entier à sa piété, plongé dans le recueillement, il adresse ses prières au Dieu qui lui témoigne avec tant d'éclat sa satisfaction : le prêtre placé derrière lui contemple avec une admiration pieuse le globe de feu; la sainte fille, à genoux devant les marches de l'autel, se livre à la même contemplation; toutes ces figures sont calmes, recueillies; rien n'annonce le moindre étonnement; tout indique une religieuse confiance : jamais miracle n'a été opéré devant

[1] *Sulpicii Severi de Vita B. Martini liber;* c. 2, p. 488. C'est de la cape de saint Martin de Tours, relique précieuse, que les rois Francs portaient toujours avec eux, qu'est venu le nom de chapelle, donné d'abord à la chambre où l'on officiait devant ux, et ensuite aux petites églises particulières. (Voyez Du Cange, *Glossar*. v. *capa, capella, capellanus*.)

des fidèles plus convaincus de la présence de leur Dieu, plus disposés à recevoir avec une foi pleine d'abandon les preuves les plus merveilleuses de cette puissance. On sent que la tranquillité qui règne dans le temple', au moment de la cérémonie sainte, est aussi dans tous les cœurs. Il n'est pas jusqu'à la ressemblance de quelques-unes des têtes et de leur expression qui n'ajoute à l'effet de la scène ; il semble que tous soient également pénétrés du même sentiment qui, bannissant toute autre idée, donne à leurs traits le même caractère et la même intention à leur physionomie. Nul peintre n'a su, mieux que Lesueur, faire tendre ainsi vers un but unique toutes ses figures, et remplir en quelque sorte tout son tableau de la pensée qu'il voulait peindre.

Que de grâce dans les détails ! que de beauté dans ces deux jeunes filles agenouillées de profil ! Les draperies sont disposées avec une élégance noble et facile qui n'a point l'air de l'arrangement, quoique sa perfection ne se rencontre jamais dans la réalité : l'intelligence la plus exercée a réglé l'ordonnance de ces figures qui remplissent le tableau sans la moindre apparence de désordre et de confusion : le goût le plus pur a présidé à leur ajustement ; la sensibilité la plus douce a répandu sur toutes ces têtes cette sérénité bienheureuse. Une exécution gracieuse et légère ajoute encore à ces mérites de la pensée, et fait de cette auguste scène un des ouvrages de ce grand maître devant lesquels on s'arrête avec le plaisir le plus complet.

Ce tableau avait été peint pour les religieux de l'abbaye de Marmoutiers, fondée par saint Martin, à une demi-lieue de Tours, vers la fin du quatrième siècle.

PROPORTIONS.

Hauteur, 1 mètre 13 centim. $=$ 3 pieds 5 pouces 8 lignes. 922.
Largeur, » $-$ 81 $-$ $=$ 2 $-$ 5 $-$ 11 $-$ 63.

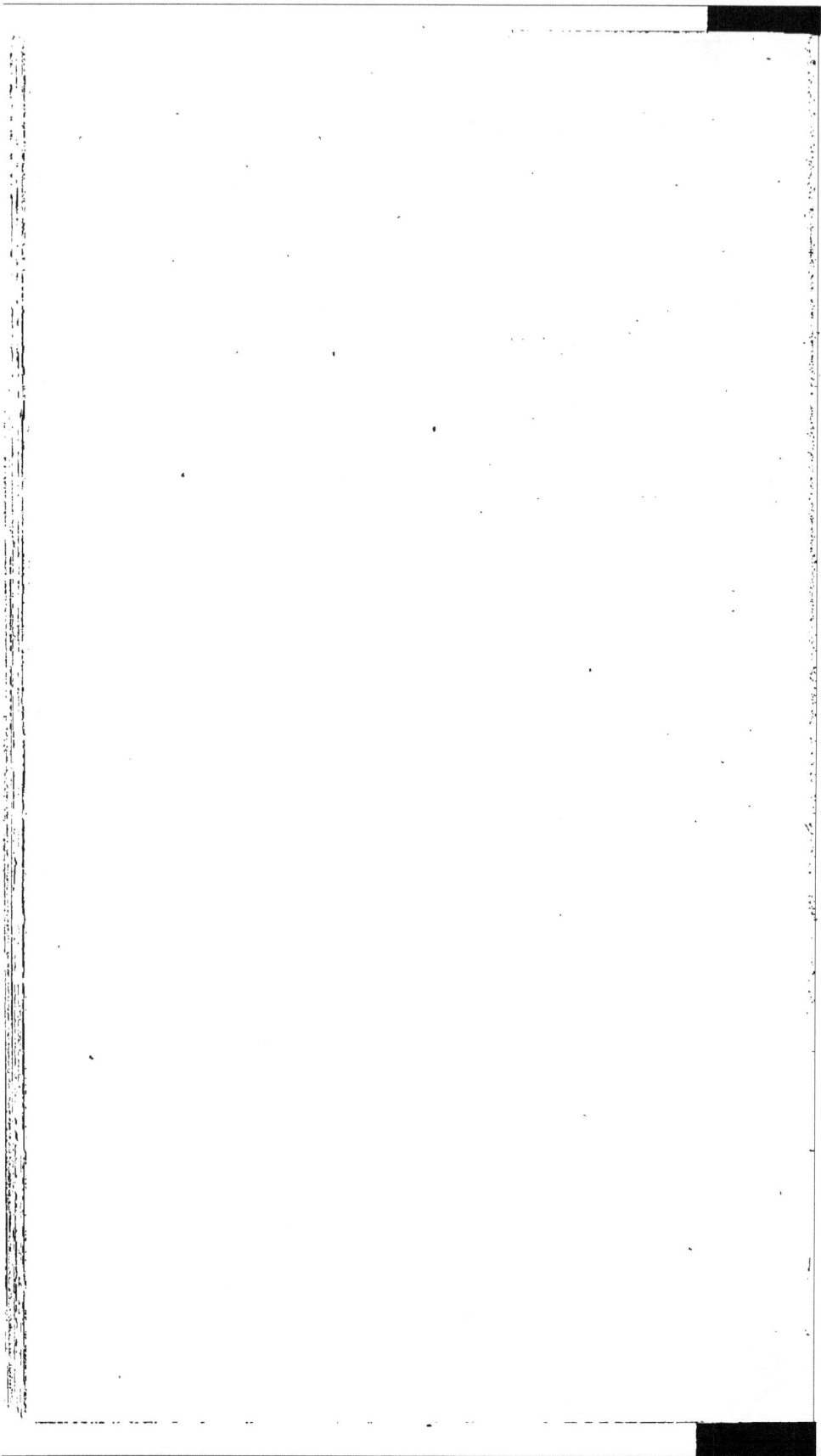

SANTERRE

SANTERRE, Jean-Baptiste, né à Magny en 1651; mort à Paris en 1717

SUZANNE AU BAIN.

SUZANNE AU BAIN

PAR SANTERRE.

Suzanne « dit à ses deux jeunes filles : Apportez-
« moi de l'huile et des parfums ; fermez les portes du
« jardin, parce que je veux me baigner : elles obéirent,
« fermèrent les portes, et sortirent par une fausse porte
« pour apporter ce que Suzanne avait demandé ; elles
« n'avaient point vu les vieillards, parce qu'ils étaient
« cachés. Quand les jeunes filles furent sorties, les deux
« anciens se levèrent, coururent vers Suzanne, et lui
« dirent : Voici les portes du jardin fermées, personne
« ne nous voit, cède à nos désirs. »

Les peintres qui ont traité cette première partie de
l'histoire de Suzanne l'ont en général représentée déjà
dépouillée de ses vêtements, et prête à entrer dans le

bain. Il semble cependant que rien dans le texte n'indique cette circonstance, et qu'au contraire tout donne lieu de supposer que Suzanne n'avait point encore quitté ses vêtements. Les jeunes filles venaient de sortir; la porte du jardin était à peine fermée; car les vieillards s'étaient hâtés sans doute de saisir le premier moment; ils n'en avaient point à perdre avant le retour des servantes. Une femme modeste comme Suzanne se sera-t-elle hâtée de quitter *il pudico velo e'l casto manto* [1] avant que le retour des jeunes filles qu'elle a chargées de veiller à sa sûreté l'ait assurée qu'elle n'a plus rien à craindre des regards? Une femme riche n'aura-t-elle pas attendu pour se déshabiller le retour des femmes dont l'habitude lui a probablement rendu le service nécessaire?

D'un autre côté, l'entretien des vieillards avec Suzanne porte un caractère tranquille et raisonné, peu d'accord avec la situation où les supposerait le peintre. Ces hommes lui expliquent leur dessein et le danger qu'elle court si elle leur résiste. « Suzanne, en soupi-« rant, leur dit : Je suis dans une grande angoisse : si « je commets ce crime, je suis digne de mort; et si je « ne le commets pas, comment échapperai-je à votre « vengeance? Mais il vaut mieux être punie sans l'a-« voir mérité que de pécher contre mon Dieu. » C'est là l'expression triste, mais calme et résignée, d'une situation cruelle; mais des sentiments bien plus violents,

[1] Son voile pudique et son chaste vêtement.

bien plus troublés, agitent la pudeur exposée aux regards qui la poursuivent; et si le texte, malgré la pureté qu'il conserve dans le récit de cette révoltante histoire, n'a pas craint de nous apprendre l'affreux plaisir que prennent ces deux infâmes, au moment où ils demandent la mort de Suzanne, à lui ôter son voile pour contempler sa beauté, il nous eût indiqué sans doute le redoublement de passion que devait faire naître en eux l'aspect sous lequel on veut supposer qu'elle s'offrit à leurs yeux dans ce jardin.

Enfin, aux cris de Suzanne, les vieillards opposent les leurs; on accourt, ils l'accusent: « Et tous les ser- « viteurs en furent couverts de confusion, parce qu'on « n'avait jamais parlé de cette manière de Suzanne. » Ils eussent été bien plus confondus encore de sa nudité que ses accusateurs n'eussent pas manqué de faire servir de preuve à son crime. Ainsi, tout semble démentir la supposition généralement adoptée par les peintres, et qui, si elle fournit de plus grands développements de beauté, ôte les moyens de conserver à la figure principale ce caractère d'élévation pieuse et de pureté morale qu'elle présente dans l'histoire.

Santerre ne pouvait se dispenser d'adopter la tradition commune; sa Suzanne était son morceau de réception. S'il l'eût représentée drapée seulement en partie, on l'eût accusé, en voilant le nu, d'avoir cherché à éviter la difficulté! Mais du moins a-t-il écarté l'image

pénible de la pudeur sans défense luttant contre d'o-
dieuses entreprises. Les vieillards sont encore cachés;
on les aperçoit seulement dans l'ombre, épiant leur
proie. Les regards du moins âgé peignent sa brutale
passion ; la figure de l'autre n'exprime que l'imbécillité
de l'âge dépouillé de la gravité qui lui appartient. Pour
Suzanne, elle se croit encore seule ; rien n'a troublé le
calme de son âme; son maintien est chaste ; assise au
bord du bain, elle baisse les yeux sur son pied replié derrière elle, comme si elle venait de le mettre hors de l'eau
pour examiner quelque chose qui l'a blessée.

Santerre est connu principalement comme coloriste ;
son dessin n'a manqué cependant ni de correction ni
d'élégance ; mais on a surtout admiré la suavité de
son pinceau, la délicatesse de ses chairs, qui, bien que
traitées quelquefois avec un peu de mollesse, sont pleines de vérité et de vie. Le Musée n'a de lui que ce
seul ouvrage. Il s'est surtout adonné au portrait. Les
cabinets offrent pourtant quelques-uns de ses tableaux ;
un entre autres connu sous le nom de la *Donneuse de
lettres*, remarquable par la beauté de la couleur, la
grâce des traits, et la finesse de l'expression.

Santerre, né à Magny, en 1651, mourut à Paris en
1717. Sa Suzanne a été gravée par Porporati.

PROPORTIONS.

Hauteur, 2 mètres 6 centim. 4 mill. $=$ 6 pieds 2 pouces 6 lignes.
Largeur, 1 — 47 — $=$ 4 — 5 — 6 —

LA HYRE

LA HYRE (Laurent de), né à Paris en 1606; mort à Paris en 1656.

SAINT FRANÇOIS D'ASSISE.

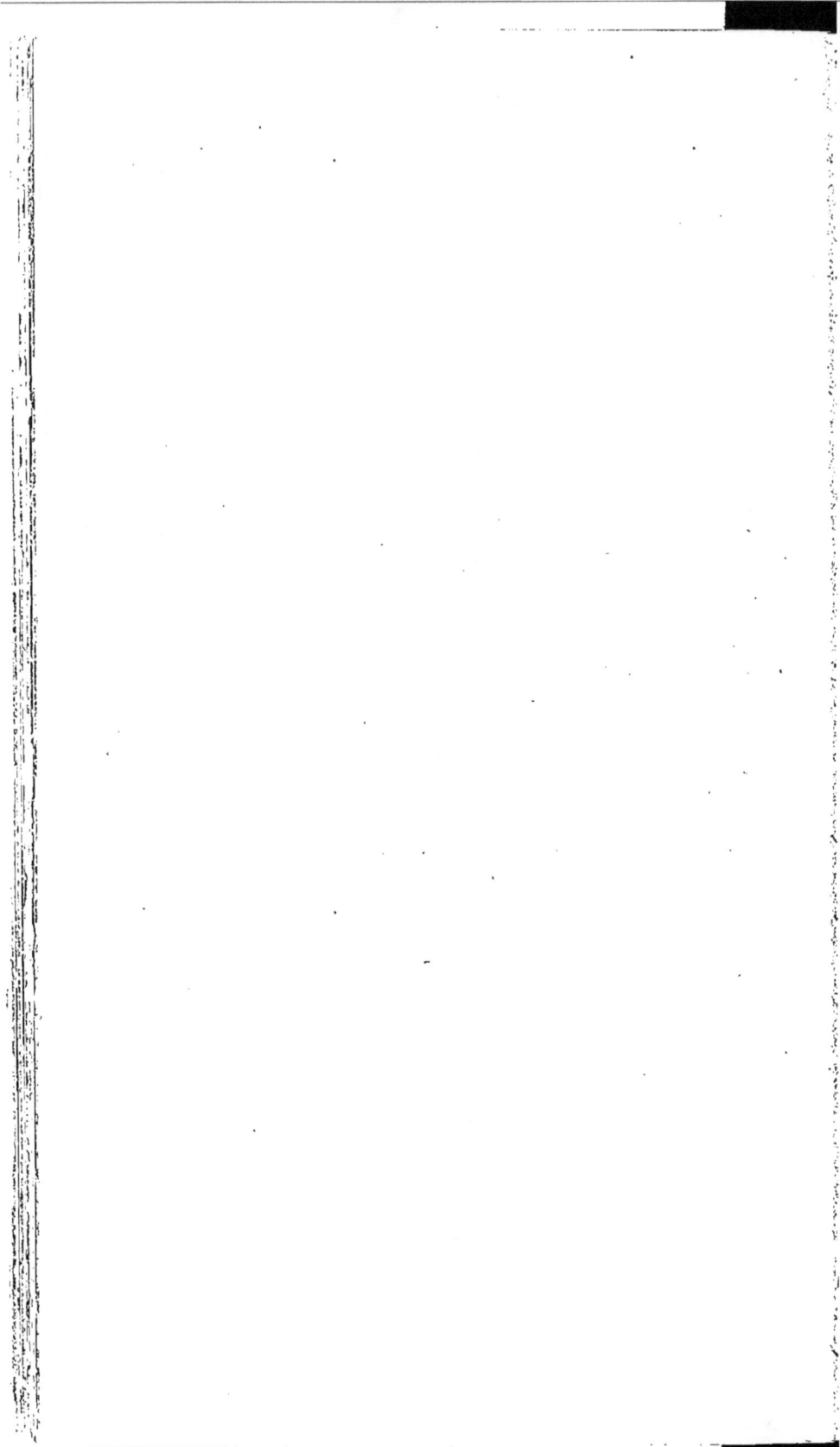

SAINT FRANÇOIS D'ASSISE

PAR LA HYRE.

Les légendes de saint François d'Assise sont peut-être les plus nombreuses et les plus remplies de faits merveilleux qu'on ait écrites sur aucun des saints du calendrier. La singularité des miracles dont elles font honneur à saint François et aux religieux de son ordre, la supériorité qu'elles lui assignent en plusieurs endroits sur d'autres saints du paradis, fondateurs, comme lui, de communautés religieuses, ont plus d'une fois attiré aux Franciscains, surtout de la part des Dominicains, de si violentes attaques, qu'au temps de la Réforme on a cru prudent de retirer et de sup-

primer quelques-uns de ces récits, occasion de scan-
dale. Le miracle que les capucins du Marais avaient
choisi pour en faire le sujet du tableau que La Hyre a
exécuté pour leur église, a été probablement l'un des
moins contestés, parce que c'est un de ceux qui ont été le
plus communément réclamés pour les fondateurs d'ordres, et que par conséquent chacun avait le plus d'intérêt
d'accorder aux autres. On raconte qu'en 1449, c'est-à-
dire plus de deux cents ans après la mort de saint
François, le pape Nicolas V, ayant entendu dire que le
corps du saint était parfaitement conservé, fit ouvrir
son tombeau, et y étant descendu « accompagné du
« cardinal Aslergius, d'un évêque, de son secré-
« taire, du gardien du couvent, et de trois reli-
« gieux » trouva non-seulement le corps entier et sain,
revêtu de la *robe de drap neuve* dont l'avaient habillé
ses religieux lorsque, plusieurs années après sa mort,
ils le transportèrent dans son tombeau de l'église
d'Assise ; mais il le trouva debout, les mains croisées
dans ses manches, et les yeux levés au ciel, dans l'attitude de la contemplation.

C'est dans cette attitude que l'a représenté le peintre.
A genoux devant lui, le pape soulève le bas de sa robe
pour regarder les stigmates de ses pieds, qu'il retrouve
également entiers et tels que nous les représentent les
légendes ; car si celui du côté paraît n'avoir été qu'une
simple plaie, ceux des pieds et des mains ont conservé

les clous, ainsi qu'on le rapporte dans le livre des *Con-formitez* [1], la plus étrange et la plus rare aujourd'hui des légendes de saint François. — « Es mains et pieds de « saint François, dit l'auteur de cet ouvrage, furent « faits des cloux, soit de nerfs, soit de chair; lesquels « estoient gros et massifs; ils estoient aussi longs, et « passoyent outre les pieds et mains, ayant la pointe re-« courbée en façon d'anneau, tellement qu'on y eust pu « passer le doigt; ainsi que Monsieur frère Bonaven-« ture, évesque d'Albes, cardinal de la sainte église « romaine, dist l'avoir sçu par ceux qui les avoyent vuz « et maniez, et ont affermé par serment qu'ainsi estoit. »

A genoux, à côté du pape, est le gardien du couvent qui lui montre les stigmates; le geste du pape indique l'aveu d'un doute qui se trouve confondu. De l'autre côté du gardien, et aussi à genoux, est un laïc qui doit être le secrétaire du pape et dont la dévotion paraît égaler l'étonnement de son maître. Derrière le pape, sont debout le cardinal Aslergius et un jeune évêque, et, à genoux, les trois religieux. Le plus avancé porte un flambeau; une lampe brûle au haut de la voûte et éclaire la figure du saint.

Ce tableau est bien composé; on trouve dans plu-

---

[1] Par Barthélemy de Pise, imprimé à Milan, chez Gotard-Pontice, 1510. Ce livre, extrêmement rare aujourd'hui, ne se retrouve peut-être plus aujourd'hui que dans l'Alcoran des Cordeliers, où les pro-testants l'ont réimprimé en partie avec des notes injurieuses, aussi dégoûtantes que le texte est bizarre et ridicule.

sieurs des têtes quelque-chose du genre de vérité du
Caravage, quoique le style en soit généralement plus
élevé; celles des religieux sont fort belles; le ton des
chairs du saint ne diffère peut-être pas assez des teintes
de la vie; peut-être, au reste, est-ce là une des parties
du miracle qui paraît avoir été représenté avec une
grande exactitude. La couleur du tableau est d'ailleurs
belle et vraie. Une des têtes est, dit-on, le portrait de
La Hyre; ce doit être celle du jeune évêque, la seule
qui puisse se rapporter à l'âge du peintre, qui avait
alors 24 ans, comme on en peut juger par la date 1630,
inscrite sur la pierre qui porte le saint. On peut le
supposer d'ailleurs par les moustaches et la royale dont
se compose la barbe de ce personnage, taillée beaucoup
plus selon la mode des jeunes gens du dix-septième
siècle, que selon le costume convenable à un évêque
du quinzième.

PROPORTIONS:

Hauteur, 2 mètres 20 centim. = 6 pieds 4 pouces 10 lignes.
Largeur. 1   —   62   —   = 5 — 7   —   »   —

CARLE VANLOO

Né à Nice en 1705 ; mort à Paris en 1765.

LE MARIAGE DE LA VIERGE.

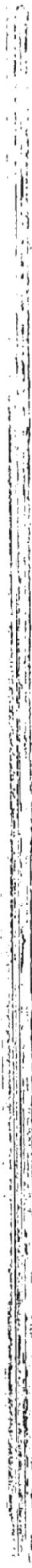

LE MARIAGE DE LA VIERGE

PAR CARLE VANLOO.

Carle Vanloo, élève et collaborateur de son frère
Jean-Baptiste, et comme lui natif d'Aix en Provence,
malgré son nom qui indique une origine flamande,
est demeuré justement célèbre pour le portrait, où il a
généralement porté un dessin correct, un pinceau
large, et beaucoup de vérité. Cependant ses ouvrages
d'histoire furent nombreux, tant en France que dans
l'étranger. Appelé, avec son frère, par les rois de Sardaigne, pour concourir à l'ornement des maisons
royales et des églises de Turin et des environs, il
peignit avec lui un grand nombre de fresques, et orna

à lui seul un cabinet du palais de jolies peintures
représentant divers sujets tirés de la Jérusalem délivrée. Vanloo dessine bien ; ses têtes sont d'une grande
vérité : sa couleur est généralement bonne, quoique
tirant quelquefois un peu sur le violet ; mais il manquait à son temps le sentiment qui agrandit les arts :
le défaut de croyances fortes et d'habitudes énergiques
qui, élevant l'imagination, lui font concevoir les
choses dans un grand ensemble, jetait à cette époque
les arts d'imitation dans des détails puérils, qui rempla-
çaient trop souvent la vérité par la recherche, ou bien
substituaient à la vérité grande et générale, qui est le
patrimoine des beaux-arts, une imitation mesquine et
triviale de la nature. Exempt du premier de ces
défauts, Vanloo n'a pas toujours échappé au second.
Le mariage de la Vierge n'est pas pour lui le solennel
avant-coureur de l'événement qui va renouveler le
monde tant visible qu'invisible, que va célébrer le
ciel et qui fera trembler l'enfer. Une jeune fille
modeste épousant un vieux charpentier, voilà tout ce
qu'il a vu, tout ce qu'il a voulu faire voir. Il a donné
à la tête du grand prêtre un beau caractère ; quel que
soit le rang de ceux qu'il unit, il remplit toujours des
fonctions augustes, et le peintre ne les a pas méconn-
ues. La figure de la Vierge, si elle manque de
noblesse, plaît par cette expression de pudeur virginale qui peut appartenir à la jeune épousée de village

comme à celle d'un rang plus élevé; mais le Saint Joseph est trop purement réduit à l'extérieur d'un artisan dont les idées ne sont pas élevées au-dessus de son métier : ses traits qui peuvent n'avoir pas été dépourvus d'agréments, semblent avoir contracté avant l'âge les formes et l'expression éteinte de la vieillesse. La couronne de roses blanches qui ceint ses cheveux, cette verge fleurie qu'il porte à la main comme signe de la préférence céleste qui l'a marqué pour être l'époux de la Vierge, forment un contraste affligeant avec cette vieillesse que ne relève pas assez la dignité du maintien, et ces mains qui portent l'empreinte d'un bien rude travail. Aucun cortége n'environne les époux. Le pontife n'est assisté dans ses fonctions que par un seul petit lévite ; saint Joseph n'a personne avec lui ; et derrière la Vierge, un homme et deux femmes, dont les têtes sont d'une grande vérité et très-heureusement dégradées, donnent, plus qu'il n'est nécessaire, l'idée des habitudes de la pauvreté.

Les grands maîtres ont souvent traité ce sujet. Raphaël paraît s'en être occupé au moins deux fois. Dans ses tableaux, la figure de saint Joseph est d'une beauté mâle et grave, parfaitement convenable dans celui à qui va être confié un si grand dépôt. La pompe nuptiale offre un coup d'œil animé ; des groupes d'hommes et de jeunes filles remplissent le tableau ,

et se pressent autour des époux, ce qui n'est nullement
contraire à la vraisemblance historique ; car, quelle
que fût la pauvreté de Joseph et de Marie, la postérité
de David pouvait, en ces occasions solennelles, être
supposée s'entourer d'un assez nombreux parentage.

La couleur de ce tableau est généralement très-
bonne, si ce n'est dans la figure de la Vierge. Il est
fini avec beaucoup de soin, mais sans recherche.

PROPORTIONS.

Hauteur, 60 centim. = 1 pied 11 pouces » lignes.
Largeur, 35   —   = 1 — 1 — 6 —

ÉCOLE HOLLANDAISE

———o——o———

REMBRANDT	(un tableau).
VAN-DYK (Antoine)	(un tableau).
VAN-DYK (Philippe)	(un tableau).
VANDERWERFF	(un tableau).
GÉRARD DE LAIRESSE	(deux tableaux).

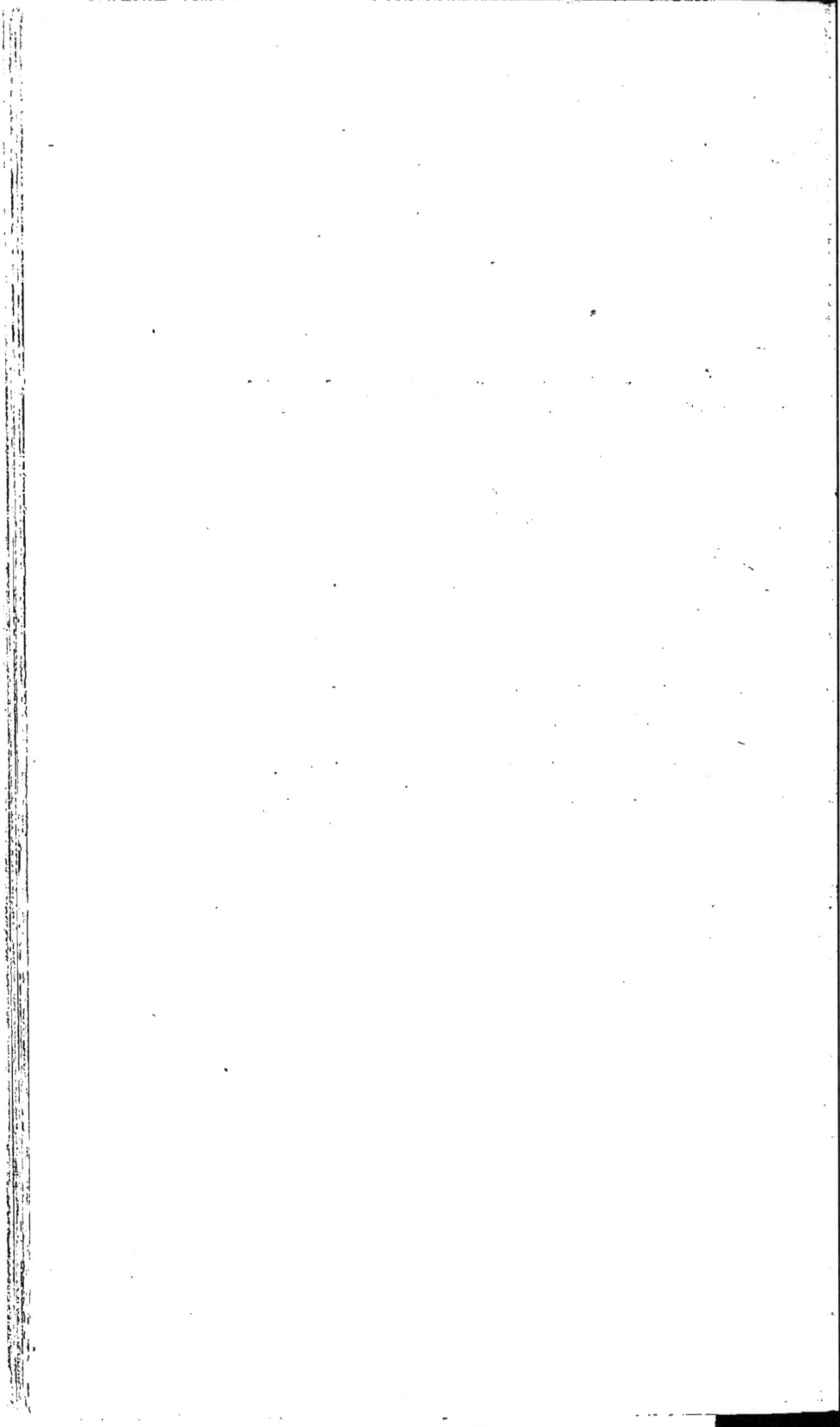

REMBRANDT

Né près de Leyde en 1606 ; mort à Amsterdam en 1674.

JACOB BÉNISSANT LES ENFANTS DE JOSEPH.

JACOB

BÉNISSANT LES ENFANTS DE JOSEPH,

PAR REMBRANDT.

Joseph avait promis à Jacob de faire transporter son corps hors d'Égypte, et de le faire enterrer dans le sépulcre de ses pères. « Quelque temps après on informa Joseph que son père était malade ; c'est pourquoi il se rendit auprès de lui avec ses deux fils, Manassé et Éphraïm. On dit alors à Jacob : Voici Joseph votre fils qui vient vous voir. Israël, ayant repris assez de force pour se tenir assis sur son lit, dit à Joseph : Le Dieu tout puissant m'apparut autrefois à Luz, au pays de Chanaan, me bénit et me dit : Je multiplierai ta postérité ; plusieurs peuples naîtront de toi ; et je donnerai ce

pays à tes descendants pour toujours. Jacob ajouta :
Les fils que tu as eus en Égypte avant que j'y vinsse sont
à moi; Ephraïm et Manassé sont au nombre de mes
fils, comme Ruben et Siméon.... Fais-le approcher de
moi afin que je les bénisse.... »

« Israël dit ensuite à Joseph : Je n'avais pas espéré de
revoir ton visage, et voici, Dieu me fait voir encore tes
enfants. Alors Joseph retira ses fils d'entre les genoux
de son père, s'inclina jusqu'à terre; puis, ayant mis ses
deux fils, Ephraïm à sa droite, qui se trouva ainsi à la
gauche d'Israël, et Manassé à sa gauche, qui se trouva
à la droite d'Israël, il les fit approcher de Jacob. Israël,
étendant la main droite, la mit sur la tête d'Éphraïm,
qui était le plus jeune, et la main gauche sur la tête de
Manassé, et sachant bien que Manassé était l'aîné; il
bénit alors Joseph en disant: Que le Dieu en présence
duquel ont marché mes pères Abraham et Isaac, le Dieu
qui m'a protégé depuis que je suis au monde jusqu'à
présent, que l'ange qui m'a délivré de tout mal bénisse
ces enfants! qu'ils soient appelés mes enfants et les enfants de mes pères Abraham et Isaac, et qu'ils aient une
nombreuse postérité! »

« Mais Joseph ayant remarqué que son père avait
mis la main droite sur la tête d'Éphraïm, en fut fâché,
et prit la main de son père, en essayant de la lever de
dessus la tête d'Éphraïm pour la poser sur la tête de
Manassé; il dit à son père : Ce n'est pas ainsi, mon père;

celui-ci est l'aîné; mettez votre main droite sur sa tête. Mais son père refusa de le faire, et lui dit: Je le sais, mon fils, je le sais. Celui-ci sera aussi le père d'un peuple et deviendra puissant; mais son frère, qui est plus jeune, sera encore plus puissant que lui, et sa postérité sera très-nombreuse [1]. »

Cette scène simple et touchante est fidèlement reproduite dans le tableau de Rembrandt. Il a peint une figure de femme debout qui regarde avec attention les enfants et Jacob; c'est probablement Asénath, fille de Potiphérah, gouverneur d'On, que Pharaon avait fait épouser à Joseph, et mère de Manassé et d'Éphraïm. Le peintre a donné avec art, à chacun des deux enfants, une expression différente. Ephraïm, croisant ses mains sur sa poitrine, reçoit avec un recueillement profond, quoique plein de naïveté, la bénédiction de son grand-père; cette petite tête a une grâce toute particulière; ses longs cheveux flottants en boucles sur ses épaules, son geste pieux, ses regards baissés, appellent l'attention et semblent justifier la préférence que lui accorde Israël. Manassé a l'air plus vif et plus distrait. La tête de Jacob est remplie de gravité et de calme; peut-être n'offre-t-elle pas un caractère assez religieux: ce fut quelques moments après cette bénédiction qu'Israël prophétisa et annonça à tous ses fils leur destinée future.

[1] Genèse, ch. xlviii.

Ce saint enthousiasme aurait pu paraître dans les traits du patriarche mourant qui donne à son fils chéri les dernières marques de sa tendresse.

La couleur de ce tableau est chaude et forte, comme dans tous les ouvrages de Rembrandt; les accessoires, entre autres les fourrures, sont plus soignés que les mains et les têtes : « Quelquefois il s'attachait à finir avec le plus grand soin les parties les plus indifférentes de sa composition, et négligeait les principales qu'il marquait à peine avec quelques traînées de brosse [1]. » Cet homme, qui avait reçu de la nature un des plus beaux talents dont elle ait jamais doué un artiste, et qui n'a jamais rien fait sans y mettre l'empreinte de son talent, ne le regardait guère que comme un moyen de satisfaire son avidité; pressé de finir ses tableaux pour les vendre, il disait que « le tableau était fini lorsque l'auteur avait atteint le but qu'il s'était proposé [2] ». Aussi ses ouvrages, ceux de sa seconde manière, ne sont-ils souvent que de vigoureuses ébauches.

Ce tableau est peint sur toile.

PROPORTIONS.

Hauteur, 1 mètre 67 centim. = 5 pieds 1 pouce 8 lignes 302.
Largeur, 1 — 93 — = 5 — 11 — 3 — 559.

[1] Descamps, *Vies des Peintres flamands*, t. II, p. 88.
[2] *Ibid.*

VAN-DYK

VAN-DYK, Antoine, né à Anvers en 1590; mort à Londres en 1641.

LE CORPS DE JÉSUS MORT SUR LES GENOUX DE LA VIERGE.

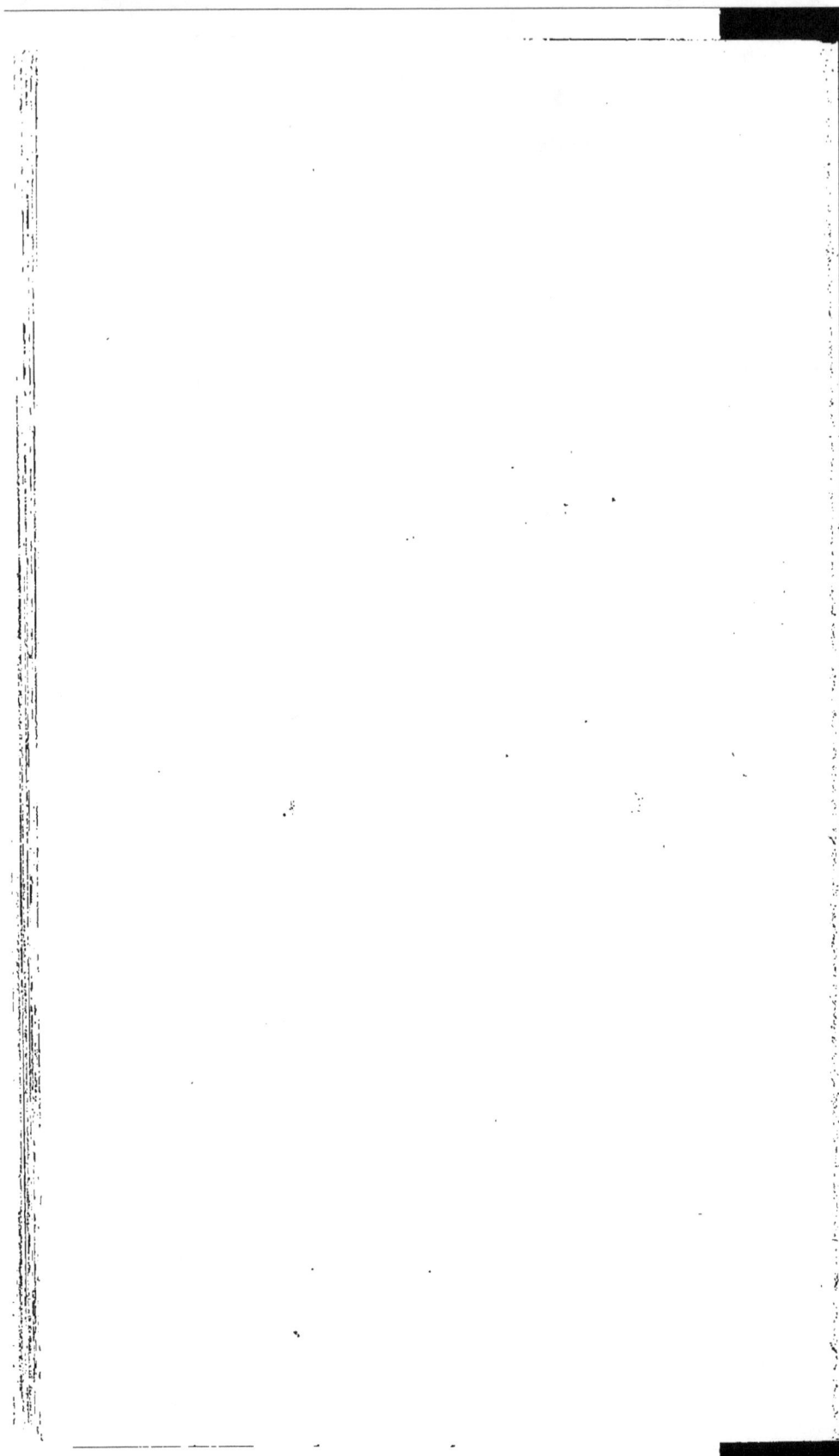

LE CORPS DE JÉSUS MORT

SUR LES GENOUX DE LA VIERGE

PAR A. VAN-DYK.

Si un beau génie, une grande réputation, une grande
fortune, les dons de la nature et le concours des circonstances extérieures les plus favorables, suffisaient
pour assurer une vie longue et heureuse, peu d'hommes
en auraient joui autant que Van-Dyk; mais le bonheur
ne se fait pas ainsi hors de nous; il faut que l'homme
y mette du sien; et Van-Dyk tenant, comme il le disait
lui-même, table ouverte à ses amis et bourse ouverte à
ses maîtresses, n'eut jamais ni assez d'argent ni assez
de plaisirs. Pendant son séjour à Londres, ses portraits
en pied lui étaient payés cent livres sterling (environ

2,500 fr.), ses portraits à mi-corps cinquante livres sterling, somme très-considérable dans ce temps-là ; il en faisait un en un jour ou à peu près, et manquait rarement d'en avoir à faire ; cependant il eut recours à l'alchimie pour se procurer l'or qui lui manquait, et perdit dans ces vaines recherches une grande partie de celui qu'il gagnait si facilement. Le duc de Buckingham, pour le soustraire aux maîtresses qui ruinaient sa santé, lui fit épouser une fille de qualité d'une rare beauté ; le roi d'Angleterre promit trois cents guinées à son médecin s'il parvenait à le guérir ; sa femme et son médecin ne purent le rendre ni plus sage ni mieux portant, et il mourut en 1641, âgé de 42 ans.

C'est probablement à sa facilité plutôt qu'à son assiduité qu'est dû le grand nombre de ses ouvrages ; un homme qui aimait l'éclat, la société, la représentation, qui avait toujours à sa suite une grande quantité de domestiques, de chevaux, d'équipages, de musiciens, de chanteurs, de bouffons, qui donnait tous les jours à dîner, et soùvent à de grands seigneurs, n'employait pas sans doute tout son temps au travail. Van-Dyk avait pris dans l'école de Rubens des habitudes de dissipation et de luxe ; il est assez remarquable que ces deux maîtres de l'école flamande aient eu l'un et l'autre une grande fortune et une grande existence ; mais Rubens employa sérieusement, et dans des affaires importantes, sa vie et ses richesses, tandis que Van-Dyk consuma les siennes en faste et en divertissements [1].

Il a peint sept à huit fois le Christ mort sur les genoux de sa mère. Le musée royal possède trois de
ses tableaux, et l'un des trois est une petite ébauche
exprimant la première pensée que Van-Dyk a exécutée en grand dans celui dont on voit ici la gravure : la composition de l'ébauche n'est pas la même
que celle du tableau : dans la première, le Christ n'est
pas étendu horizontalement ; le haut du corps est relevé
dans le giron de la Vierge, et la tête repose contre son
sein ; saint Jean ne s'y trouve point, et les anges, placés
à la gauche regardent Jésus et sa mère avec l'expression de la plus vive douleur ; sur la droite, dans les
nuages, de petites têtes d'anges ailés contemplent de
même ce douloureux spectacle ; ces têtes enfantines,
surprises et désolées, ne me paraissent pas une invention heureuse ; la douleur de ces jeunes visages, qui
n'ont point de mains, point de corps dont le mouvement
accompagne l'expression de leurs traits, produit un effet bizarre et peu agréable. Le peintre en a probablement été frappé lui-même, puisqu'il les a supprimés
dans son grand tableau ; il les a remplacés par la figure
de saint Jean qui soulève le bras de Jésus et montre
aux deux anges les blessures de sa main. La Vierge ,

[1] Bellori, *Vite de' Pittori*, p. 253-264 ; Descamps, *Vies des Peintres
flamands*, t. II, p. 8-28.

complétement étrangère à cette scène particulière, lève
vers le ciel ses yeux noyés de larmes ; c'est à Dieu seul
qu'elle s'adresse ; c'est à lui seul qu'elle parle de son
fils et de sa douleur ; saint Jean et les anges n'attirent
point son attention : sentiment touchant et vrai qui
donne à la mère de Jésus un caractère simple et auguste ; elle ne voit plus rien, elle a tout oublié, hormis
Dieu et son fils.

La lumière frappe le corps de Jésus, dont la couleur
est admirable ; ce n'est point cette teinte générale
grise et bleue que les peintres médiocres jettent uni-
formément sur les corps morts ; Van-Dyk n'a point
cherché à rendre l'aspect d'un cadavre plus hideux qu'il
ne l'est naturellement ; on sent l'engorgement du sang
dans les jointures, dans les extrémités : la tête est noble
et bien affaissée ; celle de la Vierge, peut-être un peu
vieille et un peu maigre (elle l'est moins dans l'ébauche), est pleine d'une expression déchirante. C'est bien
là le pinceau facile, chaud et vrai de Van-Dyk.

PROPORTIONS.

Hauteur, 1 mètre 18 centim. = 3 pieds 7 pouces 7 lignes 86.
Largeur, 2 — 6 — = 6 — 4 — 1 — 188.

PHILIPPE VAN-DYK

Né à Amsterdam en 1680; mort à Amsterdam en 1752.

―――――

JUDITH.

JUDITH

PAR PHILIPPE VAN-DYK.

Né à Amsterdam en 1680, Philippe Van-Dyk doit être considéré comme un peintre du dix-huitième siècle, de cette époque où les arts, devenus pour ainsi dire populaires dans les classes aisées, commençaient à porter le caractère de ces mœurs mondaines et de ces sociétés frivoles dont ils étaient alors l'amusement. Une recherche puérile d'intentions fines, une grâce étudiée, une fatigante surcharge de petits moyens, ont imprimé, surtout en France, à la plupart des productions de cette époque, le sceau de ce mauvais goût inhérent à tout état de mœurs où le jugement

23

des choses sérieuses, comme le vrai et le beau, tombe entre les mains d'une multitude façonnée aux petites conventions d'une nature factice. Si la simplicité hollandaise ne paraît pas avoir cédé à cette contagion, rien cependant ne témoigne de ses efforts pour y résister; la gloire de l'école tombe vers cette époque, et Philippe Van-Dyk est regardé comme le dernier de ceux qui l'ont honorée par leurs talents.

Le surnom de petit Van-Dyk, par lequel on crut devoir distinguer Philippe du maître célèbre dont il portait le nom, sans avoir à ce qu'il paraît, appartenu à sa famille, n'est pas moins un titre d'honneur qu'une marque d'infériorité; car on peut se contenter d'une place après Van-Dyk, et c'est beaucoup que d'en être assez près pour avoir fait songer à la nécessité d'une distinction.

Cependant les tableaux de Philippe ne sortirent qu'en petit nombre de son pays; son talent, recommandable surtout par une grande simplicité dans les voies de la bonne école, n'avait pas de quoi satisfaire ce besoin de nouveauté qui travaille les esprits lorsqu'ils ont épuisé, non pas le beau qui est inépuisable, mais les force snécessaires pour trouver et goûter le beau. Philippe jouit surtout de sa réputation dans sa patrie, fière de produire encore un artiste; mais d'ailleurs très-habituellement employé à faire des portraits, et souvent chargé par de grands seigneurs

ou des amateurs riches de leur composer des collec-
tions de tableaux, ce qui l'obligeait à de fréquents
voyages, Philippe, quoique laborieux et assidu, n'a
pu multiplier beaucoup ses tableaux de cabinet.

Celui dont je donne ici la description doit être
mis au nombre des plus distingués; la composition
n'en pouvait avoir rien de fort remarquable ; tout est
donné dans un pareil sujet, et presque tous les peintres
l'ont traité de la même manière. Judith, représentée
au moment où elle vient d'exécuter son projet, est
appuyée sur le cimeterre, dont on voit encore le four-
reau suspendu près du lit, entièrement caché par un
ample rideau. Devant elle sa vieille esclave, occupée des
moyens de pourvoir à leur sûreté, semble lui parler
d'un air animé sur ce qui reste à faire, tandis que
Judith l'écoute et la regarde avec une sorte de demi-
attention, distraite par une forte préoccupation, et
comme une personne dont les pensées, arrêtées jusqu'à
ce moment sur le point décisif d'une action importante
et difficile, ne s'en sont pas encore détachées pour se
tourner vers ce qui doit la suivre.

Les figures sont vues plus qu'à mi-corps. Le style
en est naturel; la couleur de Philippe Van-Dyk est
bonne et franche ; sa manière finie, mais sans excès.

PROPORTIONS.

Hauteur, 27 centim. 18 mill. = 9 pouces, 9 lignes.
Largeur, 33   —   » — = 11   —   » —

VANDERWERFF

Né à Kralimger Ambacht, près Rotterdam, en 1659 ; mort à Rotterdam.
en 1722.

PARIS ET OENONE.

PARIS ET OENONE

PAR VANDERWERFF.

Les difficultés de l'art animent et instruisent le talent; les difficultés de la situation peuvent l'animer quelquefois, mais elles ne l'instruisent guère qu'à ses dépens. Le génie porte en soi-même le germe de sa propre perfection ; il faut que les circonstances le touchent légèrement pour ne pas l'altérer. Raphaël naquit et vécut pour ainsi dire au milieu des sourires et des caresses des arts.

D'après le genre des compositions de Vanderwerff, il n'est pas douteux que son goût ne le portât aux idées nobles et gracieuses, et que ses pinceaux ne cher-

chassent naturellement l'élégance des formes; mais
ce n'était pas au moulin de Kralingues-Ambacht, lieu
de sa naissance, que le fils d'un meunier hollandais
pouvait se pénétrer de l'image du beau. Protégé dans
son goût pour le dessin par un peintre sur verre ami
de la maison, et placé à Rotterdam chez un peintre de
portraits, ce ne fut pas encore à voir, à faire ou à copier
des portraits hollandais que Vanderwerff dut se former un style. Après huit ans d'études, son père le
destinait encore au moulin, tandis que sa mère demandait à Dieu qu'il pût devenir prédicateur. Heureusement, le curé du lieu, qui sans doute s'y connaissait,
déclara que Vanderwerff ne serait jamais un prédicateur, et le peintre sur verre prédit qu'il serait un
peintre. Il fut donc permis au jeune homme de
continuer ses études, et sous un meilleur maître.
Quelque temps après, l'un des premiers tableaux de
Vanderwerff lui ayant été payé neuf ducatons, le père,
surpris de l'énormité de la somme, l'envoya sur le
champ à l'église reconnaître ce bienfait de Dieu, en
donnant un ducaton aux pauvres. Assurément Vanderwerff avait pu prendre dans sa famille le germe de
beaucoup de vertus, mais non pas celui de l'enthousiasme des arts.

Cependant, au milieu des habitudes les plus simples
et même les plus grossières, un trait de beauté peut
saisir et illuminer l'âme de l'artiste; mais, à vingt-

huit ans, et déjà connu, Vanderwerff n'avait pas encore vu un tableau, pas une copie des tableaux des grands maîtres; et son goût était si peu formé qu'il a depuis avoué, que, les premières fois, ce fut sans plaisir qu'il vit Raphaël.

Au milieu de pareilles circonstances, ce que Vanderwerff a dû à son talent est d'autant plus remarquable qu'il est plus aisé d'expliquer ce qui lui manque. On comprend sans peine pourquoi ses figures, ordinairement nobles, manquent presque toujours de style et de cette pureté de formes dont ses yeux avaient si tard entrevu le modèle ; il a été forcé, par le défaut des connaissances anatomiques, d'envelopper, dans la plénitude et la rondeur des contours extérieurs, les détails du dessous qu'il n'était pas en état de deviner. Ainsi, ne connaissant de la nature que ce qu'elle dévoile aux yeux de tous, il a été obligé, pour la représenter, d'imiter tout ce que les yeux peuvent ou croient y apercevoir : de là cet excès de fini qui s'éloigne parfois de la vérité à force de la chercher ; de là ces chairs trop souvent compactes et immobiles comme l'ivoire. Ses étoffes sont admirables; les étoffes sont de main d'homme; la main de l'homme peut les copier et même les embellir. Du reste, les expressions de Vanderwerff sont belles; ses poses nobles, agréables et naturelles ; ses tableaux bien composés ; et ce fini, dont on peut quelquefois se plaindre, le conduit quelquefois à de charmants résultats.

Les amours d'OEnone et de Pâris sont le sujet du tableau dont je donne ici la description. Pâris, encore berger, encore amant peut-être, mais, selon toute apparence, déjà époux, est tranquillement couché près d'OEnone. Sa flûte à la main, on voit qu'il vient de s'interrompre pour un plus doux entretien. Son visage, tourné du côté d'OEnone, ne laisse voir que le contour de la joue et du front : cependant, à son maintien, à la pose de sa tête, on peut deviner qu'il exprime un désir plus tendre qu'ardent, plus animé par l'espérance que par la résistance. La nymphe l'écoute avec une douceur et une complaisance qui ne songent pas à se déguiser. A leur gauche et dans l'enfoncement on aperçoit le fleuve Cédrène, père d'OEnone, appuyé sur son urne. Derrière lui est un tombeau dont on ne comprend pas trop le sens. Le fond est un bocage épais.

Ce tableau est peint sur bois.

PROPORTIONS.

Hauteur, 40 centim. 7 mill. = 1 pied 3 pouces.
Largeur, 29   --   5   —   = » -- 11   —

GÉRARD DE LAIRESSE

Né à Liége en 1640 ; mort a Amsterdam en 1711

1º LA MALADIE D'ANTIOCHUS,
2º HERCULE ENTRE LE VICE ET LA VERTU,

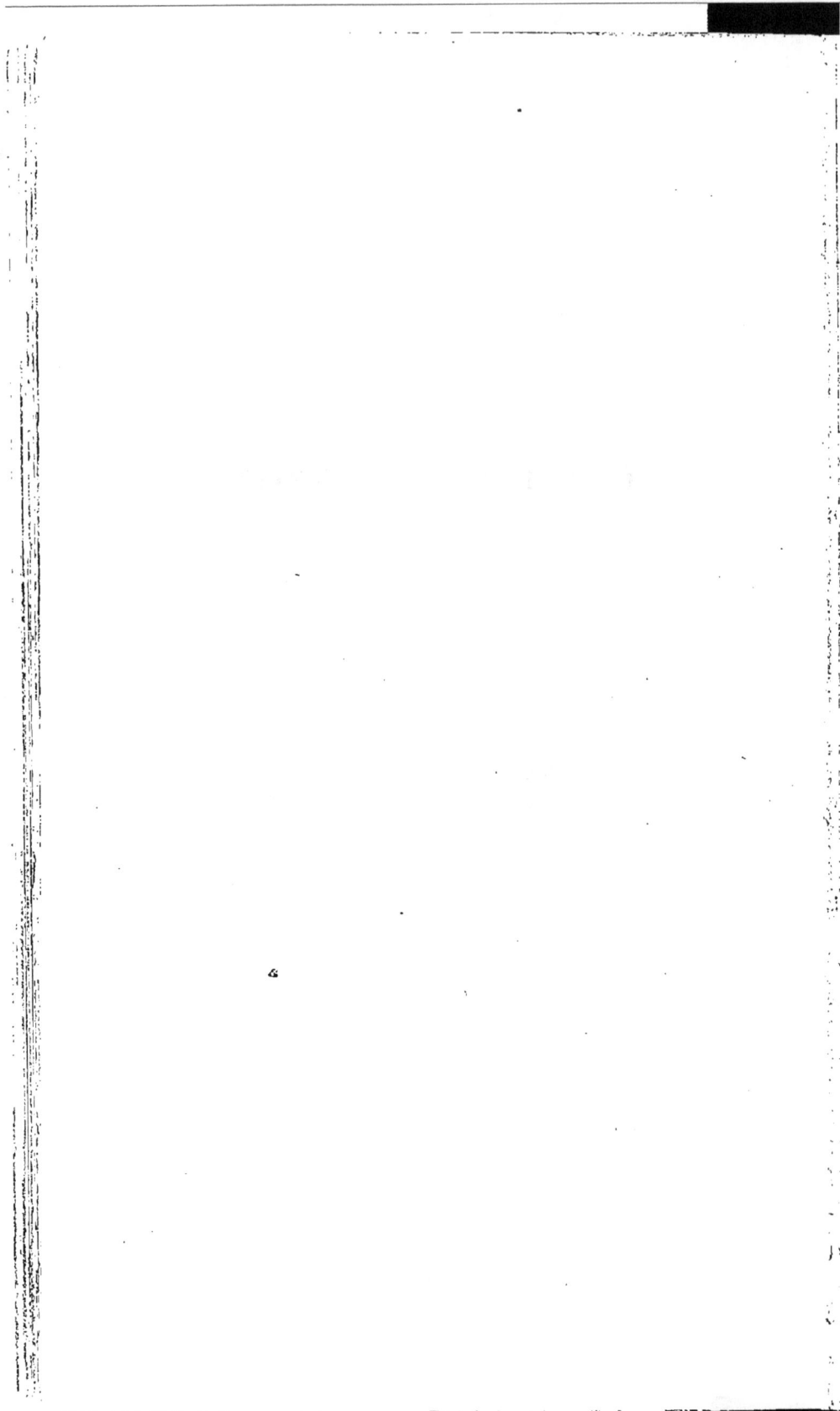

I

LA
MALADIE D'ANTIOCHUS

PAR GÉRARD DE LAIRESSE.

Gérard de Lairesse naquit à Liège en 1640. Ses premiers pas dans la carrière furent ceux d'un grand nombre de peintres flamands de cette époque, où le goût des arts, répandu pour ainsi dire dans l'air, formait des peintres partout, en tirait de toutes les classes, et ne manquait pas ensuite de leur procurer le hasard ou l'occasion nécessaire pour les faire sortir de l'obscurité dans laquelle la fortune avait d'abord enveloppé leurs talents. Bien que fils d'un assez bon peintre, Rénier de Lairesse, employé au service du prince évêque de Liège, Gérard éprouva d'abord cette sorte de

délaissement qui parfois ajoute ensuite du prix au talent en lui donnant, aux yeux du public, le mérite d'une
découverte. Peu occupé à Liège, où apparemment son
père, et Bartholet, le collègue et l'ami de Renier de Lairesse, et le second maître de son fils, n'avaient d'ouvrage
que ce qu'il en fallait pour eux-mêmes, Gérard, poussé
peut-être par des goûts assez désordonnés, se rendit à
Utrecht, où d'abord il fut réduit à peindre des ensei-
gnes et des paravents. Cependant, un de ses amis
l'engagea à composer deux morceaux plus importants,
qu'il se chargea de faire passer à un marchand de
tableaux à Amsterdam. Les marchands de tableaux en
Hollande, sûrs alors des débouchés de leur commerce,
avaient des peintres qu'ils tenaient chez eux, qu'ils
faisaient travailler à leur compte, et dont les ouvrages,
même en les payant bien, leur rapportaient encore des
profits considérables. Les deux tableaux de Lairesse
donnèrent à Uylenburg, c'était le nom du marchand
auquel ils avaient été présentés, le désir de s'approprier
un pareil talent. Il partit lui-même pour Utrecht,
portant à Lairesse cent florins pour le prix de ses deux
tableaux, et des promesses capables de le décider à
l'engagement qu'on désirait de lui: Lairesse y consentit; il partit avec Uylenburg; et le lendemain de
son arrivée, invité à se mettre à l'ouvrage dans l'atelier
d'Uylenburg, il surprit fort son hôte et les autres
spectateurs lorsque après une assez longue pause em-

ployée à la méditation, au lieu de prendre ses pinceaux, il tira de dessous son manteau un violon dont il joua quelques airs; puis il ébaucha un tableau, reprit son violon, et, après quelques nouveaux airs, peignit et finit d'un seul coup plusieurs têtes. Sa facilité était remarquable; on s'étonne de la quantité de plafonds, de tableaux, gravures, dessins, etc., qu'il a trouvé le temps d'exécuter dans les intervalles que lui laissait la débauche à laquelle il se livrait avec une intempérance qui lui coûta la vue à l'âge de cinquante ans, et qui épuisait journellement les fruits d'un travail cependant très-productif, surtout depuis que Lairesse avait quitté Uylenburg pour recueillir seul les profits de son talent et de sa réputation.

Quoique son dessin manquât souvent de correction et d'élégance, Lairesse était savant dans son art et ingénieux dans sa manière de l'enseigner; ce fut sa consolation et sa ressource lorsque la perte de la vue lui eut ôté les moyens de le pratiquer. Ce fut probablement à ces leçons, rédigées après sa mort par les peintres qui en avaient profité, qu'il dut en partie le titre du *Poussin hollandais,* que contribuèrent aussi à lui acquérir et son talent pour l'expression, et l'esprit qu'il mettait dans ses compositions, ainsi que le fréquent usage qu'il a fait de l'allégorie, et le choix de ses sujets, tous en contraste avec ses penchants, car ils sont tous sérieux et même assez graves.

Ce tableau est un des plus estimés qu'ait produits Gérard de Lairesse. Le moment de l'action parait être celui de la visite de Stratonice à Antiochus; car, à l'abattement du jeune prince, il est difficile de croire qu'il reçoive actuellement la nouvelle qui doit lui rendre la santé. La couronne et le sceptre, placés sur un guéridon où Séleucus paraît les offrir à son fils, n'indiqueraient qu'une tentative de Séleucus pour distraire les chagrins de son fils, dont il ignore encore le sujet. Quoi qu'il en soit, l'attitude et l'expression d'Antochius sont remplies de charme; ses yeux baissés, ses mains croisées sur sa poitrine pour retenir le vêtement qui s'échappe de dessus ses épaules, annoncent avec une grâce infinie la timide pudeur qui convient au caractère de la passion du jeune homme prêt à mourir plutôt que de laisser échapper son secret; Stratonice y répond par un embarras presque égal au sien. Leurs têtes sont d'un assez bon style; la figure de Séleucus est pleine de dignité. La composition du tableau est riche et bien ordonnée. L'appartement d'Antiochus est magnifiquement décoré de ces ornements d'architecture pour lesquels Lairesse avait du goût et du talent.

La couleur de Lairesse est bonne; sa manière large, et pourtant finie.

Ce tableau est peint sur bois.

PROPORTIONS.

Hauteur, 31 centim. = 23 pouces 6 lignes.
Largeur, 46   —   = 28   —   6   —

II

HERCULE

ENTRE LE VICE ET LA VERTU.

PAR GÉRARD DE LAIRESSE.

L'allégorie d'Hercule entre le vice et la vertu, inventée par Prodicus, rapportée et embellie par Xénophon, est devenue, dans nos temps modernes, le sujet de plusieurs ouvrages de peinture et de poésie. Métastase entre autres en a fait, pour le mariage de Joseph II, qu'il y a représenté sous le nom d'Alcide, une sorte de ballet intitulé *Alcide al bivio* (Hercule au chemin fourchu); et on a, d'Annibal Carrache, un tableau sous ce même titre [1]. Xénophon rapporte ainsi la fable de Prodicus :

« En sortant de l'enfance pour entrer dans la jeu-
« nesse, à l'âge où l'homme commence à décider pour
« lui-même, Hercule alla s'asseoir et méditer dans un
« lieu écarté; là, lui apparurent deux grandes femmes :

[1] *Ercole al bivio.*

« l'une était vêtue de blanc; la nature l'avait douée
« d'une grande pureté de formes et de teint; ses yeux
« étaient remplis de pudeur; l'autre, peinte sur la
« figure et sur tout le corps pour se faire paraître plus
« blanche et plus rouge qu'elle ne l'était naturelle-
« ment, portait un vêtement transparent et à travers
« lequel se laissait apercevoir son corps; elle se redres-
« sait, se regardait, et regardait si les autres faisaient
« attention à elle, reportant continuellement les yeux
« sur elle-même. »

Annibal Carrache a suivi cette description avec la
plus exacte fidélité. Le vêtement blanc et l'attitude
simple de la Vertu; le vêtement transparent et le maintien affecté de l'autre femme; entre elles deux, Hercule
assis, appuyé sur sa massue; d'un côté, le chemin roide
et escarpé de la gloire, tracé au milieu des précipices;
de l'autre, un pays gracieux où le plaisir peut errer
sans aucune route déterminée, tout se rapporte parfaitement aux paroles de Xénophon. Lairesse n'a pas été
tout-à-fait aussi fidèle dans les détails; mais, peut-être,
à certains égards du moins, l'a-t-il été davantage à
l'intention philosophique, principalement dans la
figure d'Hercule, qu'il représente, non pas assis, mais
déjà debout, la massue sur l'épaule, le regard animé
de courage, et se portant déjà, de tout le mouvement de
sa volonté, vers la route de la vertu, tandis que son
attention est arrêtée et distraite un moment par la

Volupté qui le sollicite. Annibal Carrache a représenté Hercule dans un état d'indécision parfaite, écoutant avec une égale attention les deux femmes, comme si ce qu'elles lui disent était également nouveau pour lui. Ce n'est point là ce qu'a voulu faire entendre Xénophon. Hercule, dans son récit, demande à la Volupté son nom; il ne le demande point à la Vertu. « Je respecte les auteurs de tes jours, lui dit celle-« ci; j'ai connu dès ton enfance tes louables dispo-« sitions. » Il est clair que l'aspect de la Vertu est déjà familier à Hercule. Métastase a très ingénieu-sement rendu cette idée d'une manière flatteuse pour Marie-Thérèse, en feignant qu'Alcide prend la Vertu pour sa mère. Elle a présidé à son éducation; elle a pris possession des habitudes de sa vie et de son caractère. La Volupté n'est qu'une rencontre; l'empire momentané qu'elle exerce est un accident de l'âge; elle peut arrêter et distraire le héros, mais il ne se décide pour la Vertu que parce qu'il lui appartient d'avance.

Quant aux figures des deux femmes, celle de la Vertu me paraît préférable dans le tableau d'Annibal. Dans celui de Lairesse, son long voile et son livre sous le bras lui donnent l'air un peu scholastique pour Hercule. Mais, ni dans l'un ni dans l'autre, elle n'a l'air assez domi-nant; elle n'exprime point assez cet ordre impérieux du devoir, si bien caractérisé dans les premiers mots qu'adresse la Vertu à Hercule : « Hercule, il faut suivre

« le chemin que je te montre. » Pour l'autre figure, il
y avait à choisir entre deux manières de la concevoir.
« Ceux qui m'aiment m'appellent la Volupté, » dit
celle-ci, lorsque Hercule lui demande son nom; mes
ennemis « le Vice. » Annibal, philosophe quelquefois
chagrin, lui a donné des formes prononcées, peu sédui-
santes, la nudité et l'effronterie du vice. Le débauché
Lairesse a mieux aimé représenter la Volupté; sa figure
est charmante; moins nue que celle d'Annibal, elle a,
dans sa parure, beaucoup plus de désordre. Ce n'est
point par des raisonnements, mais par des caresses,
qu'elle cherche à séduire le héros; et ces caresses tres-
familières, son attitude qui conviendrait à la femme de
Putiphar, cet ombrage épais, sous lequel elle veut retenir Hercule, cette vieille femme qui, placée derrière
elle, semble, par son geste, dire au jeune homme :
Prenez garde à vous! indiquent peut-être les idées et
les habitudes de Lairesse d'une manière trop positive
pour la dignité du sujet.

Derrière la Vertu, on voit un édifice, probablement
le Temple de la Gloire. Elle est accompagnée d'un
génie portant un flambeau.

PROPORTIONS.

Hauteur, 1 mètre 12 centim. = 3 pieds 5 pouces.
Largeur, 1 — 38 — = 5 — 8

FIN.

TABLE DES MATIÈRES

ÉCOLE FRANÇAISE.

FIN DE LA TABLE DES MATIÈRES.

www.ingramcontent.com/pod-product-compliance
Lightning Source LLC
Chambersburg PA
CBHW060536220326
41599CB00022B/3520